D1628953

Gedankenmaterie

J.-P. Changeux · A. Connes

GEDANKEN-MATERIE

Springer-Verlag

Berlin Heidelberg New York
London Paris Tokyo
Hong Kong Barcelona
Budapest

Prof. Jean-Pierre Changeux
Institut Pasteur
28, rue du Dr. Roux
F-75724 Paris Cedex 15

Prof. Alain Connes
IHES
35, route de Chartres
F-91440 Bures-sur-Yvette

Übersetzer:

Prof. Klaus Hepp
Theoretische Physik
ETH-Hönggerberg
CH-8093 Zürich

Die französische Originalausgabe erschien 1989 unter dem Titel ***Matière à pensée*** bei Editions Odile Jacob.

ISBN 3-540-54559-X Springer-Verlag Berlin Heidelberg New York

Die Deutsche Bibliothek – CIP-Einheitsaufnahme

Changeux, Jean-P.
Gedanken, Materie / J.-P. Changeux ; A. Connes [Übers. Klaus Hepp]. – Berlin ; Heidelberg ; New York ; London ; Paris ; Tokyo ; Hong Kong ; Barcelona ; Budapest : Springer, 1992
Einheitssacht.: Matière à pensée <dt.>
ISBN 3-540-54559-X
NE: Connes, Alain:

Druck: Druckhaus Beltz, 6944 Hemsbach
Buchbinderische Verarbeitung: Schäffer, 6718 Grünstadt

55/3145/543210 – Gedruckt auf säurefreiem Papier

Vorwort

Die Mathematiker leben im allgemeinen gut mit den Biologen zusammen. Aber sie reden wenig miteinander. Ihre Erkenntnisse und Beweggründe sind so weit voneinander entfernt, daß ein Dialog unmöglich scheint. Jedoch kann ein beträchtlicher Gewinn erzielt werden. Niemand wird bestreiten, daß man die Mathematik mit dem Gehirn betreibt. Jedoch ist es bisher keiner vom Menschen konstruierten Maschine gelungen, die vernünftigen und erfinderischen Fähigkeiten unserer zerebralen Maschine nachzumachen. Kommt man eines Tages dahin? Kann eine echte künstliche Intelligenz aus der unbelebten Materie entstehen? Dies ist die zentrale Frage dieses Buches.

Bevor man diese Frage beantworten kann, muß man die Mathematik definieren. Was ist die Natur der mathematischen Objekte? Existieren diese unabhängig vom Gehirn des Menschen, der sie entdeckt? Oder sind sie im Gegenteil nur das Produkt der Gehirnaktivität, die sie konstruiert? Die jüngsten Entwicklungen der Neurowissenschaften, der Wissenschaft vom Nervensystem, liefern neue Gesichtspunkte zu einem Fragekomplex, der schon in den *Dialogen* von Plato behandelt wurde.

Die Mathematik ist in Paris, in Moskau und in San Francisco die gleiche. Aber ist sie so universell, daß sie uns eine Kommunikation mit hypothetischen Bewohnern anderer Planeten erlaubt? Sicherlich ist die Mathematik derartig effizient in der Beschreibung der uns umgebenden Welt, daß man dies manchmal als unvernünftig bezeichnet. Aber ist dies nicht nur die Folge der Faszination, die das geschaffene Objekt hinterher auf seinen Schöpfer ausübt? War Pygmalion ein Mathematiker?

Die Antworten auf diese Fragen müssen zum größten Teil in der Organisation des Gehirns und seiner Funktionen gesucht werden. Dieses ist sicherlich nur ein neuronales Netzwerk, aber von einer ungeheuren Komplexität! Es verdankt seine außergewöhnlichen Fähigkeiten architektonischen Prinzipien und elementaren Funktionen, die Anatomen und Physiologen intensiv untersuchen und die zu gegebener Zeit die Konstrukteure von Computern inspirieren werden. Aber das Gehirn verdankt diese Eigenschaften auch seiner Natur als ein evolutionäres System. Jeder kennt die Theorien von Darwin über die Entwicklung der lebenden Arten. Aber in der Öffentlichkeit ist die Idee wenig bekannt, daß die Konstruktion des Gehirns während der embryonalen Entwicklung und später nach der Geburt einen Entwicklungsprozeß durchläuft, in dessen Verlauf eine Selektion auf die Verbindungen der Nervenzellen wirkt. Diese ist von anderen Evolutionen auf höherem Organisationsniveau begleitet, die eine Erklärung bilden können für den Ablauf des Denkens, für das mathematische Schließen und – warum nicht – für die Phantasie.

Schließlich haben sich die Kenntnisse in der Mathematik und in den Neurowissenschaften so stark vermehrt, daß ihre gesellschaftliche Relevanz jeden Tag wichtiger wird. Ethische Probleme stellen sich. Aber was ist überhaupt Ethik? Kann sich die Moral auf natürliche Grundlagen stützen, die man in der gesellschaftlichen Funktion des menschlichen Gehirns suchen muß? Kann man eine Ethik auf universellen Prinzipien begründen, ähnlich wie die der Mathematik?

Die Form dieses Buches ist ein Dialog. Angesichts all dieser Fragen hatte keiner von uns genügende Kenntnisse von der Disziplin des anderen, um alleine die Verantwortung für die Antworten auf sich zu nehmen. Aber vor allem erlaubt der Dialog jedem, seinen Standpunkt zu verfeinern. Unsere Positionen konvergieren in gewissen Punkten und gehen in anderen, die nicht die unwichtigsten sind, auseinander. Aber die Fragen bleiben offen und lassen so dem dritten Partner, dem Leser, freie Wahl, weiter nachzudenken im Einklang mit oder im Gegensatz zu dem einen oder anderen Hauptdarsteller.

Die Fragen zur Ethik am Ende dieses Buches schienen uns eine andere Darstellungsform als den anfänglichen Dialog zu erfordern. Der Rückgriff auf ein Essay bot sich an. Jeder von uns hat so einige kurze Überlegungen schriftlich niederlegen wollen, vielleicht als Vorspiel zu künftigen Aufgaben.

Wir möchten Christophe Guias für die außerordentliche Sorgfalt, die er auf die Übertragung der Tonbandaufzeichnungen verwandt hat, und Jean-Luc Fidel für die Revision des endgültigen Manuskripts danken. Schließlich gilt unsere volle Dankbarkeit Odile Jacob für das Interesse, das sie von Anfang an für diesen Dialog der Ideen gezeigt hat, und für alle Möglichkeiten, die sie uns sehr großzügig zur Verfügung gestellt hat.

J.-P. Changeux
A. Connes

Vorwort zur deutschen Übersetzung

Die Physiker kommen ebenfalls gut mit den Mathematikern und Biologen aus. Sie glauben sogar, daß ihre Wissenschaft eine königliche Brücke zwischen diesen beiden Nachbardisziplinen spannt. Darum stellen sie oft ihr eigenes Weltverständnis so stark in den Vordergrund, daß in ihrer Anwesenheit die interessanten direkten Bezüge zwischen der Mathematik und Biologie nicht zur Sprache kommen. So war es für den Übersetzer, der sich selber als Wanderer zwischen der Biologie, der Mathematik und der Physik fühlt, ein erfrischendes Erlebnis, der geistvollen Debatte von Jean-Pierre Changeux und Alain Connes aufmerksam, aber nur interpretierend zu folgen. Ich möchte beiden Autoren für die vielen freundschaftlichen Hinweise und stimulierenden Diskussionen herzlich danken und hoffe, daß die „Matière à pensée" auch als deutsche „Gedankenmaterie" ihren Esprit nicht ganz verloren hat.

Der deutschen Übersetzung haben wir ein Glossar und ein etwas reicheres Literaturverzeichnis beigefügt, in denen der Leser selbständig herumklettern kann, ohne in den „Ennui de tout dire" eines Lehrbuchs abzustürzen. Der Heimatbuchladen bietet jedoch viel, zum Beispiel in: Alberts et al. (1990), Becher et al. (1981), Creutzfeld (1983), Changeux (1984), Dubrovin et al. (1984), Feynman et al. (1974), Glimm und Jaffe (1987), Reichert (1990), Rudin (1980). Mein besonderer Dank gilt am Ende Wolf Beiglböck für seine tatkräftige Hilfe, die Klippen der deutschen Sprache zu umschiffen.

Klaus Hepp

Inhaltsverzeichnis

I. Die Mathematik und das Gehirn

1 Einführung

JEAN-PIERRE CHANGEUX: Bevor wir mit unserer ersten Kernfrage beginnen, was die Natur der mathematischen Objekte ist, sollten wir klar herausstellen, was uns einander nähergebracht hat.

Für mich gibt es verschiedene Bezugspunkte zwischen der Biologie und der Mathematik. Mein erster Kontakt mit der Mathematik im Gymnasium und in der Vorbereitungsklasse der Hochschule war schwierig. Die Biologie wurde damals von den Mathematiklehrern systematisch schlechtgemacht, eine Einstellung, die man übrigens in den Schriften sehr angesehener Mathematiker wiederfindet. Man liest zum Beispiel bei René Thom[1], daß „der Fortschritt in der Biologie keine starken Auswirkungen auf die Verbesserung der Gesundheit und auf die Langlebigkeit gehabt hat" oder daß „die Biologen kein Verlangen nach Theorie spüren"[2]. Hier findet man die Absicht, die Biologie zu entwerten, die man vielleicht mit der Vorliebe der Mathematiker für ein rasches Verständnis auf Kosten eines langsameren, umfassenderen, einfallsreicheren und vielleicht tieferen Nachdenkens erklären kann. Meine Reaktion war deshalb zuerst feindlich. Sicherlich verbarg sie auch den Wunsch, selber zur Mathematik beizutragen und sie geistig besser zu verarbeiten.

Erst meine Forschungstätigkeit auf dem Gebiet der Molekularbiologie und heute in der Neurobiologie brachte mich dazu, sehr konkret mathematische Werkzeuge zu gebrauchen. Jacques Monod war in dieser Hinsicht ein außergewöhnlicher Lehrer. Mit ihm konnte ich verschiedene molekularbiologische Modelle entwickeln, besonders im Zusammenhang mit den allosterischen Proteinen[3], das heißt mit Molekülen, die regelnde Funktionen haben. Gerade in diesem Fall erlaubte uns die Mathematik, unsere Ideen zu formulieren und quantitative Vorhersagen zu machen. Heute werden mir in meiner neurobiologischen Forschung mathematische Methoden bei der

---

[1] Thom (1983) S. 50
[2] Thom (1983) S. 46
[3] Monod et al. (1965)

Konstruktion rationaler Modelle von zerebralen Funktionen immer wichtiger. Außerdem entwickeln sich die kognitiven Wissenschaften als ein neues Forschungsgebiet an der Grenze der Neurowissenschaften, der Psychologie und der Mathematik. Ihr Fortschritt scheint heute schon wesentlich von einer engen Zusammenarbeit zwischen Theoretikern und Experimentatoren abzuhängen.

Was mich allgemeiner dazu bringt, mich ernsthaft für die Mathematik zu interessieren, ist das Bedürfnis zu verstehen, wie das Gehirn mathematische Objekte erzeugt und gebraucht, und was die Beziehungen zwischen der Mathematik und dem Gehirn sind. Schon diese Frage allein rechtfertigt unser Zusammentreffen.

Aber die Mathematik spielt auch in unserem sozialen Leben eine zentrale Rolle. Die abendländische Kultur zeichnet sich durch eine Art von Mythos der Mathematik aus, durch den vielleicht auf Pythagoras zurückgehenden Glauben an eine erklärende und fast transzendente Wirkung der Mathematik. In mathematischer Form eine syntaktische Struktur oder Herkunftsregeln zu beschreiben, erscheint vielen bereits eine hinreichende „Erklärung" zu sein. Mehr in der Praxis gibt der Computer und seine Anwendungen der Mathematik eine einzigartige, immer wachsende Macht. Hat nicht der letzte Börsenkrach an der Wall Street zum Teil seine Ursache im „programmierten Verhalten" von Computern, die zum besten „Nutzen" ihrer Kunden handelten? Der Computer scheint das Gehirn zu ersetzen, ohne jedoch seine Leistung zu erreichen! Dieses Problem, das nur am Rande unserer wissenschaftlichen Tätigkeit liegt, sollte uns über die Beziehungen zwischen der Mathematik und der Ethik nachdenken lassen und insbesondere uns auf die Frage führen, ob man eine allgemeingültige Ethik menschlicher Gesellschaften auf mathematisch strenger Basis formulieren kann. Kann ein solches Unterfangen die Erforschung der neuronalen Grundlagen der Ethik ergänzen, oder ist es davon grundlegend verschieden? Dies sind meine Beweggründe als Biologe. Und was sind die Deinigen?

ALAIN CONNES: In meiner Antwort möchte ich Dir meine Begeisterung für die Frage nach den Zusammenhängen zwischen der Mathematik, dem Gehirn und der Natur der mathematischen Objekte gestehen.

Als Du vom traditionellen Gegensatz von Mathematik und Biologie sprachst, hast Du René Thom zitiert. Er ist sicherlich ein origineller Denker. Aber es ist gefährlich, ihn als Wortführer der Mathematiker anzusehen. Reden wir eher von Israel Gelfand. Sein Einfluß in der Mathematik ist beträchtlich. Jedoch widmet er einen großen Teil seiner wissenschaftlichen Tätigkeit der Biologie. Mehr als die Hälfte seiner Schriften sind diesem Gebiet gewidmet, und er leitet zwei Seminare, ein mathematisches und ein biologisches.

Was mich anbetrifft, so hat mir die Lektüre Deines Buches *Der neuronale Mensch*[4] gezeigt, daß die Funktionsweise des Gehirns jetzt mit einer gewissen Genauigkeit bekannt ist. Ich bin vor allem von der Existenz von perzeptuellen Karten fasziniert, die beim Menschen viel zahlreicher als bei anderen Tieren sind. Sie verbinden die Retina mit Gehirnarealen für verschiedenartige Interpretationen. Ebenfalls haben mich die Versuchsergebnisse von Shephard[5] beeindruckt. Wenn man eine Versuchsperson fragt, ob in dem Bild von zwei Objekten das eine in das andere durch eine Drehung im dreidimensionalen Raum übergeführt werden kann, so zeigt das Experiment, daß die Zeit bis zur Antwort proportional zum Drehwinkel ist. Daher folgen die Gehirnfunktionen physikalischen Gesetzen. Aber es scheint mir wichtig zu sein, bei der Untersuchung des Gehirns über das eigentliche Gebiet der Biologie hinauszugehen. Dafür bietet die Mathematik viel bessere Möglichkeiten als die anderen Wissenschaften. Denn sie ist abstrakt und allgemeingültig und daher unabhängig von allen kulturellen Einflüssen.

JPC: Du engagierst Dich hier für einen Standpunkt...

AC: Es scheint mir, daß die Begriffe jeder Sprache von undefinierten Voraussetzungen abhängen, da sie von der Kultur geprägt sind. Dagegen haben die mathematischen Objekte – und das möchte ich im folgenden zeigen – eine viel größere Reinheit. Sie sind von jeder kulturellen Hülle abgelöst und sollten daher besser geeignet sein, unser Verständnis der Funktionsweise des Gehirns zu prüfen. Offenbar bin ich an einem solchen Zugang interessiert. Ich möchte mehr über die Biologie wissen, um aus ihr Lehren zu ziehen. Dein Buch hat mich darüber nachdenken lassen, wie sich das Gehirn eine neue Theorie aneignet oder sich mit einer neuen Aktivität, wie mit dem Schach- oder Klavierspiel, vertraut macht. Ich mußte einige fertige Ideen über das Lernen neu überdenken und gewisse Fehler korrigieren. Zum Beispiel kommt es vor, dass ein Mathematiker, der auf einem nicht zu schwierigen und weiten Gebiet arbeitet, eine ausgefeilte Technik beherrscht. Da die Mathematik sehr abstrakt ist, kann er glauben, diese Meisterschaft ein für allemal zu besitzen, und das Gefühl haben, nicht mehr arbeiten zu müssen, um sie jederzeit vorzufinden. Wie ich es aus Deinem Buch entnehmen konnte, ist dieses Fachwissen wahrscheinlich in wohlbestimmten Hirnarealen lokalisiert. Wenn die entsprechenden Neuronensysteme nicht von Zeit zu Zeit durch den Gebrauch der erlernten Technik angeregt werden, so verliert man diese Meisterschaft.

JPC: Es gibt daher eine materielle Spur, die durch die vergangene mathematische Erfahrung gelegt wird.

---

[4] Changeux (1984)
[5] Shephard und Metzler (1971)

AC: In der Tat. Man muß von Zeit zu Zeit eine für Jahre geschlossene Schublade öffnen. Sonst hat die scheinbare Nutzlosigkeit ihres Inhalts ihre fortschreitende Zerstörung zur Folge.

2 Infragestellung der Hierarchie der Wissenschaften

JPC: Ich hätte gern in unserer Diskussion drei Themen behandelt: zuerst die Beziehung der Mathematik zu den anderen Wissenschaften, dann die Frage nach dem Realismus und Konstruktivismus und schließlich den Zusammenhang zwischen den Zahlen und der Erfahrung.

Was das Verhältnis der Mathematik zu den anderen Wissenschaften angeht, so gibt es hier zwei gegensätzliche Meinungen, die von Descartes und Leibniz und die von Diderot. Für die ersteren erleuchtet die Mathematik den wahren Grund der Welt und erlaubt, alle Wissenschaften zu vereinigen. Welche Frage man auch immer studiert, sie wird schließlich auf die Mathematik zurückgeführt! Daher gibt es eine Rangordnung der Wissenschaften, die noch heute die Grundlage unseres Erziehungssystems ist. Diderot nahm diese vorgefaßte Meinung nicht an, obwohl er mit berühmten Mathematikern wie d'Alembert befreundet war. Nach seiner Ansicht fügt die Mathematik nichts zur experimentellen Erfahrung hinzu: Sie zieht nur einen Vorhang zwischen der Natur und dem Volke auf! Francis Bacon schrieb schon 1623 in *De dignitate et augmentis, III, 6*: „Denn ich weiß nicht, wie es kommt, daß Logik und Mathematik, die nur die Diener der Physik sein sollten, sich manchmal ihrer Gewißheiten rühmen und ihr unbedingt befehlen wollen".

AC: Es ist üblich und wohl einigermaßen gerechtfertigt, die Mathematik als eine Sprache anzusehen, die zur Formalisierung von fast allen Wissenschaften notwendig ist. Ob diese Formalisierung quantitativ oder qualitativ ist, sie stützt sich immer auf die Mathematik.

JPC: Das ist ungefähr die Meinung von Descartes und Leibniz.

AC: Ja, aber sie fügen hinzu, daß alles schließlich auf die Mathematik zurückgeführt wird. Eine unter Physikern wohlbekannte Geschichte läßt gerade das Gegenteil denken. Ein Physiker, der seit einer Woche an einer Tagung teilgenommen hatte, hatte einen Haufen schmutziger Wäsche. Er machte sich auf die Suche nach einer Wäscherei. Nach einiger Zeit sah er auf der Hauptstraße der Stadt ein Schild mit der Aufschrift „Lebensmittel, Bäckerei, Wäscherei". Er trat mit seinem Paket schmutziger Wäsche ein und fragte, wann sie fertig sein könnte. Der Mathematiker, der diesen Laden führte, antwortete ihm: „Es tut uns leid, aber wir waschen keine Wäsche". „Aber", fragte der Physiker erstaunt, „ich habe doch deutlich „Wäscherei" über Ihrem Schaufenster gelesen!" Und der Mathematiker antwortete: „Wir waschen nichts... wir verkaufen nur Aushängeschilder!" Da ging der Physiker und wusch seine Wäsche selber. Wie diese Geschichte zeigt, genügen

Worte allein nicht. Die Physiker benutzen die Mathematik als eine Sprache, aber der wirkliche Inhalt ihrer Wissenschaft läßt sich nicht vollständig auf Mathematik zurückführen.

JPC: Die Mathematik ist eine strengere Sprache, nicht mehr und nicht weniger.

AC: Aber ein physikalischer Artikel läßt sich nicht vollständig auf seine mathematische Formulierung reduzieren. Der Physiker gebraucht häufig Hypothesen, die er nicht präzisiert und die ihren Ursprung in der sogenannten „physikalischen Intuition" haben. Sie erlauben ihm insbesondere, gewisse Größen zu vernachlässigen oder Approximationen zu machen, die ein Mathematiker nur mit großen Schwierigkeiten erraten hätte. Zum Beispiel hat es zwanzig Jahre – von 1930 bis 1950 – gebraucht, bis die Physiker die Methode der *Renormierung* in der Quantenfeldtheorie ausgearbeitet hatten. Diese besteht aus einem störungstheoretischen Kalkül, wo viele Terme, von der zweiten Ordnung an, auf divergente – das heißt auf unendlichwertige – Integrale führen (siehe Abb. 8). Motiviert durch die außerordentlich genauen Ergebnisse spektroskopischer Experimente (Feinstruktur[6] der Spektallinien von Atomen) haben die Physiker[7] Ende der Vierzigerjahre verzweifelt versucht, ein endliches Resultat aus diesen divergenten Integralen herzuleiten. Deshalb haben sie das Integrationsgebiet auf Energien der Größe von mc^2 beschränkt, wo m die Elektronenmasse und c die Lichtgeschwindigkeit ist. Mittels unerlaubter Subtraktionen haben sie ein endliches Ergebnis erhalten, das den experimentellen Meßwerten sehr nahe kommt. Diese Technik ist von Tomonaga, Schwinger, Feynman und Dyson weiter verbessert worden bis zu einer Übereinstimmung mit den experimentellen Resultaten, derart daß die Abweichung der Dicke eines Haares verglichen mit der Entfernung von Paris nach New York entspricht. Welche Rolle hatte die physikalische Intuition in ihren Schlußfolgerungen gespielt? Die Methode der Renormierung besteht darin, während der Rechnungen die Elektronenmasse zu verändern und sie durch eine Größe zu ersetzen, die von der Größenordnung der betrachteten Energien abhängt und die divergiert, wenn diese gegen unendlich streben. Um einen stark vereinfachten Vergleich zu machen, gibt für einen mit Helium gefüllten Ballon, der den Boden verläßt, die Berechnung seiner Beschleunigung nach dem archimedischen Prinzip nicht den Wert, den man experimentell beobachtet. In der Tat ist die Anwesenheit eines Feldes und die umgebende Luft äquivalent dazu, in den Rechnungen die wirkliche Masse des Ballons durch eine viel größere effektive Masse zu ersetzen. Mit dieser Analogie kann man verstehen, daß das Elektron im elektromagnetischen Feld eine effektive Masse hat, die sehr von seiner „wirklichen" Masse verschieden ist, von der nämlich, die in die mathematischen Gleichungen

[6] Lamb und Retherford (1947)
[7] Bethe (1947)

eingeht. Mit dieser Intuition konnten die Physiker die Methode der Renormierung entwickeln. Diese ist selbstverständlich in mathematischer Sprache formuliert. Doch hätten die Mathematiker die Renormierung nur schwerlich entdeckt, wenn sie mit dem gleichen Problem konfrontiert wären. Zum Beispiel entspricht das Feynmansche Integral bis heute keinem wohldefinierten mathematischen Objekt. Und doch ist es das tägliche Brot der theoretischen Physiker.

Dennoch ist es falsch zu glauben, daß die Mathematik in der Physik nur die Rolle einer Sprache spielt, mit der numerische Resultate ausgedrückt werden. Wenn man eine Theorie in ihren ersten Anfängen formuliert, so hat die Mathematik wohl diese Funktion. Aber in einem späterem Entwicklungsstadium, wie im Falle der Quantenmechanik, spielt schließlich der generative Charakter der Mathematik eine entscheidende Rolle. Muß man nicht bei der Möglichkeit nachdenklich werden, das von Mendelejew gefundende periodische System der Elemente aus der Schrödinger- Gleichung und dem Paulischen Ausschlußprinzip herzuleiten? Aus diesem Grunde kann ein Mathematiker glauben, daß die Physik auf eine Anzahl von Gleichungen zurückführbar sei. Indessen ist es sehr oft die Intuition des Physikers, die ihm diese Gleichungen zu verstehen erlaubt.

JPC: Du willst sagen, daß es in der Physik der experimentelle Zusammenhang ist, der die mathematischen Objekte erzeugt. Eine Gleichung fällt nicht eines schönen Tages vom Himmel. Sie fügt sich in die Geschichte der Beziehungen des Physikers mit seinem Objekt ein. Langsam schmiedet sich dieser ein mathematisches Werkzeug, das seinem gestellten Problem angepaßt ist.

AC: Das ist nicht alles. Ein Mathematiker kann Objekte manipulieren, die eine physikalische Bedeutung haben. Aber wenn es ihm nicht völlig klar ist, wie diese Objekte historisch eingeführt worden sind, läuft er sehr leicht in Gefahr, Fehler zu machen, die der Physiker nicht begeht. Zu sagen, daß die Mathematik eine Sprache ist, die *genau* das enthält, was die Physiker gefunden haben, stellt eine Art von übertriebenem Autoritätsanspruch dar. Die Physiker sträuben sich dagegen, ihre Meinung mathematisch hinreichend präzise zu formulieren, aus Furcht, sie zu verwässern. Umgekehrt zeigen jüngste Entwicklungen[8] auf dem Gebiet der Interpretation der Quantenmechanik, daß man durch eine größere Anstrengung bei der mathematischen Formalisierung Paradoxien vermeiden kann, die oft dadurch entstehen, daß die Physiker eine dem Problem nicht angemessene Sprache verwenden oder über die Logik selbst nicht genug nachgedacht haben.

JPC: Also ist die Mathematik eine gültige Sprache. Aber ist sie die einzige?

---

[8] Omnès (1988)

AC: Sie ist die einzige allgemeingültige Sprache. Ganz ohne Zweifel. Um dies zu verstehen, wollen wir uns vorstellen, wie man vorgehen könnte, mit anderen intelligenten Wesen auf einem anderen Planeten oder in einem anderen Sonnensystem zu kommunizieren. Es ist hinreichend klar, daß diese „Leute" keine unserer Sprachen sprechen und nicht in einer Atmosphäre von Sauerstoff und Stickstoff zu leben brauchen, in der sich die Sprache akustisch fortpflanzt.

JPC: Aber damit wir mit ihnen verkehren können, müssen sie die gleiche Mathematik wie wir haben?

AC: Davon bin ich überzeugt. Ich glaube sogar, daß die Mathematik das beste Mittel ist, mit ihnen zu kommunizieren. Wir könnten ihnen die Liste der ganzen Zahlen übermitteln, etwa von 1 bis 100. Wir könnten das folgende Signal senden: einen Ton, eine Pause, dann zwei Töne gefolgt von einer Pause, dann drei Töne und eine Pause, und so weiter. Wenn einmal diese Liste gegeben ist, senden wir ihnen das Gesetz der Addition. Die einzige Variable, die man modulieren kann, ist die Zahl der Töne und das Zeitintervall, das sie trennt. Um zum Beispiel $3 + 2 = 5$ zu übermitteln, wäre die Botschaft: Drei aufeinander folgende Töne, eine Pause, zwei aufeinander folgende Töne, eine doppelte Pause, und dann fünf Töne. Man müßte es natürlich so einrichten, daß die Botschaft nicht mehrdeutig ist. So wäre es möglich, ihnen innerhalb von vernünftiger Zeit die Additions- und Multiplikationstabellen zu übermitteln. Die größte Schwierigkeit ist es, sich davon zu überzeugen, daß sie verstanden haben. Zu diesem Zweck könnte man ihnen zum Beispiel eine unvollständige Addition schicken. Es ist wahrscheinlich, daß man dann Tausende von Jahren auf eine Antwort warten muß! Das verhindert nicht, daß eine positive Antwort ein unwiderlegbarer Beweis für die Existenz einer anderen Intelligenz außerhalb von unserem Sonnensystem wäre. Das ist ein zuverlässigerer Beweis als der Empfang von periodischen Signalen aus dem interstellaren Raum, wie die Signale, über die die Astronomen staunten, als sie die ersten Pulsare entdeckten. Auf einem höheren Niveau könnten wir ihnen dann die Folge der Primzahlen mitteilen, etwa die zwischen 1 und 1000, und von ihnen die nächste verlangen.

JPC: Man riskiert es, lange auf die Antwort zu warten, bevor man etwas entscheiden kann. Und selbst wenn eine Verbindung hergestellt wäre, was würde sie beweisen? Du behauptest, „diese Leute sprechen keine unserer Sprachen", aber sie würden die gleiche Mathematik wie wir gebrauchen. Ich fürchte, ich bin nicht einverstanden. Denn wahrscheinlich sind beim Menschen einige fundamentale zerebrale Prozesse für den Gebrauch jeder Sprache notwendig, einschließlich der mathematischen Sprache. Wenn die Außerirdischen eine „menschliche Mathematik" gebrauchen, dann sollten sie ein Nervensystem und ein Gehirn besitzen, das dem menschlichen sehr ähnlich ist.

3 Erfindung oder Entdeckung?

JPC: Kommen wir zur Natur der mathematischen Objekte. Zwei diametral entgegengesetzte Standpunkte werden hier vertreten, der „Realismus“ und der „Konstruktivismus“. Für den Realisten, der direkt von Plato beeinflußt ist, ist die Welt von Ideen bevölkert, die eine von der sinnlichen Realität verschiedene Wirklichkeit haben. Groß ist die Zahl der modernen Mathematiker, die sich „Realisten“ nennen. Dieudonné schreibt zum Beispiel in seinem Buch[9]: „Es ist ziemlich schwierig, die Ideen dieser Mathematiker zu beschreiben, die übrigens bei dem einen oder anderen verschieden sind. Sie halten es für richtig, daß die mathematischen Objekte eine „Realität“ verschieden von der sinnlichen Realität besitzen (vielleicht ähnlich der, die Plato seinen „Ideen“ zumißt?).“ Ein so berühmter Mathematiker wie Cantor hat geschrieben, daß die höchste Vollkommenheit Gottes die Möglichkeit ist, eine unendliche Menge zu erzeugen, und daß seine unermeßliche Güte ihn veranlaßt hat, sie zu erschaffen. Wir sind hier voll in der *mathesis divina*, voll in der Metaphysik! Das ist erstaunlich bei ernsthaften Wissenschaftlern. Descartes bezog sich bereits auf die Metaphysik im Zusammenhang mit der Geometrie. „Wenn ich mir ein Dreieck vorstelle“, schrieb er, „selbst wenn es vielleicht an keinem Orte der Welt außerhalb meines Denkens eine solche Figur gibt und sie je gegeben hat, so hat diese Figur dennoch eine gewisse Natur oder Form oder wohlbestimmte Essenz , die unveränderlich und ewig ist, die ich nicht erfunden habe und die in keiner Weise von meinem Verstand abhängt.“[10] Für die Konstruktivisten sind die mathematischen Objekte Vernunftsprodukte, die nur im Denken des Mathematikers existieren – und nicht in einer platonischen Welt unabhängig von der Materie. Die mathematischen Objekte existieren nur in den Neuronen und Synapsen der Mathematiker, die sie erzeugen, und in denen, die sie verstehen und gebrauchen. Man findet diesen Standpunkt, sicherlich bis zur Spitze getrieben, bei den Empiristen wie Locke und Hume. Letzterer schreibt zum Beispiel, daß „alle unsere Ideen Kopien unserer Eindrücke sind“. Für ihn stammen die geometrischen Objekte ausschließlich aus der Erfahrung. Wie stehst Du selber zu diesen beiden entgegengesetzten Meinungen?

AC: Ich denke, daß ich dem realistischen Standpunkt ziemlich nahe stehe. Zum Beispiel hat für mich die Folge der Primzahlen eine stabilere Realität als die uns umgebende materielle Wirklichkeit. Man kann den Mathematiker in seiner Arbeit mit einem Forscher vergleichen, der die Welt entdeckt. Diese Tätigkeit deckt harte Tatsachen auf. Man findet zum Beispiel mit einfachen Rechnungen, daß die Folge der Primzahlen kein Ende zu haben scheint. Die Arbeit des Mathematikers besteht dann darin zu be-

[9] Dieudonné (1987)
[10] Descartes V, S. 311

weisen, daß es unendlich viele Primzahlen gibt. Dies ist ein altes Resultat, das auf Euklid zurückgeht. Der Beweis zeigt, daß wenn jemand eines Tages behauptet, die größte Primzahl gefunden zu haben, man ihm leicht zeigen kann, daß er unrecht hat. Man stößt also auf eine ebenso unbestrittene Realität wie die der Physik.

In seiner Suche nach der mathematischen Realität konstruiert der Mathematiker „Denkwerkzeuge". Man darf diese nicht mit der mathematischen Realität selber verwechseln. Zum Beispiel ist das Dezimalsystem ein wohlbekanntes Denkwerkzeug, doch hätte man unrecht, den Dezimalziffern einer Zahl eine tiefere Bedeutung zuzumessen. Wir werden bald das Jahr 2000 feiern. Dennoch ist die Bedeutung dieser Zahl nur ein kulturelles Phänomen. In der Mathematik ist die Zahl 2000 ohne jedes Interesse. Bei den Methoden, die dem Mathematiker zur Erforschung der mathematischen Realität zur Verfügung stehen, denke ich besonders an die Axiomatik. Mit ihr kann man das Problem der Klassifikation mathematischer Objekte formulieren, die durch sehr einfache Bedingungen definiert sind. So kann man zum Beispiel die vollständige Liste aller endlicher Körper aufstellen. Ein endlicher Körper ist eine endliche Menge mit einem Additions- und einem Multiplikationsgesetz, für das jede von Null verschiedene Zahl ein Inverses hat. Die Regeln, die die Addition und Multiplikation erfüllen, sind die gleichen wie die bekannten Regeln für die Addition und Multiplikation der ganzen Zahlen. Man beweist, daß es für jede Primzahl p und jede ganze Zahl n genau einen endlichen Körper mit p^n Elementen gibt. Der Besitz eines solchen Theorems gibt uns die Sicherheit, daß ein Gebiet der Mathematik bis in seine entferntesten Ecken erforscht ist, wenigstens was die Liste seiner möglichen Objekte anbetrifft, und dies ganz ohne materielle Unterstützung.

JPC: Ganz im Gegenteil scheint mir, daß diese mathematischen Objekte materiell in Deinem Gehirn existieren. Du betrachtest sie innerlich durch einen Bewußtseinsprozeß im Sinne der Physiologie. Wenn Du ihre Eigenschaften studieren kannst, dann nur, weil sie eine materielle Realität haben. Du hast das Beispiel der mentalen Rotationen[11] und die Objekte erwähnt, die unser Hirn auf physikalische Weise manipuliert. Unser Gehirn ist ein komplexes physikalisches System. Als solches konstruiert es „Repräsentationen", die mit physikalischen Zuständen gleichgesetzt werden können. Die mathematischen Objekte sollten im Kopf des Mathematikers materielle Objekte sein, und zwar „mentale Objekte"[12] mit Eigenschaften, die durch einen reflektierenden Akt analysierbar sind. Dieser kann sehr wohl andere einfachere mathematische Objekte heranziehen, die Du „Werkzeuge" nennst. Aber ich halte diese nicht für grundlegend verschieden, obwohl sie einen anderen Komplexitäts- und Abstraktionsgrad haben. Schließlich erfordert

[11] Shephard und Metzler (1971)
[12] Changeux (1984)

die mathematische Arbeit zerebrale Anlagen zum Urteilen und logischen Schließen, die mir direkt mit der Organisation unseres Gehirns verkoppelt scheinen und die wenigstens schon teilweise im Hirn des *Homo erectus* vorhanden waren, als dieser seine Methoden entwickelte, Steine zu behauen (siehe Abb. 1). Diese „mathematischen Objekte“ sind so weitgehend mit physikalischen Zuständen unseres Gehirns identisch, daß man sie *im Prinzip* von außen mit zerebralen Abbildungsverfahren beobachten kann. Zwar reicht deren Auflösung heute noch nicht aus, um dieses Ziel tatsächlich zu erreichen, aber die Idee läßt sich verteidigen.

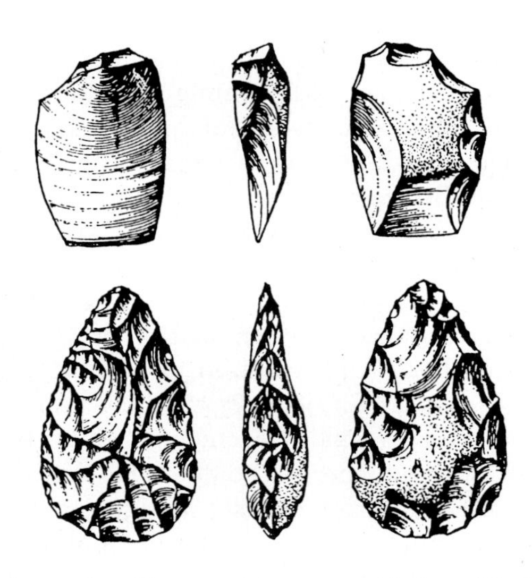

Abb. 1. Die Vorfahren des *Homo sapiens* entwickelten Verfahren zum Formen von steinernen Werkzeugen, die eine Beherrschung der Bewegung und eine längere Voraussicht für den Ablauf manueller Operationen erforderten. Die Fähigkeiten der Repräsentation und des logischen Schließens waren schon beim *Homo erectus* gut entwickelt, der diese Werkzeuge angefertigt hatte und vor ungefähr 400 000 Jahren das Feuer zähmte. Eine leichte Asymmetrie der Abdrücke der linken und rechten Hemisphäre auf der Schädeldecke läßt vermuten, daß der *Homo erectus* schon der Sprache mächtig war. (Nach Leroi-Gourhan (1964))

AC: Wenn man die Existenz einer vom Menschen unabhängigen mathematischen Realität annimmt, muß man sauber unterscheiden zwischen dieser Realität und der Art und Weise, wie sie erfaßt wird. Es ist klar, daß unser Hirn zu ihrem Erkennen auf der Physik basierende zerebrale Bilder braucht, wenigstens für die gewöhnliche Geometrie, die auf den reellen Zahlen und dem euklidischen Raum beruht. Indessen erlaubt die axiomatische Methode – um nur sie zu nennen – dem Mathematiker, sich weit außerhalb dieser bekannten Landschaft vorzuwagen. Wie funktioniert die mentale bildliche Vorstellung in diesen Gegenden? Nehmen wir ein Beispiel: Man kann die lokalkompakten Körper vollständig klassifizieren. Man kann genau die Körper bestimmen, das heißt die mathematischen Objekte, in denen es ein Additions- und Multiplikationsgesetz gibt, wo jede von Null verschiedene Zahl ein Inverses hat und die lokalkompakt sind. Man kennt die reelle Gerade, auf der sich die Physik aufbaut. Aber es gibt auch die sehr merkwürdigen peadischen Körper. Bisher haben diese niemals geholfen, ein einziges Problem der Physik zu lösen. Aber sie existieren und werden durch eine Primzahl parametrisiert, so daß jeder Primzahl genau ein peadischer Körper entspricht. Man kennt auch kleine Verallgemeinerungen, die man algebraische Erweiterungen nennt, den Körper der komplexen Zahlen, die algebraischen Erweiterungen der peadischen Körper und schließlich die Körper von formalen Potenzreihen über den endlichen Körpern. Von all diesen Körpern ist einer – oder vielmehr zwei, die reellen und komplexen Zahlen – in der Physik benutzt worden. Man kann Rechnungen mit den peadischen Zahlen machen. Alles kommt so heraus, als ob man, statt von links nach rechts, von rechts nach links rechnen würde, aber der Begriff von der Größe einer peadischen Zahl hat nicht mehr die gewöhnliche Bedeutung. Diese Rechnungen können ebenso gut von einem Computer wie von einem menschlichen Gehirn ausgeführt werden. Aber es ist schwierig, ein einfaches physikalisches Anschauungsmodell für diese Operationen zu finden. Ich glaube, daß das Hirn mit seiner Anpassungsfähigkeit genau die richtige Intuition entwickelt, die nicht aus der physikalischen Realität stammt, aber dem gestellten mathematischen Problem angemessen ist.

JPC: Es scheint mir, daß Du die mathematischen Objekte selber nicht genug von ihren Eigenschaften unterscheidest. Diese Objekte sind „Neukonstruktionen", die der Mathematiker erschafft, bevor er alle ihre Eigenschaften untersucht hat. Zu Anfang sind dies „Vermutungen" und „Postulate", die bewiesen oder widerlegt werden können. In den Hypothesen und im anfangs postulierten Gebäude erkennt man die wahre Natur der mathematischen Objekte. John Stuart Mill hat dies so formuliert: „Die Tatsache, die in der *Definition einer Zahl* ausgesprochen wird, ist eine physikalische Tatsache"[13]. Es ist nicht erstaunlich, daß die ganzen Zahlen diese oder jene Eigenschaften haben. Diese sind in der vom Mathematiker gewählten Definition enthalten, in der Intuition des Ausgangspunktes. Aber man braucht Zeit, diese Eigenschaften zu erkennen. Die Axiomatik, die Logik und alle damit zusammenhängenden zerebralen Funktionen spielen dann eine wesentliche Rolle in der *analytischen* und *deduktiven* Arbeit. Sie sind der *logische Apparat.* Eine der auffallendsten Eigenarten der menschlichen zerebralen Maschine ist daher ebenso die Schöpfung neuer mentaler Objekte wie die

[13] Mill III, 24.5

Analyse ihrer Eigenschaften, die oft, aber nur *a posteriori* , von äußerster Einfachheit sind.

AC: In der Grundschule lehrt man die Kinder die Addition und Division von reellen Zahlen. Es wäre viel schwieriger, ihnen den Umgang mit den peadischen Zahlen beizubringen. Warum? Weil sie eine sehr wichtige Stufe im mathematischen Denken hätten überwinden müssen, nämlich den Kontakt mit der Wirklichkeit. Jenseits von ihr verliert man das unmittelbare Gefühl für die Größen, und man muß sich ganz auf die Rechnung verlassen. Die Wirklichkeit, auf die man trifft, ist nicht mehr die greifbare Realität wie bei der Frage, ob ein Dreieck gleichschenklig ist oder nicht. Sie ist sehr viel härter. Wenn man eine Rechnung auf zwei verschiedene Weisen macht und nicht dasselbe Ergebnis findet, dann spürt man eine echte Frustration. Für mich ist die mathematische Realität von dieser Art. Es gibt eine genau genommen unerklärte Kohärenz, die unabhängig von unserem Denksystem ist und die garantiert, daß man bei einem richtigen Vorgehen den Fehler finden wird. Man trifft also auf eine Kohärenz, die weit über die sinnliche Erfahrung und das direkte Erfassen der Vorgänge hinausgeht.

JPC: Daß diese Kohärenz noch nicht erklärt ist, beweist nicht, daß sie *unerklärbar* ist. Noch weniger, daß sie unabhängig von unserem Denksystem ist, wie Du behauptest.

4 Die Mathematik hat eine Geschichte

JPC: Ich bezweifle immer noch die These, nach der die mathematischen Objekte irgendwo „im Universum" unabhängig von jedem materiellen und zerebralen Träger existieren. Es scheint mir nützlich, einen gewissen Abstand von der Arbeit des Mathematikers zu nehmen und besonders von den Objekten, die er konstruiert. Man muß das mathematische Objekt in den historischen Zusammenhang stellen, in dem es erschienen ist. Man unterrichtet die Mathematik als eine kohärente Menge von Lehrsätzen, Theoremen und Axiomen. Man vergißt dabei, daß sie nach und nach in der Geschichte der Mathematik und der menschlichen Gesellschaft erschienen sind, kurz: daß es sich um kulturelle, der Evolution unterworfene Objekte handelt. Die mathematischen Objekte in eine historische Perspektive zu stellen, erlaubt dagegen, sie zu „verweltlichen" und sie zufälliger zu machen als sie scheinen. Theorien folgen Theorien, und einige bringen neue Einsichten, ohne die vorhergehenden ungültig zu machen. Das ist zum Beispiel bei den nichteuklidischen Geometrien der Fall. Die Axiome der euklidischen Geometrie bilden ein kohärentes Ganzes. Man trifft hier diese berühmte Kohärenz an, die Dich so erstaunt und die das Ganze, aber nur *scheinbar*, unabhängig von jedem materiellen Träger macht, um Deine Worte aufzugreifen. Dennoch haben im 19. Jahrhundert die nichteuklidischen Geometrien alles durcheinandergebracht.

AC: Aber sie haben überhaupt nicht die Kohärenz der euklidischen Geometrie gestört! Man kann im Gegenteil dieses Beispiel gebrauchen, um die Stärke und Fruchtbarkeit der axiomatischen Methode zu zeigen. Zu Anfang kam man zur euklidischen Geometrie über die physikalische Erfahrung. Euklid hat versucht, eine Anzahl von Axiomen aufzustellen, die sogenannte Beweise auszuführen gestatten. Eines von ihnen schien gänzlich überflüssig zu sein, das Axiom, daß es zu einer Geraden durch einen Punkt eine einzige Parallele gibt. Es schien beweisbar zu sein, daß dieses Axiom nicht hinzugefügt werden müsse und eine Folge der anderen sei. Genau bei dem Versuch, seine Notwendigkeit zu beweisen, hat man die nichteuklidischen Geometrien entdeckt. Diese wurden während eines guten Teils des 19. Jahrhunderts von den Mathematikern als esoterisch angesehen. Gauß hat sogar aus Furcht vor Unglaubwürdigkeit gezögert, seine Ergebnisse zu veröffentlichen. Aber eines Tages hat Poincaré gemerkt, daß die ebene Geometrie der Krümmung -1 ein außergewöhnliches Werkzeug ist, sogar für die zahlentheoretischen Probleme, die er unabhängig davon untersucht hatte. Er hat hier Anregungen zu seiner Theorie der Fuchsschen Funktionen gefunden. Wie ist man also auf die nichteuklischen Geometrien gestoßen? Nicht weil wir gefunden haben, daß der Raum, in dem wir leben, nicht die euklidische Geometrie besitzt. Sondern einfach ausgehend von einem axiomatischen Problem und der Anstrengung, die Geometrie durch eine möglichst kleine Anzahl von Eigenschaften zu charakterisieren.

JPC: Das beweist niemals die Materieunabhängigkeit der mathematischen Objekte! Für mich ist die axiomatische Methode der klare Ausdruck von zerebralen Funktionen und von auf dem Gebrauch der Sprache beruhenden kognitiven Fähigkeiten des Menschen. Was aber die Sprache charakterisiert, ist genau ihr *generativer* Charakter.

AC: Es kommt hier eine der Mathematik eigene Eigenschaft hinzu, die sehr schwierig zu erklären ist. Man kommt oft unter beträchtlichen Anstrengungen zu einer erschöpfenden Liste von mathematischen Objekten, die durch sehr einfache Bedingungen definiert sind. Man glaubt intuitiv, daß die Liste vollständig ist, und man versucht, dies allgemein zu beweisen. Nun findet man oft andere Objekte genau bei dem Beweisversuch, daß man eine vollständige Auflistung gefunden hat. Nehmen wir zum Beispiel die Theorie der endlichen Gruppen. Der Begriff einer endlichen Gruppe ist elementar und fast auf der gleichen Stufe wie der der ganzen Zahlen. Eine endliche Gruppe ist die Gruppe der Symmetrien eines endlichen Objekts. Die Mathematiker haben versucht, die sogenannten einfachen endlichen Gruppen zu klassifizieren, das heißt die endlichen Gruppen, die – ein wenig wie die Primzahlen – nicht in kleinere Gruppen zerlegt werden können. Dies ist ein außerordentlich schwieriges Problem[14]. Galois hat gezeigt, daß für $n \geq 5$ die Gruppe der geraden Permutationen einer Menge von n Elementen einfach ist. Und C. Chevalley und J. Tits haben Serien von einfachen endlichen Gruppen konstruiert, die der sogenannten Serie der Lieschen Gruppen ähnlich sind. Man konnte daher denken, daß es außer ihnen und den von Mathieu im letzten Jahrhundert entdeckten Gruppen keine weiteren geben würde. Als man dies zu beweisen versuchte, fand man ungefähr zwanzig Gruppen, die nicht in der Liste von Chevalley und Tits enthalten waren: die sporadischen Gruppen. Vor ungefähr 15 Jahren hat man die letzte einfache Gruppe entdeckt, die man das „Monstrum" M (siehe Abb. 2) nennt. Dies ist eine endliche Gruppe, die durch rein mathematische Schlußfolgerungen entdeckt worden ist und die eine beträchtliche Anzahl von Elementen hat:

$$808017424794512875886459904961710757005754368000000000$$

Heute ist es den Spezialisten unter heroischen Anstrengungen der Beweis gelungen, daß die Liste der 26 sporadischen einfachen endlichen Gruppen tatsächlich vollständig ist (siehe Abb. 2).

JPC: Ich sehe nicht, warum das Ausschöpfen aller Möglichkeiten beweist, daß das fragliche Objekt eine „Idee" ist, die vor dem Menschen existierte. Nehmen wir zum Beispiel ein regelmäßiges Objekt, wie einen Würfel oder einen Steinsalzkristall. Es ist klar, daß seine Eigenschaften schnell aufgezählt sind. Das beweist nicht, obwohl Descartes es behauptet, daß seine Eigenschaften die einer „unveränderlichen und ewigen" Form sind, die in keiner Weise von unserem Gehirn abhängen. Wenn der Mathematiker die Regeln der logischen Kohärenz, die Ausschließungsregeln und einen Formalismus aufbaut, dann konstruiert er eine universelle Sprache. Diese erlaubt ihm, die Eigenschaften des Objekts zu erkennen, das er zuvor konstruiert hat. Am Ende „entdeckt" er nur die Folgerungen von dem, was er sich vorgestellt hat! Niemand wird behaupten – außer vielleicht einige Gläubige –, daß das Wort vor der Materie existiert!

5 Ist die Mathematik nur eine Sprache?

JPC: Wenn wir reden, manipulieren wir Begriffe. Du beschreibst eine Reihe von logischen Folgerungen, das heißt von mentalen oder zerebralen Prozeduren, die auf konkreten, von Dir dargestellten Objekten operieren. Man könnte an den griechischen Geometer denken, der in dem Sand einfache Figuren zeichnet und ihre Eigenschaften untersucht. Nichts, was Du sagst,

[14] Conway (1980)

Gruppe	Ordnung	Entdecker
M_{11}	$2^4.3^2.5.11$	Mathieu
M_{12}	$2^6.3^3.5.11$	Mathieu
M_{22}	$2^7.3^3.5.7.11$	Mathieu
M_{23}	$2^7.3^2.5.7.11.23$	Mathieu
M_{24}	$2^{10}.3^3.5.7.11.23$	Mathieu
J_2	$2^7.3^3.5^2.7$	Hall, Janko
Suz	$2^{13}.3^7.5^2.7.11.13$	Suzuki
HS	$2^9.3^2.5^3.7.11$	Higman, Sims
McL	$2^7.3^6.5^3.7.11$	McLaughlin
Co_3	$2^{10}.3^7.5^3.7.11.23$	Conway
Co_2	$2^{18}.3^6.5^3.7.11.23$	Conway
Co_1	$2^{21}.3^9.5^4.7^2.11.13.23$	Conway, Leech
He	$2^{10}.3^3.5^2.7^3.17$	Held/Higman, McKay
Fi_{22}	$2^{17}.3^9.5^2.7.11.13$	Fischer
Fi_{23}	$2^{18}.3^{13}.5^2.7.11.13.17.23$	Fischer
Fi_{24}	$2^{21}.3^{16}.5^2.7^3.11.13.17.23.29$	Fischer
HN	$2^{14}.3^6.5^6.7.11.19$	Harada, Norton/Smith
Th	$2^{15}.3^{10}.5^3.7^2.13.19.31$	Thompson/Smith
B	$2^{41}.3^{13}.5^6.7^2.11.13.17.19.23.31.47$	Fischer/Sims, Leon
M	$2^{46}.3^{20}.5^9.7^6.11^2.13^3.$ 17.19.23.29.31.41.47.59.71	Fischer, Griess
J_1	$2^3.3.5.7.11.19$	Janko
$O'N$	$2^9.3^4.7^3.5.11.19.31$	O'Nan/Sims
J_3	$2^7.3^5.5.17.19$	Janko/Higman, McKay
Ly	$2^8.3^7.5^6.7.11.31.37.67$	Lyons/Sims
Ru	$2^{14}3^3.5^3.7.13.29$	Rudvalis/Conway, Wales
J_4	$2^{21}.3^3.5.7.11^3.23.29.31.37.43$	Janko/Norton, Parker, Benson, Conway, Thackray

Abb. 2. Liste der sporadischen einfachen endlichen Gruppen mit ihrer Ordnung und ihren Entdeckern. M: „Monstrum". Nach dem Klassifikationstheorem stellen diese 26 sporadischen Gruppen zusammen mit den zyklischen Gruppen von Primzahlordnung, den alternierenden Gruppen vom Grade ≤ 5 und den Gruppen von Chevalley und Tits alle einfachen endlichen Gruppen dar.

überzeugt mich von der Realität dieser Objekte außerhalb von unserem Gehirn. Selbst wenn Du ihre Anzahl und Natur vollständig kohärent und geordnet angeben kannst. Was Du sagst, führt im Gegenteil dazu, den mathematischen Objekten im platonischen Sinn alle „Realität" zu nehmen. Du gibst zu, daß die Mathematik eine Sprache ist und daß es mehrere elementare Sprachen gibt. Vielleicht ist die Mathematik die gereinigte Synthese aller dieser Sprachen, eine Art von universeller Sprache? Niemand glaubt, daß das Chinesische oder das Russische vor dem Menschen im Universum existiert hat. Warum also diese Hypothese über die Mathematik?

AC: Du sagst, nichts beweise die Realität dieser Objekte außerhalb von unserem Gehirn. Wir wollen einmal die mathematische Realität mit der materiellen Welt um uns vergleichen. Was beweist die Realität dieser materiellen Welt unabhängig von ihrer Wahrnehmung durch unser Gehirn? Vor allem die Kohärenz unserer Perzeptionen und ihre Dauer. Genauer die Kohärenz des Tastsinns und des Sehens eines und desselben Individuums. Ferner die Übereinstimmung der Wahrnehmungen zwischen verschiedenen Individuen. Die mathematische Realität ist von derselben Natur. Eine auf verschiedene Weise ausgeführte Rechnung gibt dasselbe Ergebnis, einerlei ob sie von einer oder mehreren Personen ausgeführt ist. Die Wahrheit des Primzahlsatzes von Euklid hängt nicht von der einen oder anderen Wahrnehmungsweise ab. Es ist wahr, daß die Mathematik als Sprache für die anderen Wissenschaften nützlich ist. Aber man kann sie nicht, ohne einen schweren Fehler zu begehen, darauf beschränken, nur eine Sprache zu sein. Deshalb scheint mir der Vergleich mit dem Chinesischen nicht richtig zu sein. Man erforscht die mathematische Realität zuerst in den Zonen, wo die mit der Wirklichkeit verbundenen geistigen Bilder sehr einfach sind. Das ist in der euklidischen Geometrie der Fall. Danach ist man dank axiomatischer Prozeduren oder über konkrete Probleme aus der Zahlentheorie in Gegenden vorgestoßen, die von der materiellen Wirklichkeit sehr viel weiter entfernt sind. Das verhindert nicht, daß die Realität, mit der man dann konfrontiert ist, ebenso hart wie die der täglichen Erfahrung ist.

Die Frustration eines Mathematikers, der nicht sehen kann, was in dieser Wirklichkeit vorgeht, ist durchaus vergleichbar mit der eines Blinden, der seinen Weg sucht. Das läßt mich an die folgende Allegorie denken: stelle Dir vor, ich wohne in einem Dorf, das ich nicht verlassen kann, und in einigen Kilometern ragt eine riesiger Turm auf. Wenn ich der einzige Blinde des Dorfes bin, dann brauchen meine Nachbarn viel Zeit damit, mir diesen Turm zu beschreiben, deren Existenz für sie ohne Zweifel ist, während ich meine Zeit damit verbringe, ihnen zu erklären, daß er nur eine mentale Konstruktion ist, um gewisse visuelle Phänomene einzuordnen, die ich nicht nachvollziehen kann. So kann man leider, solange man nicht mit der mathematischen Realität konfrontiert ist, gefahrlos ihre Existenz leugnen.

JPC: Diese „Kohärenz der Perzeption“ der Außenwelt ist ein Ergebnis Deines zerebralen Apparats, aber auf einem niedrigeren *Abstraktionsniveau* als das der mathematischen Objekte. Daß man in den mathematischen Objekten allgemeingültige Eigenschaften erkennen kann, beweist nicht mehr ihre Unabhängigkeit vom menschlichen Gehirn als die Existenz des Wortes „Staat“ oder „Glück“. Bis auf den Unterschied, daß die mathematischen Begriffe eine genauere und einschränkendere Definition haben und deshalb klarere und „universellere“ Eigenschaften haben.

Anderseits scheint es mir, daß Du wiederholt Metaphern gebrauchst. Du vergleichst die mathematische Forschung mit der Erforschung eines Kontinents oder mit einem Dorf und seinem Turm. Aber dieser bildliche Ausdruck läßt den Dialog von einem abstrakten mathematischen Niveau auf ein niedrigeres, konkretes und bildliches Niveau fallen, das auf keine Weise wörtlich genommen werden darf. Noch schlimmer: Du spielst mit den vielfachen *und* widersprüchlichen Bedeutungen der Worte „Realismus" und „Realität". Der Realismus ist zunächst die platonische Lehre, nach der die *Ideen* einer Welt angehören, die von der materiellen verschiedenen ist, und auf einem viel höheren Niveau existieren als die Individuen und Sinnesobjekte, die nur ihr Schatten und Abbild sind. Aber er ist auch die Lehre, nach der das Seiende vom Erkenntnisprozeß durch bewußte Wesen unabhängig ist. Schließlich ist ein „Realist" einer, der einen grundsätzlichen Unterschied zwischen dem Seienden und dem Denken postuliert: Das Seiende kann weder vom Denken abgeleitet werden noch angemessen und vollständig logisch umschrieben werden. Leider lassen Dich Deine Umschreibungen von der ersten zur dritten Bedeutung springen, obwohl die beiden einander widersprechen! Ich meinerseits gebrauche das Wort „Realismus" und den Begriff „Realität" hauptsächlich in einem nichtplatonischen Sinn, der eine Art von Kompromiß zwischen den beiden anderen Definitionen ist. Für mich existieren die Materie in ihren verschiedenen Zuständen, die Lebewesen und der Mensch unabhängig vom menschlichen Denken und der *aktuellen* Kenntnis, die die bewußten Wesen davon haben. Aber das menschliche Denken, das selbst Ausdruck eines besonderen Zustands der Materie ist, versucht, dieses „in sich", diese *ultima actualitas*, zu beschreiben. Es versucht, mit Hilfe der Erfahrung dafür eine fortschreitende, aber nicht notwendigerweise erschöpfende Definition zu geben. Ich unterscheide also sehr klar zwischen der Realität der Materie und was Du „mathematische Realität" nennst. Die Existenz der letzteren scheint mir an das menschliche Denken gekoppelt zu sein, das selber ein Produkt der Evolution der Arten ist.

II. War Platon ein Materialist?

1 Die intellektuelle Askese des Materialisten

JEAN-PIERRE CHANGEUX: Deine Thesen über die Natur der mathematischen Objekte scheinen mir ein wenig paradox zu sein: Du verteidigst einen platonischen Standpunkt und versicherst mir gleichzeitig, daß Du im Grunde Deines Denkens ein Materialist bist. Vielleicht sollten wir zuerst auf die Definition des Materialismus zurückkommen, oder vielmehr auf seine Methode und das materialistische *Programm*? Es handelt sich, wie es J.T. Desanti in seinem Werk *La philosophie silencieuse* zeigt, um den Versuch einer Erklärung mit einem minimalen Material, wenn möglich beschränkt auf die Gesetze der Physik und Chemie. Der Materialismus setzt also in den Worten von Spinoza eine *emendatio intellectus* voraus, eine Reform des Verständnisses in Form einer intellektuellen „Askese", mit der man Anstrengungen unternimmt, die mythischen Reste zu beseitigen, die uns heimsuchen, insbesonders den Platonismus. Die materialistische Erklärung trägt dazu bei, den Menschen wieder in die Natur einzubeziehen. In diesem nach meiner Meinung ausgezeichneten Werk zeigt Desanti, daß diese Aufgabe die Konstruktion von Modellen der Wirklichkeit erfordert, die in seinen Worten immer ein Teilmodell enthalten, auf dessen Gestaltung man die größte Sorgfalt verwendet. Für ihn ist es „das Modell für die Gesamtheit der Prozesse, die zur Erkenntnis führen, und das man so konstruieren muß, daß es erstens mit dem Modell der Wirklichkeit verträglich ist und zweitens aus ihm eindeutig jeder Bezug auf irgendeine Form von Transzendenz beseitigt ist. Wir wollen konkret das diesen Anforderungen genügende Teilmodell *Erkenntnisapparat* nennen"[1]. Für den Neurobiologen ist selbstverständlich das Gehirn der Erkenntnisapparat, der es erlaubt, die Wirklichkeit zu erfassen und Modelle zu konstruieren. Der Philosoph der Mathematik Desanti formuliert klar das Problem, die Natur der Mathematik mit neurobiologischen Begriffen zu erklären, aber er glaubt, daß dies eine Utopie sei. Er geht sogar so weit zu schreiben, daß „das Erstellen eines angemessenen Modells des

[1] Desanti (1968) S. 139

Erkenntnisapparats nur chimärenhaft sein kann" und „man muß sich daher mit einer schwachen materialistischen Epistemologie begnügen"[2]. Dies ist der Verzicht eines Philosophen aus – ach wie häufiger – Unkenntnis der Neurowissenschaften und auf Grund der zur Zeit, als Desanti dies schrieb, ungenügenden Tiefe der Neurobiologie und der kognitiven Wissenschaften.

Ich selber verteidige dagegen eine starke materialistische Epistemologie, die einzige, die mir für einen erfahrenen und zu sich selber ehrlichen Wissenschaftler annehmbar scheint. Dieses Programm ist nicht neu. Es findet sich schon bei Demokrit formuliert, dem nach der Legende immer lächelnden vorsokratischen Philosophen (siehe Abb. 3). Und zahlreich waren im Laufe der Geschichte die Wissenschaftler, die den Mut hatten, die materialistische Denkweise anzunehmen trotz der Verfolgungen, denen sie ausgesetzt waren: Vanini, der von der Inquisition 1619 in Toulouse verbrannt wurde, der Anatom Vesalius und selbstverständlich Galilei sind nur einige dieser Opfer einer noch heute lebendigen Intoleranz.

Man muß daher die Komponenten des Erkenntnisapparats, wie ihn Desanti nennt, definieren und seine Produktionen zu beschreiben versuchen, besonders die Mathematik. Der Erkenntnisapparat ist „ein Mechanismus für Abstraktionen oder Konstruktionen, der Typen und Klassen von Objekten erzeugt, ausgehend von einem Sinnesmaterial, das die Welt im Original liefert". Dies ist eine ausgezeichnete Definition der Funktion des Gehirns. Um eine starke materialistische Epistemologie zu verwirklichen, besteht die Aufgabe des Neurobiologen in der detaillierten Untersuchung, wie das menschliche Gehirn die Objekte erzeugt, unter anderen die mathematischen Objekte. Was sagt Dir dieser materialistische Zugang?

ALAIN CONNES: Auf der einen Seite existiert unabhängig vom Menschen eine rohe und unveränderliche mathematische Realität, auf der anderen erkennen wir sie nur mit unserem Gehirn unter Einsatz einer seltenen Mischung von Konzentration und Verlangen, wie es Valéry sagte. Ich trenne also die mathematische Realität vom Werkzeug, das wir zu ihrer Erforschung haben, und ich gebe zu, daß das Gehirn ein materielles Erkenntniswerkzeug ist, das nichts Göttliches an sich hat und mit keinerlei Transzendenz verknüpft ist. Je mehr man seine Funktionsweise versteht, desto besser kann man es gebrauchen. Aber die mathematische Realität, wie zum Beispiel die Folge der Primzahlen, wird dadurch überhaupt nicht verändert. Nur die Summe unserer Kenntnisse wird dadurch vergrößert. Wenn ich keine Sympathie für den materialistischen Standpunkt hätte, könnte ich leicht behaupten, daß der „menschliche Geist" kein besseres Verständnis der physikalischen und biologischen Funktionen des Gehirns brauchte. Diese Idee liegt mir fern. Meine Einstellung ist also vernünftig.

---

[2] Desanti (1968) S. 145

Abb. 3. Portrait von Demokrit von Antoine Coypel (1692). Demokrit wurde zwischen 500 und 457 v. Chr. in Abdera (Thrakien) geboren, in einer der ionischen Kolonien, wo sich die griechische und orientalische Kultur berührten, und hatte ein sehr langes Leben. Als Zeitgenosse von Sokrates war er mit Leukippos der Begründer des Atomismus und nach Nietzsche der erste rationalistische Philosoph, der aus seinem Denken alle mythischen Elemente beseitigt hatte. Er wird traditionell mit einem Lächeln dargestellt, das seine Freude bezeugt, über die irrationalen Ängste und den Aberglauben gesiegt zu haben. (Louvre; nach einer Farbreproduktion RMN.)

JPC: Das Wort „unabhängig" braucht eine Definition. In Rahmen des platonischen Realismus bedeutet es Materielosigkeit. Aber ich möchte gern den Träger dieser mathematischen Objekte kennen, von denen Du behauptest, daß sie unabhängig vom menschlichen Gehirn existieren, wobei Du Dich gleichzeitig einen Materialisten nennst! Ich kann mir schwer vorstellen, daß die ganzen Zahlen in der Natur existieren. Warum sollte man nicht $\pi = 3.14\ldots$ in goldenen Buchstaben am Himmel sehen oder die Avogadrosche Zahl in den Spiegelungen einer Kristallkugel? Die Atome existieren in der Natur. Sicherlich. Aber das Bohrsche Atom existiert nicht. Ein Huhn könnte vielleicht die Zahl der von ihm gelegten Eier bestimmen oder, besser, den Platz erkennen, den sie im Nest einnehmen. Aber es kann sicherlich nicht bis zehn zählen und nicht die Eigenschaften der ganzen Zahlen definieren. Die Mathematik scheint mir eher eine formale Sprache zu sein, die auf das höchste vereinfacht und der menschlichen Gattung eigen ist.

AC: Ich glaube, man muß sich hüten, die mathematische Realität und ihre mögliche Veranschaulichung in den Naturereignissen zu verwechseln. Wenn ich von der unabhängigen Existenz der mathematischen Realität spreche, dann lokalisiere ich sie überhaupt nicht in der physikalischen Wirklichkeit. Viele physikalische Modelle benutzen tatsächlich die Mathematik, um Naturereignisse zu beschreiben, aber es wäre ein schwerer Fehler, die Mathematik auf diese Phänomene zu beschränken. Ich denke, daß der Mathematiker einen „Sinn" entwickelt, den man nicht auf das Sehen, Hören und den Tastsinn zurückführen kann. Dieser erlaubt ihm, eine ebenso zwingende, aber viel stabilere Realität als die physikalische Wirklichkeit wahrzunehmen, da sie nicht in der Raum-Zeit lokalisiert ist. Wenn sich der Mathematiker in der Geographie der Mathematik bewegt, nimmt er nach und nach die Umrisse und die unglaublich reiche Struktur der mathematischen Welt wahr. Er wird immer sensibler für den Begriff der Einfachheit, der ihm Zugang zu neuen Gegenden der mathematischen Landschaft gibt.

JPC: Dein Hauptargument ist also die Einfachheit. Aber kann man nicht zum Beispiel ebenfalls sagen, daß das Thema der siebten Symphonie von Beethoven eine Melodie von höchster Einfachheit ist?

AC: Ja, aber sie ist nicht notwendig. Das ist der Unterschied.

JPC: Aber die Notwendigkeit wird von Deinem Gehirn erzeugt! Du erschaffst diese Einfachheit, wenn Du Deine mentalen Repräsentationen einander oder den natürlichen Objekten gegenüberstellst, wenn Du ihre Zweckmäßigkeit oder ihre Unangemessenheit mit Hilfe des Sinnes feststellst, von dem Du sprichst und den ich für eine Leistung unserer Hirnfunktionen halte. Noch einmal: beweist dies, daß diese Einfachheit einen materielosen Ursprung hat?

AC: Der Unterschied zu einer Symphonie von Beethoven ist der folgende: In der Mathematik kann man beweisen – und zwar wirklich beweisen, wenn ein Problem wohldefiniert ist, wie zum Beispiel die Klassifikation der endlichen Körper –, daß man die vollständige Liste der gesuchten Objekte gefunden hat. Aber es gibt kein Theorem, mit dem man aus dem ersten Thema den Rest einer Beethovenschen Symphonie herleiten kann.

JPC: Dieser Unterschied ist wichtig. Aber man findet diese „erzeugende" Eigenschaft der Mathematik in anderer Form auch in der musikalischen Komposition, insbesondere bei Bach, bei Boulez und anderen Komponisten der Gegenwart. Sie stellt einen charakteristischen Zug der menschlichen Sprache dar, dessen einfachster Ausdruck die Syntax ist. Sogar die Begriffe können übrigens eine gewisse Generativität besitzen. Betrachten wir zum Beispiel den Begriff der Freiheit. Wenn er auch kein mathematischer Begriff ist, so hat er doch während der französischen Revolution ein beträchtliches wirkendes Potential gehabt, das er noch heute beibehält. Wie viele neue Konzepte und Gesetzestexte bauen sich auf ihrer Definition auf! Eine ganze Reihe von sozialen Umordnungen, von neuen Gesetzen und Umwälzungen in der staatlichen Struktur sind das Ergebnis davon. Trotzdem wird niemand sagen, daß die „Freiheit" in der Natur unabhängig vom Menschen existiert. Wohlverstanden ist der mathematische Beweis, den Du anbietest, viel strenger, geschlossener, vollständiger, kohärenter, und was sonst noch, als was die Geschichte aus dem Begriff der Freiheit hat ableiten können. Aber kann man nicht einen so abstrakten Begriff wie den der Freiheit mit dem der ganzen Zahl vergleichen, selbstverständlich ohne die Folgen, die jeder nach sich zieht? Warum soll man einen so gewaltigen Unterschied in ihrer *Natur* machen?

AC: Wir wollen nicht Werkzeug und untersuchte Realität verwechseln. Der Begriff der Freiheit wurde vom menschlichen Geist nach und nach verfeinert, um gewisse Verhaltensweisen lebender Wesen richtig zu beschreiben. Ich bezweifle nicht ihre Realität! Der Mathematiker erschafft ebenfalls Werkzeuge, wie die axiomatische Methode, oder Begriffe, wie die allgemeine Topologie oder die Wahrscheinlichkeit, die ihm zum Beispiel ermöglichen, die Folge der Primzahlen besser zu verstehen. Aber selbst wenn es eine fortschreitende Ausarbeitung der Begriffe und der Forschungsmethoden gibt, so ändert dies nichts an der Realität dieser Folge. Sie erlaubt uns einfach nur, diese besser zu verstehen. Dein Widerstand, die Existenz der mathematischen Realität zuzugeben, rührt einerseits von einer Verwechselung von begrifflichen Werkzeugen und Wirklichkeit und andererseits von der Existenz einer sehr unvollständigen physikalischen Illustration der Mathematik her.

JPC: Ich verwechsele keineswegs konzeptuelle Werkzeuge und Realität, im Sinne wie ich das Wort gebrauche. Denn für mich dienen diese „Werkzeuge" dazu, die *Eigenschaften* von Objekten zu studieren, die das Gehirn des Mathematikers erzeugt und die eine echte physikalische Realität haben.

Dagegen nehme ich nicht an, daß die axiomatische *Methode* ein Begriff ist. Sie ist eine zerebrale „Prozedur". Hingegen ist die ganze Zahl ein Begriff, eine vereinfachte „mentale Repräsentation", in der man leicht die ursprünglichen Eigenschaften wiedererkennt. Nach meiner Meinung ist die „Freiheit" ein echter Begriff und läßt sich nicht mit der der axiomatischen Methode vergleichen.

2 Psychoanalyse der Mathematik

AC: Ein wichtiger Teil der Arbeit des Mathematikers besteht darin, die innere Kohärenz und den erzeugenden Charakter zu erkennen, die gewissen Begriffen eigen sind. Sehr einfache Begriffe können alle möglichen anderen Ideen oder Modelle erzeugen. Man hat wirklich mehr und mehr den Eindruck, eine Welt zu erforschen und eine Kohärenz zu finden, die zeigt, daß man ein Gebiet vollständig erforscht hat. Warum soll man unter diesen Bedingungen nicht das Gefühl haben, daß diese Welt eine unabhängige Existenz besitzt?

JPC: Du sagst „das Gefühl haben"? Deine Einstellung zur Mathematik ist eher ein Gefühl als ein Nachdenken?

AC: Sie ist eher eine Intuition, die man sich mühsam erarbeitet. Meine Einstellung gründet sich einerseits auf der Frustration, die ich oft bei einem Problem, das ich nur teilweise und mit Widersprüchen lösen kann, verspüre, und andererseits auf einer direkten Berührung mit den mathematischen Objekten. Dieser Kontakt führt zu einer Intuition, die klar von der Wirkung der Naturphänomene verschieden ist. Der platonische Realismus und der Materialismus scheinen mir keineswegs unverträglich zu sein. Welchen Preis muß man zahlen, um als Arbeitshypothese die unabhängige Existenz der mathematischen Wirklichkeit anzunehmen? Keinen, so scheint es mir. Umgekehrt gibt sie uns die Sicherheit, daß es immer möglich ist, diese Begriffe von einer Zivilisation zu anderen zu übermitteln.

JPC: Der wirkliche Preis ist der Verzicht zu verstehen, wie unser „Erkenntnisapparat" Objekte dieser Art erzeugt! Ich frage mich übrigens, wie weit die Unabhängigkeit, von der Du sprichst, nicht einfach daher kommt, daß es sich um ganz besondere kulturelle Objekte handelt, die von einem Individuum zum anderen kulturunabhängig übertragbar sind, eine Art von universeller Semantik, die, so weit man es heute weiß, auf die Welt des Menschen beschränkt ist. Die Tatsache, daß diese Objekte in geschriebener Form existieren können, zum Beispiel in den Sand gezeichnet, wie es die ersten Griechen taten, oder heute als Aufzeichnungen in den Magnetspeichern eines Computers, läßt uns glauben, daß es sich um vom menschlichen Gehirn unabhängige Objekte handelt. Das stimmt jedoch nicht. Sie sind eher „kulturelle Repräsentationen“, die die Fähigkeit haben, sich auszubreiten, Früchte zu tragen, sich zu vermehren und von Gehirn zu Gehirn übertragen zu werden. Sie haben spezifische Eigenschaften, insbesondere diese Kohärenz, diese „innere Notwendigkeit“, die Du gerne unterstreichst und die ihnen einen „Anschein“ von Unabhängigkeit verleiht. Es ist dieser „Anschein“, der Dich in ihren Bann zieht, und die von Dir verspürte Faszination ist die, die das geschaffene Objekt hinterher auf seinen Schöpfer ausübt. Ihre Erklärung liegt in der Art des wissenschaftlichen Schaffens in seiner ganzen *Subjektivität.* Kann man sagen, daß eine Person in einer Psychoanalyse durch die Erfahrungen, die sie von sich selbst und von den Personen ihrer Umgebung macht, im Verständnis der tieferen Strukturen ihres eigenen Gehirns Fortschritte macht? Leider nicht. Die Psychoanalyse hat zu keinem entscheidenden Fortschritt in der Kenntnis vom Gehirn geführt, weder von seiner Architektur noch von seiner physikalisch-chemischen Natur. Ich fürchte, daß das „Gefühl“, das Du hast, diese ganz platonische „Realität“ zu „entdecken“, nur eine rein introspektive und daher subjektive Sicht des Problems ist. Immerhin gebe ich zu, daß die Mathematik eine ganz besondere Leistung des Gehirns darstellt. Und ich glaube, daß man sich über eine Definition dieser Produktion einigen kann. Die mathematischen Objekte sind abstrakte Konzepte von der gleichen Art wie die Freiheit. Sie haben spezielle Eigenschaften. Aber diese haben keinesfalls ihre Materielosigkeit und ebensowenig den platonische Realismus zur Folge.

AC: Unsere Diskussion dreht sich um die Definition des Wortes „Realität“. Für mich wird die Realität durch das Zusammentreffen und die Dauer der Erfahrungen des gleichen Subjekts oder von mehreren Personen im Inneren einer Gruppe definiert.

JPC: Diese kollektive Erfahrung ist notwendig. Aber sie ist nicht hinreichend. Sie schließt ebenso die visuellen Illusionen wie die kollektiven Halluzinationen ein. Wenn die Huichol-Indianer während ihrer jährlichen Wanderung halluzinogene Pilze verzehren, haben *alle* das Gefühl, *wirklich* ins Paradies gekommen zu sein. Das „Zusammentreffen der Erfahrungen“ genügt daher nicht, eine objektive Realität zu definieren!

3 Sind mathematische Objekte gewöhnliche kulturelle Repräsentationen?

JPC: Kann man aber nicht sagen, daß ein mentales Objekt durch seine innere Kohärenz, durch eine gewisse Zahl von alles andere *ausschließenden* Eigenschaften und durch die Tatsache definiert wird, daß mehrere Personen in einer Gruppe es glücklicherweise gemeinsam wahrnehmen können? Das hat nichts Außergewöhnliches an sich. Sie haben alle das gleiche Gehirn, oder beinahe! Andererseits habe ich schon betont, daß die Mathematik eine

Geschichte hat. Wenn die mathematischen Objekte im Universum zeitlos existiert hätten, wie es sich Pythagoras und Plato vorstellten, dann sollte man sie zu jeder Zeit antreffen können. Jedoch entwickelt sich die Mathematik ebenso in ihrem Inhalt wie in ihrer Schreibweise und Symbolik. Warum diese ständige Erneuerung, die Du erwähnt hast? Man sieht schlecht die mathematischen Objekte einer *mathesis universalis* durch eine neue Theorie in Frage gestellt. Wenn sie so universell und so unabhängig von unserem Gehirn sind, warum sollten sie sich entwickeln? Die Geschichte der Mathematik ist keineswegs linear. Sie ist voll von Streitigkeiten, Diskussionen, Kontroversen, Neuerungen und ständigen Wiederauffrischungen. Kurz, man hat den Eindruck, es mit kulturellen Objekten zu tun zu haben, die während jeder Entwicklungsstufe unserer Zivilisation erzeugt und gebraucht werden und die sich in dem gleichen Maße wie andere kulturelle Objekte, die nicht notwendigerweise mathematisch sind, entwickeln.

AC: Die mathematischen Kenntnisse haben offensichtlich einen historischen Charakter, ganz wie die Erforschung eines Kontinents. Hat nicht der Laie angesichts der Liste der Mathematiker, die unter heroischen Anstrengungen die endlichen einfachen sporadischen Gruppen entdeckt haben, den gleichen Eindruck wie vor einer Liste von Forschungsreisenden? Um auf mein Beispiel zurückzukommen, so ist der Beweis der Klassifikation der endlichen Gruppen zur Zeit zu lang, als daß ihn ein Nichtspezialist ganz allein mit unwiderruflicher Sicherheit nachprüfen kann. Dieser Bereich gehört daher zu einer Randzone von mathematischen Erkenntnissen, die noch nicht stabilisiert sind. Im Gegensatz dazu ist die Liste der endlichen Körper relativ leicht zu verstehen, und ihre Vollständigkeit ist einfach zu beweisen. Sie reiht sich in die vollständig erforschte mathematische Realität ein, in der wenige Probleme übrigbleiben. Es ist klar, daß in der Randzone der gegenwärtigen Forschung kulturelle und soziale Phänomene dazu beitragen, die Richtung anzuzeigen, in die man fortschreiten soll. Um meinen Vergleich wieder aufzunehmen, hat das Erreichen des Nordpols sicherlich während einer gewissen Zeit der gleichen kulturell und sozial gebundenen Motivierung gehorcht. Wenn aber einmal die Erforschung abgeschlossen ist, dann verblassen diese kulturellen und soziale Aspekte, und es bleibt allein ein sehr stabiles Wissensgebäude, das so gut wie möglich an die mathematische Realität angepaßt ist und das wir künftigen Generationen zu lehren versuchen. Diese ein wenig vereinfachende Ansicht hindert uns nicht daran, den Unterschied zwischen der begründeten mathematischen Realität und einem Forschungsinstrument zu machen.

JPC: Du hast das Erwerben von Kenntnissen erwähnt. Die Kenntnisse, die wir vom Universum im allgemeinen haben, sind von der gleichen Art. Man wird die Tatsache nicht in Frage stellen, daß sich die Erde um die Sonne dreht!

AC: Wenn einmal ein mathematisches Theorem bewiesen ist, wie der Primzahlsatz von Euklid, dann wird ihn keiner in Frage stellen.

JPC: Ich habe es niemals bezweifelt. Ich glaube, daß man sich über diesen Punkt noch einigen kann. Aber was mir vor allem auffällt, ist Dein Gebrauch des Begriffs *Randzone* und genauer „Randzone der noch nicht *stabilisierten* mathematischen Erkenntnisse". Zu Anfang hat man eine kleine Zahl von relativ einfachen mathematischen Objekten geschaffen. Langsam hat sich diese Randzone verbreitert. Die „Stabilisierung", von der Du sprichst, scheint mir an die kulturelle Umgebung gebunden zu sein. Aus diesem Grunde nenne ich die mathematischen Objekte kulturelle Objekte. In Laufe der Geschichte wurde nur ein Teil der mathematischen Objekte, die von dem Gehirn der Fachleute geschaffen wurden, zurückbehalten, *ausgewählt* und in den Gehirnen ihrer Kollegen und dann in den Texten gespeichert. Gewisse Autoren gehen sogar so weit zu sagen, daß die Mathematik an dem Tag geboren wurde, als die griechischen Philosophen begannen, Figuren in den Sand zu zeichnen, und ein anderes Gedächtnis gebrauchen konnten als ihr Kurzzeitgedächtnis, das nicht alle diese Objekte speichern kann. So konnte dieses kulturelle Erbe Jahr für Jahr geformt und auf eine minimale kohärente Struktur gebracht werden, um schließlich mit Deinen Worten einen Korpus zu bilden. Dieser letztere verdankt also seine Existenz den zerebralen Fähigkeiten des Menschen, mit denen er eine Art von Dialog führen kann, und zwar zwischen einerseits seinem Kurzzeit- oder seinem Arbeitsgedächtnis, das die mathematischen Objekte gebraucht, und andererseits einem äußeren, nicht zerebralen Gedächtnis, das sie speichert, um sie öffentlich zugänglich zu machen. Der Mensch hat so mathematische Objekte außerhalb seines eigenen Gehirns gebrauchen können, um daraus neue zu erzeugen, sie mit den alten zu vergleichen, sie durch das „Sieb der Vernunft durchzulassen" und sie in das Allgemeingut überzuführen, wenn man endlich sicher ist, daß sie sich dort integrieren. Die zufällige Evolution, die mir als Außenstehendem das Gebiet der Mathematik zu beherrschen scheint, könnte uns dazu bringen, die mathematischen Objekte als kulturelle Objekte anzusehen, als öffentliche Repräsentationen von speziellen mentalen Objekten, die im Gehirn der Mathematiker entstehen und sich von einem Hirn zum anderen fortpflanzen... bis zu dem der Biologen.

4 Der Darwinismus der mathematischen Objekte

AC: Es ist klar, daß die Erforschung der mathematischen Realität kulturellen Einflüssen unterworfen ist. Das rechtfertigt jedoch noch nicht, sie als kulturelles Objekt zu bezeichnen. Ich glaube, daß die Hauptschwierigkeit der Unterschied zwischen der „rohen" mathematischen Realität und den Denkwerkzeugen ist, die die Mathematiker zu ihrer Erfassung entwickelt haben.

Diese Werkzeuge sind in der Tat Teil unseres kulturellen Erbes. Nehmen wir zum Beispiel die sogenannte Untersuchung des „asymptotischen Verhaltens". Es kommt vor, daß die mathematische Realität zu komplex ist, um leicht erfaßbar sein. Zum Beispiel gibt es keine einfache Formel für die n-te Primzahl. Das Problem der Asymptotik besteht darin, eine Formel zu finden, die ungefähr die Größenordnung der n-ten Primzahl liefert. Man konnte so beweisen, daß die Zahl der Primzahlen kleiner als eine ganze Zahl n zum Quotienten von n und seinem Logarithmus äquivalent ist. Man entschleiert damit eine Seite der mathematischen Realität. Aber ich bestehe darauf, daß man das Denkwerkzeug und die mathematische Realität, die es erforscht, unterscheiden muß. Ein Mathematiker kann sehr wohl ein neues Denkwerkzeug *erfinden*. Solange es ihm nicht gelungen ist, mit diesem einen neuen, seinen Zeitgenossen unbekannten Teil der mathematischen Realität zu entdecken, betrachten sie das Werkzeug mit einer gewissen Skepsis. Um Mathematik zu betreiben, genügt es nicht, Phantasie zu haben!

JPC: Wir kommen zu einem interessanten Punkt unserer Diskussion. Du hast spontan die Evolution der mathematischen Kenntnisse beschrieben. Ich nehme diese Idee wieder auf, weil sie sich in die einer allgemeinen Evolution der Kenntnisse und der kulturellen Objekte in ihren verschiedenen Formen einfügt. Alles läßt denken, wie Du zugibst, daß die mathematischen Objekte wie jedes Erkenntnisobjekt durch „mentale Mutation" entstanden sind, im Zufallsprozeß der zerebralen Erfahrungen der Mathematiker. Sie wurden dann gebraucht, benützt und durch das Denken zermahlen, wie ich zu sagen wage. Schließlich hat sich ein ausgewählter „Rückstand" abgesetzt – ich gebrauche absichtlich diesen darwinistischen Begriff[3] – auf Grund seiner Übereinstimmung mit dem schon vorhanden Ganzen und seiner Kohärenz. Daraufhin ist eine *Erhärtung* eingetreten. In diesem Punkt bin ich nicht mehr mit Dir einverstanden. Diese Kohärenz und diese Härte scheinen sich mir *a posteriori* aus der Evolution zu ergeben. Erlaube mir, die Evolution der mathematischen Objekte mit der biologischen Evolution zu vergleichen. Selbst wenn es einen scheinbaren stetigen „Fortschritt" in der Entwicklung der Wirbeltiere von den Fischen zu den Amphibien, von den Reptilien zu den Säugetieren und schließlich von den Affen zum Menschen (siehe Abb. 4) gibt, wird sich heute niemand vorstellen – außer einige Gläubige wie Teilhard de Chardin –, daß die Evolution sich mit Finalität in Richtung auf den Menschen und seine Vollkommenheit vollzogen hat. Ich möchte nicht so weit gehen und Deine Haltung mit der von Teilhard de Chardin vergleichen, aber ich fürchte, wenn Du vom Mathematiker sprichst, der nach und nach ein strukturiertes mathematisches Universum „entschleiert", hier eine Art von Finalismus zu sehen, den ich bei einem Praktiker verstehen kann, aber bei einem Theoretiker nicht erwartet hätte.

---

[3] Changeux JP (1984); Edelman (1987)

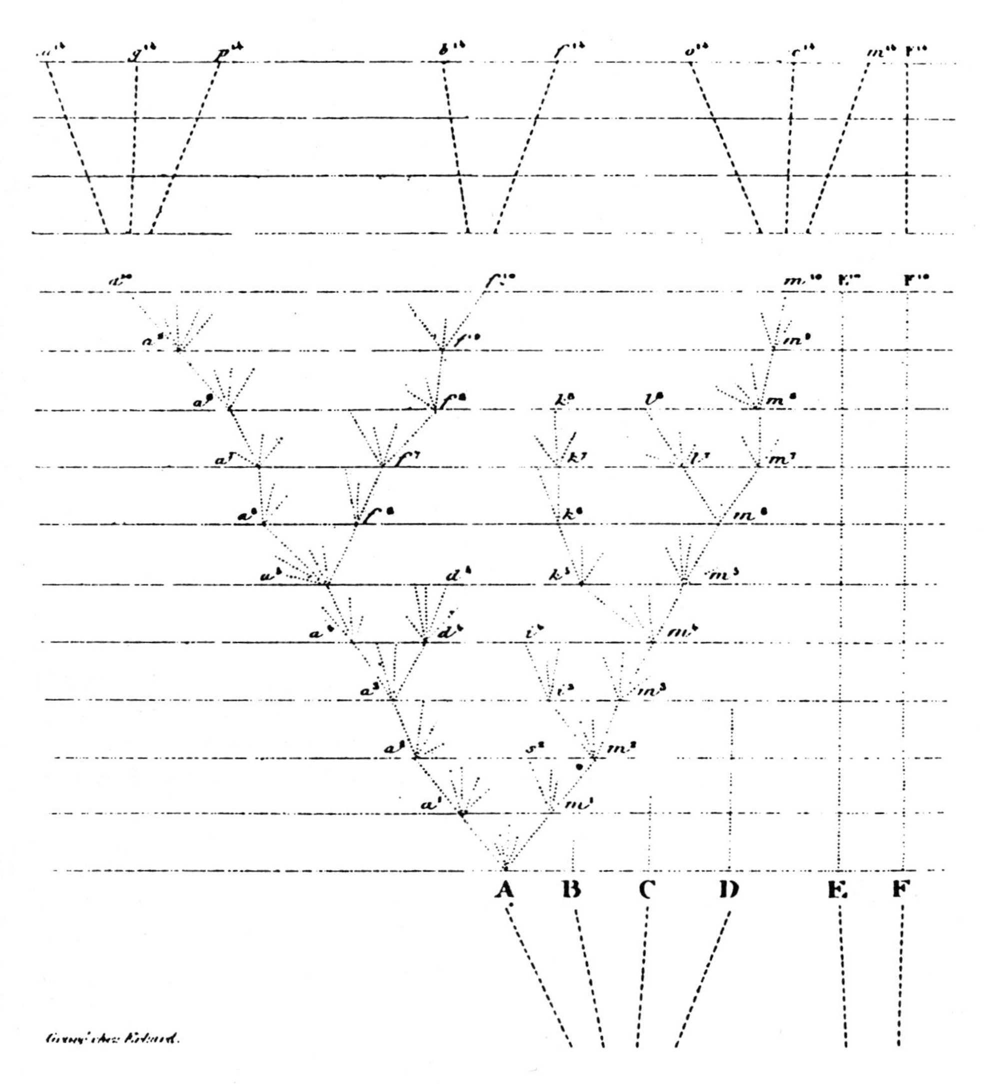

Abb. 4. Originalabbildung aus „Der Ursprung der Arten" von Darwin. Diese stellt in seinen Worten „den wahrscheinlichen Effekt der Wirkung der natürlichen Selektion, in Folge der Divergenz der charakteristischen Züge und des Aussterbens, auf die Nachkommen eines gemeinsamen Vorfahren dar"[4].

In unseren biologischen Laboratorien fragen wir uns, wenn wir ein Molekül untersuchen, wie es kommt, daß es eine enzymatische Aktivität hat, und ob es ein Träger der Vererbung ist. Wir stellen uns die Frage nach dem

---

[4] Darwin (1859)

„nächsten Grund", wie ihn der Evolutionsbiologe Ernst Mayr[5] nennt. Wir fragen uns, wozu es nützlich ist. Das will nicht heißen, daß dieses Molekül von einem allmächtigen Wesen geschaffen wurde, um dieses oder jenes zu tun, und auch nicht, daß es sich in ein rationales Universum einfügt, das von einem unendlich intelligenten Geist entworfen worden ist. Diese auf Aristoteles zurückgehenden Metaphern hört man oft im Jargon des Laboratoriums. Ich stelle mir vor, daß die Mathematiker sie ähnlich wie die Naturwissenschaftler in ihrer Arbeit verwenden. Aber niemand, jedenfalls in der Biologie, nimmt die finalistischen Thesen mehr ernst. Schon Spinoza hat in der Strenge seiner philosophischen Methode vor der gefährlichen Tendenz des menschlichen Denkens gewarnt, finalistische Gründe zu gebrauchen. Und ich frage mich, in welchem Maße die von Dir beschriebene Kohärenz und Härte der Kohärenz der inneren Organe des Säugetieres und der Härte seines Knochengerüsts ähnlich sind. Vergiß nicht, daß man während langer Zeit geglaubt hatte, daß das Universum und besonders die Lebewesen göttliche Schöpfungen wären und daß der Naturforscher sie in seiner Arbeit „entdecken" würde, wobei er so eine vorbestimmte Harmonie der Welt erfassen würde.

AC: Wir müssen uns über den Begriff „Evolution" richtig verständigen! In der Mathematik, wie in jeder anderen Disziplin, entwickeln sich die Kenntnisse. Aber die Realität, auf die sie sich beziehen, verändert sich nicht. Zum Beispiel ändert sich die Liste der endlichen einfachen Gruppen niemals, wenn sie einmal aufgestellt und bewiesen ist. Sie ist wirklich das Ergebnis einer Entdeckung.

Was soll also hier der Finalismus? Ich glaube nicht, daß die Behauptung der Existenz einer mathematischen Realität unabhängig von ihrer Wahrnehnung eine finalistische These ist. In keinem Augenblick würde ich zu behaupten wagen, daß dieses oder jenes mathematische Objekt irgendeiner Finalität folgt. Kein Mathematiker würde jemals eine derartige Aussage machen!

5 Der Glauben in der Mathematik

AC: Ich bin also überhaupt kein Finalist. Und ich denke nicht, daß ich meine Haltung ändern kann...

JPC: Und warum nicht?

AC: Nein, nein...

JPC: Aber vielleicht hast Du die Diskussion mit etwas veralteten Ideen begonnen...

[5] Mayr (1988)

AC: Ich glaube...

JPC: Achtung, Du gebrauchst das Wort „glauben“!

AC: Jawohl. Aber ein Teil der Diskussion ist metaphysisch...

JPC: Und sie ist grundlegend.

AC: Sehr wohl, wenigstens in dem Sinne, daß sie uns dazu geführt hat, den Begriff der Realität schärfer zu fassen. Ich gestehe in aller Bescheidenheit, daß die mathematische Welt unabhängig davon, wie wir sie sehen, existiert und daß sie nicht im Raum und in der Zeit lokalisiert ist. Aber unsere Art, sie zu erfassen, gehorcht Regeln, die denen der Biologie sehr ähnlich sind. Die Evolution unserer Wahrnehmung der mathematischen Realität entwickelt in uns einen neuen Sinn, der uns eine Wirklichkeit zugänglich macht, die weder visuell noch auditiv ist, sondern von anderer Natur ist.

JPC: In dieser Hinsicht werden wir uns vielleicht wieder treffen. Wenn Du sagst, daß unser Gehirn einen *neuen* Sinn entwickelt, wirst Du mehr und mehr ein Konstruktivist. Ich schließe als Neurobiologe nicht aus, daß unser zerebraler Apparat eine derartige Flexibilität und Fähigkeit zur Reorganisation hat, daß er Objekte einer neuen Form wahrnehmen kann, für deren Perzeption er keine Gelegenheit in der Welt hatte, in der er sich vor einigen Millionen Jahren in den Ebenen von Zentralafrika entwickelte. Diese Fähigkeit sollte ihm erlauben, einen „neuen Sinn“ zu erzeugen und sich anzueignen. Aber daraus folgt nicht notwendigerweise, daß in der Natur ein vollständig organisiertes mathematisches System existiert, das wir fortschreitend entdecken. Nach meiner Meinung enthält Deine Position einen Widerspruch: Einerseits behauptest Du, daß sich die Mathematik nach einem Modell wie in der Biologie entwickelt, und andererseits, daß das Gebäude der Mathematik eine *mathesis universalis* darstellt, eine unermeßliche kohärente und stabile Menge, von der man nur Bruchstücke kennt. Diese Diskussion erinnert mich wieder an die Überlegungen von Ernst Mayr zum Problem der Kausalität in den biologischen Wissenschaften. Er stellt den „nächsten Grund“ und das „wie funktioniert es?“ des Biologen oder Physiologen dem „letzten Grund“ und dem „warum“ des Metaphysikers gegenüber. Und seine Antwort ist klar. Die Wissenschaft des „warum“ ist nicht Gott, sondern die Evolutionsbiologie. Das „warum“ der Existenz der Mathematik ist die *Evolution*, sowohl unseres Erkenntnisapparats als auch der mathematischen Objekte selber. Wenn Du von einem neuen Sinn sprichst, der sich bildet und erlaubt, kulturelle Objekte zu erfassen, die ihrerseits sich entwickeln, dann glaube ich, daß wir uns einig werden.

III. Die nach Maß bekleidete Natur

1 Die konstruktivistische Mathematik

JEAN-PIERRE CHANGEUX: Die Debatte zwischen Dir, schöpferischem Mathematiker, und mir, evolutionärem Neurobiologen, hat sich ein wenig verschärft. Dennoch können wir uns immer noch über einige Punkte einigen, über die Definition der mathematischen Objekte als kulturelle Formen eines ganz besonderen Typs und über die Tatsache, daß die mathematischen Kenntnisse Fortschritte machen. Wir sind uns zur Zeit uneinig – aber vielleicht ändert hier der eine oder andere von uns während dieser Gespräche seine Meinung – über die Existenz einer mathematischen Realität, die es im Universum schon früher gab als im Kopf des Mathematikers. Nach Deiner Meinung entdeckt der Mathematiker nur diese *mathesis universalis*, an die Du *glaubst* – ich gebrauche absichtlich diesen Ausdruck. Allerdings entspricht Deine Meinung nicht der aller Mathematiker. Schon Emmanuel Kant vertrat im 18. Jahrhundert die Meinung, daß die letzte Wahrheit der Mathematik in der Möglichkeit liege, daß der menschliche Geist mit ihr die Konzepte konstruieren kann.

Eine Gruppe von Mathematikern, die man die Konstruktivisten nennt, denkt, daß ein mathematisches Objekt nur in dem Maße existiert, wie man es konstruieren kann. Übrigens scheint die Debatte zwischen Formalisten und Konstruktivisten ebenso scharf zu sein wie die zwischen Dir und mir[1]. Einer von ihnen, Allen Calder, geht sogar so weit zu schreiben, daß „die Annahmekriterien für die konstruktivistische Mathematik strenger sind als für die nichtkonstruktivistische Mathematik“[2] und daß, wenn man ein Problem nach den Kriterien des Konstruktivismus untersucht, man „eine bessere Analyse und stärkere Theoreme“[3] gewinnt. Es ist in der Tat bemerkenswert, daß gewisse Mathematiker Thesen verteidigen, die von den Deinigen grundverschieden sind und näher bei den meinigen als Neurobiologen sind. Calder ist noch direkter als ich es war, als ich auf Deine persönlichen Erfahrungen als schöpferischer Mathematiker und auf die Subjektivität Deiner

[1] Kline (1980)
[2] Calder (1986), S. 203–211
[3] Calder (1986), S. 210

Haltung hinwies. Er schreibt: „Die Mehrheit der heutigen Mathematiker, die seit vielen Generationen nach dem Modell des Formalismus ausgebildet sind, befinden sich in der Lage einer *geistigen Blockierung*, die ihnen nur unter Schwierigkeiten erlaubt, ein objektives Bild der Mathematik zu haben. Das geht so weit, daß einige sogar überzeugt sind, der Konstruktivismus sei ein Krebsgeschwür, das die Mathematik zerstören würde“[4]. Hier gibt es viel Leidenschaft und sogar Irrationalität in der Debatte zwischen Mathematikern. Calder schließt tatsächlich seinen Artikel in dem gleichen Ton, wie ich am Ende unserer letzten Diskussion: „An die Existenz einer mathematischen Wahrheit außerhalb des menschlichen Geistes zu glauben, erfordert vom Mathematiker einen Glaubensakt, dessen sich die meisten nicht bewußt sind.“[5] Wir sind somit sehr weit entfernt von der *emendatio intellectus*, die Spinoza am Herzen lag!

ALAIN CONNES: Der Unterschied zwischen dem Konstruktivismus und dem Formalismus ist vor allem methodologischer Natur. Man kann die Konstruktivisten mit Alpinisten vergleichen, die die Wände mit nackten Händen angehen, und die Formalisten mit denen, die sich erlauben, einen Helikopter zu nehmen, um den Gipfel zu überfliegen. Die beiden Haltungen haben Vorteile, die von den untersuchten Problemen abhängen. Ohne bis zum Konstruktivismus zu gehen, hat man manchmal sogar in der gewöhnlichen Mathematik das Bedürfnis, die Auswirkungen der etablierten Axiomatik zu mildern, insbesonders wenn es sich um das überabzählbare Auswahlaxiom handelt. Betrachten wir ein klar formuliertes Problem, dem ich begegnet bin und wo die beiden Standpunkte sehr verschieden sind: Es handelt sich um die ziemlich alte Frage nach der Meßbarkeit der reellwertigen Funktionen im Sinne von Lebesgue. Man kann beweisen, daß wenn man nur das abzählbare Auswahlaxiom verwendet, man keine nicht meßbaren Funktionen konstruieren kann. Es folgt daraus, daß mathematische Schlüsse, die nur das abzählbare Auswahlaxiom verwenden, niemals auf das Problem der Meßbarkeit führen. Betrachten wir jetzt den formalistischen Standpunkt. In der konstruktivistischen Theorie gebraucht man niemals das Auswahlaxiom und stößt daher niemals auf die Nichtmeßbarkeit. Wenn man die Mengentheorie auf dem überabzählbaren Auswahlaxiom aufbaut, beweist man, daß jede Menge wohlgeordnet werden kann. Nun ist eine Wohlordnung auf der reellen Gerade echt nichtmeßbar und daher erst recht nicht konstruierbar. Das überabzählbare Auswahlaxiom vereinfacht erheblich die Theorie der Kardinalzahlen und gibt daher ein Bild eines Teils der mathematischen Realität, das ich als ziemlich grob erachte. Man sieht zum Beispiel zwei Mengen als isomorph an, in dem Sinne, daß sie die gleiche Kardinalität haben, zwischen denen man explizit gar keine Bijektion konstruieren

[4] Calder (1986), S. 211
[5] Calder (1986), S. 211

kann. Zum Beispiel hat mit dem überabzählbaren Auswahlaxiom die Menge der Quasikristalle von Penrose die Kardinalität des Kontinuums, obwohl es unmöglich ist, eine explizite Bijektion zwischen dieser Menge und dem Kontinuum zu konstruieren. Um wieder ein vereinfachendes Bild zu gebrauchen, gibt das überabzählbare Auswahlaxiom ein „aus dem Flugzeug gesehenes" und daher vereinfachtes Bild der mathematischen Realität. Es ist wahr, daß die meisten Mathematiker nach dem Modell der Mengentheorie, die das überabzählbare Auswahlaxiom annimmt, ausgebildet sind und daß sie sich nicht über seine vereinfachende Form Rechenschaft ablegen. Aber diese Vereinfachung ist nur für einen ganz kleinen Teil der gewöhnlichen Mathematik interessant, und im allgemeinen ist sie willkommen. Man sieht also, daß verschiedene Beleuchtungen verschiedene Aspekte der mathematischen Realität enthüllen, und es gibt hier keinen Widerspruch. Der Konstruktivismus stellt deshalb die Existenz einer unabhängigen mathematischen Welt nicht in Frage...

JPC: Das ist jedoch die Meinung seiner Verteidiger. Man kann sie nicht der Fortschrittsfeindlichkeit anklagen. Sie kennen immerhin das Universum der Mathematik. Aber für sie existiert es nur in dem Maße, wie sie es Schritt für Schritt konstruieren können.

AC: Ich glaube, daß Du keinen Konstruktivisten finden kannst, der nicht die von mir oben gegebene Liste der einfachen endlichen Gruppen annimmt. Man muß gut verstehen, daß die meisten grundlegenden mathematischen Objekte einen konstruierbaren Charakter haben, was erklärt, daß ihre Existenz von den Konstruktivisten nicht in Frage gestellt wird. Dagegen kann in der Methode der Unterschied beträchtlich sein. Nehmen wir zum Beispiel ein sehr nützliches Beweiswerkzeug, das man die Ultrapotenzen nennt. Wenn das zu beweisende Resultat in seiner Formulierung keine Ultrapotenzen braucht, weiß man auf Grund der mathematischen Logik, daß es einen Beweis gibt, der dieses Werkzeug nicht verwendet. Das hindert nicht, daß es für gewisse Probleme im allgemeinen sehr viel leichter ist, den Beweis mit Hilfe von Ultrapotenzen zu finden. Man beweist zum Beispiel, daß die Körper, die man aus den Ultrapotenzen der peadischen Körper erhält, die gleichen sind wie die, die sich aus den Ultrapotenzen der Körper der formalen Potenzreihen über den endlichen Körpern ergeben. Das kann sehr nützlich sein, um gewisse Gleichungen zu lösen. In diesem konkreten Fall sieht man klar, daß der konstruktivistische Standpunkt, der den Gebrauch von Ultrapotenzen verbietet, konservativ und einschränkend ist.

Was auch immer hier vorgeht, ich glaube nicht, daß dies die Existenz einer mathematischen Welt, unabhängig von uns und fern von unseren Sinnen, in Frage stellt.

JPC: Das glaubst Du. Der Unterschied zwischen dem Konstruktivismus und dem Formalismus wäre nach Deiner Meinung eher methodologisch als ontologisch. Die Konstruktivisten denken anders darüber. Sie behaupten, Euch in Frage zu stellen. Aber am Ende sind Deine subjektiven Erfahrungen als Mathematiker und Dein so heftiges Glaubensbekenntnis – denn Du gibst zu, ein solches zu machen – vielleicht aufschlußreich für eine tiefere Wahrheit, die sich übrigens auf nichts Immaterielles bezieht. Eine Wahrheit, die Du spürst, erfährst und Dir vorstellst, aber über die wir uns nicht verständigen können, vielleicht mangels eines Begriffs des Ganzen, der uns einigen könnte.

Diese Frage nach der Existenz einer mathematischen Welt ist unser größter Streitpunkt. Ich versuche, mich in Deine Rolle zu versetzen, und habe mich gefragt, wo sich diese Welt befindet und welche *Spur* sie in der Natur hinterlässt. Wenn Du die Hypothese aufstellst, daß die mathematische Welt außerhalb von uns existiert, und wenn Du Dich einen Materialisten nennst, dann mußt Du ihr eine materielle Grundlage geben. Ich kann diese mathematische Welt in keiner anderen Form in der Natur dargestellt sehen als in der Organisation der materiellen Welt selber, wobei ich natürlich das, was in den Büchern und in dem Gedächtnis der Mathematikergehirne gespeichert ist, ausnehme. Es gibt zweifellos mathematische Regelmäßigkeiten in der uns umgebenden Natur: Die Bewegung der Planeten (siehe Abb. 5), die Anordnung der Atome in einem Steinsalzkristall oder die Doppelhelix-Struktur der Desoxyribonukleinsäure.

Glaubst Du, daß diese Regelmäßigkeiten der Ausdruck einer universellen Mathematik sind, die in einem gewissen Sinne das „ideale Skelett" der Organisation der Materie ist? Oder glaubst Du im Gegenteil, wie ich es meine, daß diese Regelmäßigkeiten innere Eigenschaften der Materie darstellen, die nicht notwendigerweise ursprüngliche mathematische Gesetze ausdrücken? Wenn es so ist, dann ist es die Aufgabe des „naturalistischen" Wissenschaftlers, diese Regelmäßigkeiten zu lernen, Werkzeuge zu formen und eine Sprache und allgemeine mathematische Begriffe zu schaffen, die ihre Beschreibung ermöglichen. Um zwischen diesen beiden Standpunkten zu entscheiden, muß man diese äußeren Regelmäßigkeiten mit den mathematischen Objekten konfrontieren. Wenn die Mathematik das organisatorische Prinzip der Materie wäre, müßte man früher oder später eine *vollkommene* Übereinstimmung zwischen der Regelmäßigkeit der materiellen Objekte und der der mathematischen Objekte finden. Sonst ist die Mathematik als Produkt des menschlichen Gehirns nur eine approximative Sprache zur Beschreibung der Materie, deren tiefere Eigenschaften uns zum großen Teil entgehen. Wie die Physiker konstruieren die Biologen – in ihrem auf Hypothesen und Deduktionen gestützten Vorgehen – Denkobjekte oder Modelle, die sie mit der physikalischen Wirklichkeit konfrontieren, die außerhalb von ihnen liegt. Diese Modelle sind vereinfachte Darstellungen eines Objekts oder Prozesses, und sie sind kohärent, widerspruchsfrei, minimal und experi-

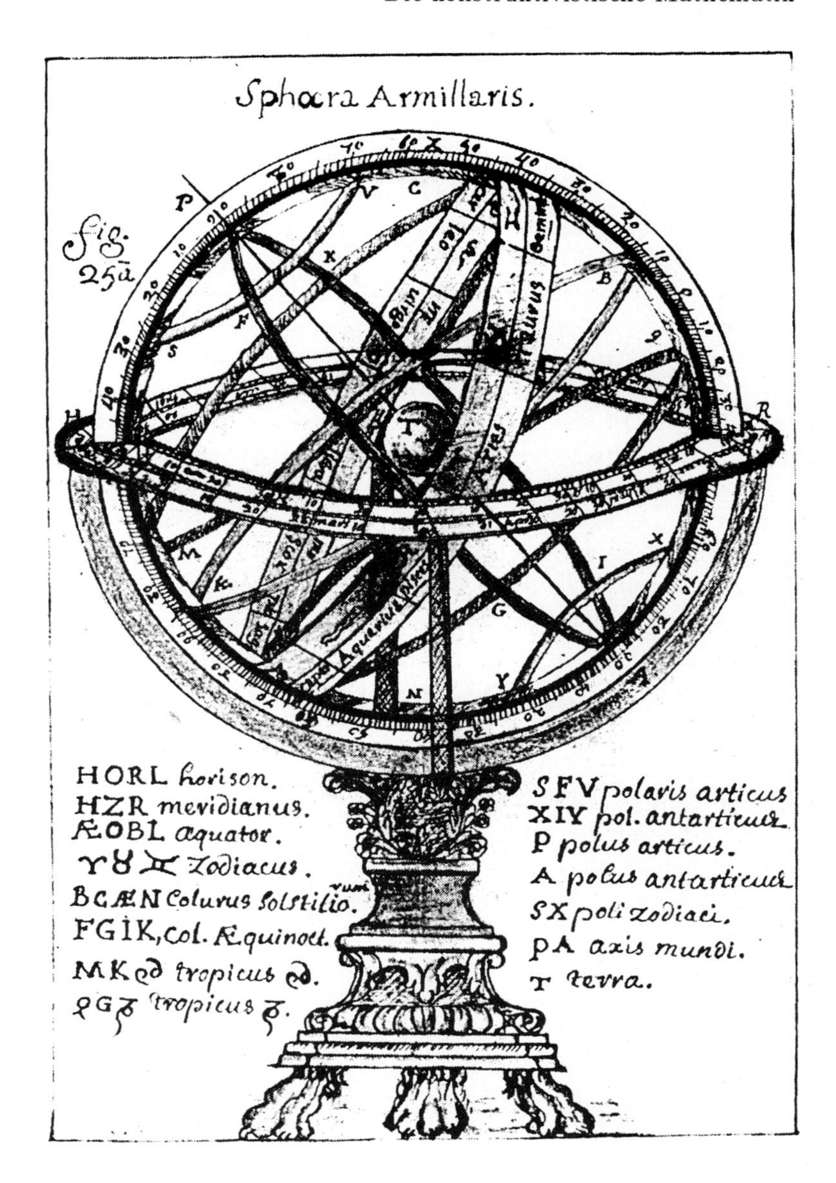

Abb. 5. Armillarsphäre. Die Armillarsphären sind aus Metall oder Holz hergestellte ineinander verschachtelte Kreise, die relativ zueinander drehbar sind. Diese stellen die Bewegung der Planeten und der Himmelskugel um die Erde (T) als Funktion der Monate des Jahres dar. Sie wurden hauptsächlich im 18. Jahrhundert konstruiert und sind in einem gewissen Sinne die ersten mechanischen Modelle des Universums. Die Zeichnung der hier abgebildeten Armillarsphäre stammt aus einer Vorlesungsnachschrift des Studenten G.L., abgefaßt im Jahre 1713. (Privatsammlung)

mentell nachprüfbar. Ein gutes Modell liefert Vorhersagen in dem Sinne, daß es zu Experimenten Anlaß geben kann, die unsere Kenntnisse bereichern. Es ist auch generativ, da es andere theoretische Modelle inspiriert und so die Theorie erweitert. Schließlich ist ein Modell *revidierbar*, im Gegensatz zu den „Glaubenssystemen", die eine kulturelle Tradition ausmachen. Ich möchte Wert darauf legen, daß die meisten Modelle der Wissenschaft nur zu einem Zeitpunkt der Wissenschaftsgeschichte gültig sind und wenigstens einige ihrer Aussagen revidiert oder ergänzt werden können. All das erlaubt sicherlich einen wachsenden Fortschritt unserer Kenntnisse. Wir benützen diese Denkobjekte, um die Regelmäßigkeit der physikalischen Welt zu erfassen und sie in mathematischer Form zu beschreiben, nachdem man das anscheinend am besten angepaßte Modell „selektioniert" hat. In unserem Vorgehen nähern wir uns den Regelmäßigkeiten der Natur auf indirekte Weise. Wir versuchen sie gewissermaßen, mit einer gewissen Anzahl von Denkobjekten zu „bekleiden", unter denen sich unter anderem die mathematischen Objekte befinden. Aber daraus folgt nicht notwendigerweise die Identifikation dieser natürlichen Objekte mit der Mathematik, die wir zu ihrer Beschreibung benutzen.

2 Die überraschende Wirksamkeit der Mathematik

AC: Mir liegt die Vorstellung fern, daß die mathematische Realität in der physikalischen Welt begründet ist. Ich versuche deshalb gar nicht, gewisse natürliche Objekte mit der Mathematik gleichzusetzen. Nachdem man aber einmal die mathematische Realität von der physikalischen unterschieden hat, stellt sich dennoch das Problem ihrer Beziehung zueinander. Ich möchte mit einem Beispiel der nach Eugene Wigner „unvernünftigen Wirksamkeit der Mathematik"[6] beginnen. Dieses ist überhaupt nicht aus dem Versuch entsprungen, die Regelmäßigkeiten der Natur passend zu bekleiden. Mein Beispiel kommt aus der Knotentheorie[7] (siehe Abb. 6).

Wenn man einen Bindfaden nimmt und einen ziemlich komplizierten Knoten macht, stellt sich die Frage, ob man diesen Knoten aufknüpfen kann, ohne daß man die auf den gordischen Knoten angewandte Methode benutzen muß. In der Tat erlaubt eine großartige mathematische Theorie, die Knotentheorie, in vielen Fällen dieses Problem zu lösen. Ein sehr wichtiger Fortschritt in dieser Theorie wurde kürzlich von einem Mathematiker gemacht, dessen anfängliche Motivation nichts mit den Knoten zu tun hatte. Der Neuseeländer Jones[9] hatte mit mir auf einem ganz anderen Gebiet zu

[6] Wigner (1960)
[7] Kauffman (1987)
[9] Jones (1985), Jones (1991)

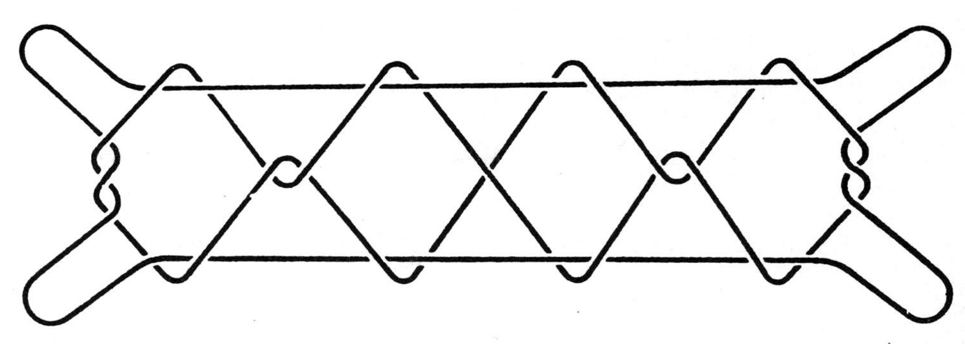

Abb. 6. Die Jakobsleiter oder Katzenwiege ist ein vielen Kindern bekannter Knoten. Sie knüpfen ihn, indem sie eine Seilschleife über vier Finger legen und die freien Stücke mit den anderen Fingern fassen. Die Jakobsleiter ist offenbar der trivialen Schleife äquivalent. Eskimos und nordamerikanische Indianer lieben dieses Seilspiel, das die unendliche Zahl von geometrischen Motiven zeigt, die aus einer Schleife, dem einfachsten Knoten, erzeugbar sind.[8]

arbeiten begonnen. Später hatte er sich für ein sehr heikles Problem der unendlichdimensionalen Analysis interessiert. Es ging darum, die Unterfaktoren eines gegebenen Faktors zu klassifizieren, ein Begriff, der nicht weit genug von der Theorie der Knoten entfernt sein kann. Lange Zeit lang arbeitete er allein, und niemand hielt seine Arbeit für interessant. Man fragte sich wirklich, warum er so seine Zeit vergeudete. Einige Jahre später gelang es ihm zu beweisen, daß der Index des Unterfaktors diskrete Werte oder ein kontinuierliches Spektrum annehmen konnte. Er entdeckte, daß in seinem Beweis eine unter dem Namen „Zopfgruppe" bekannte Gruppe auftauchte. Von dieser kann man sich eine konkrete Vorstellung machen, wenn man einfach die nicht verknüpften Fäden eines Zopfes betrachtet.

Das war zunächst einfach ein Bild. Jedesmal, wenn er einen Vortrag darüber hielt, veranschaulichte er die Einführung dieser Gruppe mit der Zeichnung von Zöpfen. Dabei traf er einmal in New York eine Topologin, Birman, und in der Diskussion mit ihr wurde ihm klar, daß seine Konstruktion, die von ihm konstruierte Spur auf der Algebra der Zopfgruppe, tatsächlich eine neue Invariante für die Knoten gab. Er berechnete dann diese Invariante für die einfachsten Knoten, die sogenannten Kleeblattknoten (siehe Abb. 7), und fand einen anderen Wert seiner Invariante, wenn er den gespiegelten Kleeblattknoten nahm. Das war eine Überraschung, denn die klassischen Invarianten der Knoten bleiben bei Spiegelungen unverändert. Danach hat er für sehr viele Knoten verschiedenartige Berechnungen seiner Invarianten ausgeführt, die man sehr einfach ausrechnen kann und deren rein geometrische Bedeutung man bis heute nicht kennt. Sie ist eine sehr aussagekräftige

[8] Belaga (1981)

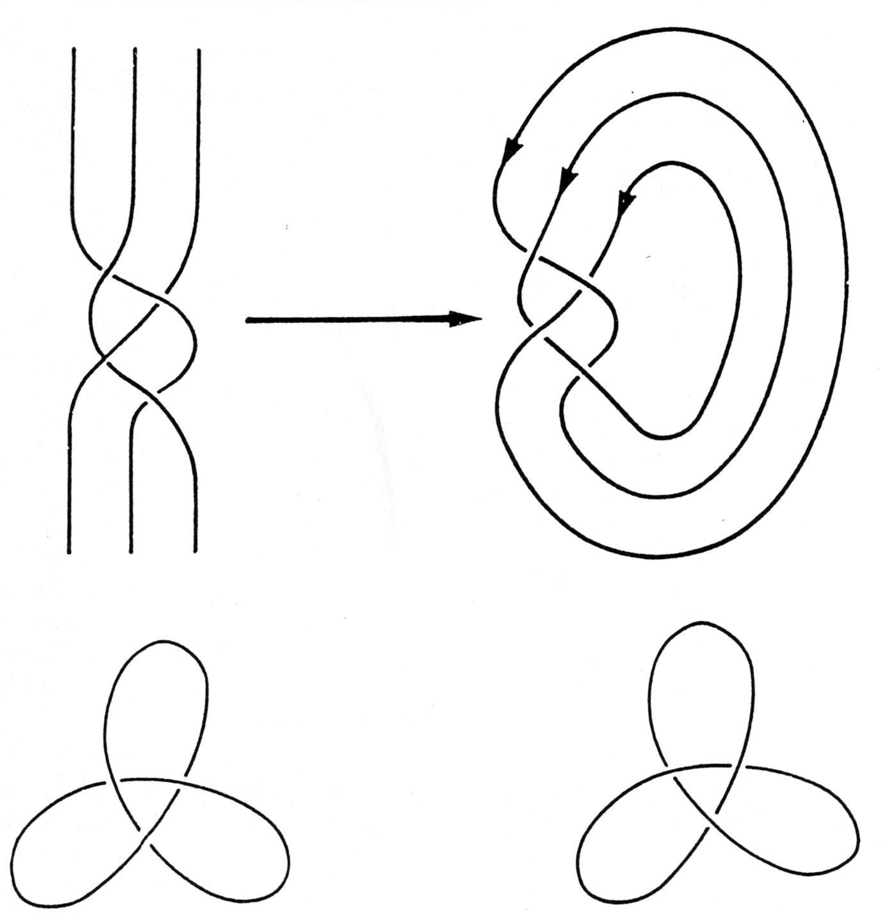

Abb. 7. Zopf und zugehöriger Knoten. Diesen erhält man, indem man die Enden auf der gleichen Vertikalen verknüpft. Unten: Kleeblattknoten mit seiner Spiegelung.

Invariante, die Knoten zu unterscheiden erlaubt, die niemand vorher auseinanderhalten konnte. Sie erlaubt zum Beispiel die Kontrolle einer Zahl, die man die „gordische Zahl" nennt und die eine klare Bedeutung hat: Man versucht, einen Faden zwischen den anderen hindurchzuführen, bis der Knoten gelöst ist, und man zählt die Zahl der Enden, die man durchführen mußte. In der Tat erlaubt seine Invariante, die gordische Zahl zu bestimmen! Dies ist eine ganz außergewöhnliche Geschichte, denn Jones ist von einem Problem der abstraktesten Mathematik ausgegangen, das in den dunkelsten Ecken und wüstesten Gegenden der mathematischen Geographie versteckt war. Doch hat ihn die Lösung seines Problems direkt zu den Knoten geführt, die, wie Du weißt, auch in der Biologie nützlich sind, da sie in allen möglichen Kodierungsproblemen komplizierter Moleküle vorkommen, wie etwa bei den Polymeren. Jones' heutiges Interesse gilt übrigens der Anwendung seiner Invariante auf sehr konkrete Probleme. Dies beleuchtet vortrefflich die schwer erklärbare Wirksamkeit der Mathematik, wenn man sie um ihrer selber willen ausübt ohne absichtliche Suche nach möglichen Anwendungen.

JPC: Die Geschichte, die Du beschreibst, stützt sich trotzdem auf eine Erfahrung.

AC: Das war keine Erfahrung, sondern eher ein Zufall.

JPC: Ja, das stimmt... als er diese andere Topologin traf und als diese Begegnung dazu führte, gewisse abstrakte mathematische Werkzeuge mit einem konkreteren Problem in Verbindung zu bringen. Die Knoten können in der Natur vorkommen, aber sie sind meistens das Ergebnis einer schöpferischen menschlichen Tätigkeit. Aber ich kann mir nicht vorstellen, daß die *Theorie* der Knoten in der Natur existierte, *bevor* eine ganze Sammlung von verschiedenen bekannten Knotenformen angelegt war. Diesem hervorragenden Mathematiker gelang es einfach, ein neues Denkwerkzeug zu schaffen, das Du eine *Invariante* nennst, und sich seiner zu bedienen. Er hat ein Werkzeug geschmiedet, wie der Mensch das Rad konstruiert hat, um schneller auf dem Boden voranzukommen. Statt Dutzende von Schlußfolgerungen hintereinander ausführen zu müssen, hat er ein „Konzentrat von Rationalität" geschaffen, mit dem er das Problem direkt lösen konnte.

AC: Was mich vor allem verblüfft, ist daß seine Forschung und seine Entdeckung überhaupt nicht von der Fragestellung der Knoten motiviert war. Dies ist ein sehr interessantes Beispiel einer Entdeckung, die durch grundlegende Fragen der reinen Mathematik motiviert war. Seine Erforschung der Faktoren hat ihm die Entdeckung einer zentralen Funktion auf der Zopfgruppe ermöglicht. Solange ihm diese Funktion nur zur Klassifikation der Unterfaktoren nützlich war, hatte sie offensichtlich keine klare Beziehung zu den Knoten. Aber er sündigte einfach aus Unwissenheit. In seinem Treffen mit Birman lernte er, daß man auch in der Knotentheorie die Zopfgruppe braucht und daß man auf Grund eines Theorems von Markov eine Funktion auf der Zopfgruppe mit ganz bestimmten Eigenschaften suchte. Und dann rief er aus: „Aber ich habe sie gefunden, ich habe sie in meiner Tasche!"

JPC: Ich verstehe, was Du sagen willst. Zwei Vorgehen, die zu Anfang von einander völlig unabhängig waren, konvergierten zueinander. Das von dem einen erzeugte mathematische Objekt hat den Riegel aufgetan, der für den anderen verschlossen war. Dies bedeutet jedoch noch nicht, daß schon vorher ein Schlüssel und ein Schloß existierten, die auf ihre Entdeckung warteten!

AC: Ich weiß es nicht.

JPC: Man berührt hier die Grundfrage, warum gewisse mathematische Objekte, die unabhängig von der Erforschung der Elementarteilchen, der

Knoten und anderer materieller Objekte geschaffen wurden, sich als so angemessen erweisen...

AC: Jawohl. Genau das nennt man die unvernünftige Wirksamkeit der Mathematik.

JPC: Ich hätte gerne von Dir gewußt, wie weit diese Wirksamkeit geht und wie allgemeingültig sie ist. Ich habe bei den Physikern und bei einigen Mathematikern einen Hang zur Schwärmerei für ein modisches mathematisches Modell gefunden. Sie halten es für ein Universalmittel und bekleiden damit Atome, Neuronen, Ameisen und Menschen. Du hast eigene Erfahrungen über die Beziehungen zwischen der Mathematik und der Physik. Was sind sie?

3 Einstein und die Mathematik

AC: Zunächst ist jedes Modell revidierbar und hängt von der Zeit ab, in der Physik wie in den anderen Wissenschaften. Man hat diese Lehre gut gelernt und muß davon überzeugt sein, daß ein Modell der physikalischen Realität früher oder später durch ein anderes ersetzt wird. Dies ist die revidierbare Seite unserer Naturerkenntnis. Man kann sogar weiter gehen und sich fragen, in welchem Sinne die physikalische Wahrheit von den Fragen abhängt, die wir der Natur auf Grund der von uns ausgeführten Experimente stellen. Jedoch möchte ich auf der Tatsache bestehen, daß, sobald ein Modell der Physik genügend ausgearbeitet ist, die generative Funktion der Mathematik ins Spiel kommt. Man kann dann den Eindruck haben, Physik zu betreiben, indem man dieses Modell auf einem streng mathematischen Niveau untersucht. Die Entwicklung von Einstein ist in diesem Zusammenhang aufschlußreich. Die mathematischen Schwierigkeiten, auf die er bei der Formulierung der Grundlagen der allgemeinen Relativitätstheorie stieß, haben seine Haltung verändert: Er hörte auf, der reine Physiker zu sein, der er es bestimmt 1905 war, und wurde ein Mathematiker. Er hat einen großen Teil seines wissenschaftlichen Lebens damit verbracht, nach einer vereinheitlichten Theorie des Elektromagnetismus und der Gravitation zu suchen. Der Erfolg des mathematischen Modells der allgemeinen Relativitätstheorie war so groß, daß er zu glauben begann, daß die Lösung seines Problems in der Mathematik zu finden sei. 1921 schrieb er: „Indem ich mich dem eigentlichen Gegenstand der Relativitätstheorie zuwende, liegt es mir daran, hervorzuheben, daß diese Theorie nicht spekulativen Ursprungs ist, sondern daß sie durchaus nur der Bestrebung ihre Entdeckung verdankt, die physikalische Theorie den beobachteten Tatsachen so gut als nur möglich anzupassen. Es handelt sich keineswegs um einen revolutionären Akt... Das Aufgeben gewisser, bisher als fundamental behandelter Begriffe... darf nicht als freiwillig aufgefaßt werden, sondern nur als bedingt durch beobachtete Tatsachen...“[10]. Dagegen schrieb er 1933: „Wenn es nun wahr ist, daß die axiomatische Grundlage der theoretischen Physik nicht aus der Erfahrung erschlossen, sondern frei erfunden werden muß, dürfen wir dann überhaupt hoffen, den richtigen Weg zu finden?... Durch rein mathematische Konstruktion vermögen wir nach meiner Überzeugung diejenigen Begriffe und diejenige gesetzliche Verknüpfung zwischen ihnen zu finden, die den Schlüssel für das Verstehen der Naturerscheinungen liefern...“[11].

Wir beobachten in diesen Jahren in der theoretischen Physik eine sehr ähnliche Erscheinung: Am Ende seiner Möglichkeiten wird ein theoretischer Physiker ein Mathematiker, weil ihm nichts Besseres einfällt. Ich möchte hier über die „String“-Theorie sprechen. Die Physiker haben gegen Ende der sechziger Jahre versucht, ohne die lokale Dynamik der starken Wechselwirkungen zu kennen, direkt die mathematische Form einer Matrix zu finden, der S-Matrix, die die Wahrscheinlichkeit dafür angibt, daß zwei einfallende Teilchen mit Impulsen p^1 und p^2 nach starker Wechselwirkung in zwei auslaufende Teilchen mit Impulsen p^3 und p^4 übergehen. Man muß hier eine Funktion von vier dreidimensionalen Vektoren p^1, p^2, p^3, p^4 finden. Die relativistische Invarianz erlaubt es, sie auf eine Funktion von zwei Variablen zurückzuführen. Man kann die Lösung mittels einer vereinfachenden Annahme finden und eine durch ein Integral dargestellte Lösung sogar für Prozesse mit mehr als vier Teilchen angeben. Dies nennt man das Veneziano-Modell. Später haben die theoretischen Physiker bewiesen – und dies gab Anlaß zu zahlreichen Entwicklungen –, daß dieses Modell eigentlich nicht die Wechselwirkung von Punktteilchen, sondern von kleinen Saiten (englisch: strings) beschreibt (siehe Abb. 9). Indessen war das Interesse an dieser Theorie für die starken Wechselwirkungen von kurzer Dauer. Denn nach dem Beweis von t'Hooft der Renormierbarkeit von Eichtheorien und der Entdeckung der asymptotischen Freiheit wurde sie durch die Chromodynamik ersetzt. Schließlich wurden die String-Theorien gegen 1980 wiedererweckt, und zwar nicht als Modelle der starken Wechselwirkungen, sondern der Quantengravitation.

JPC: Handelt es sich dabei um den gleichen mathematischen Formalismus?

AC: Um den gleichen mathematischen Formalismus. Doch, um Dir die Änderung in den Größenordnungen zu zeigen, ist in den starken Wechselwirkungen der Maßstab 10^{-13} Zentimeter, während er in der Gravitation 10^{-33} Zentimeter ist. Es handelt sich deshalb um Energien weit jenseits von allem Erreichbaren, so daß man aus dieser Theorie keinen experimentell nachprüfbaren Vorgang vorhersagen kann. Diese Theorie hat im Augenblick Folgerungen nur auf einem Niveau – ich möchte nicht „rein philosophisch“

---

[10] Einstein S. 132
[11] Einstein S. 113

sagen, denn das ist nicht wahr –, das eher formal ist. Man weiß, daß die Divergenzen der Quantenfeldtheorie durch Einführung dieser „Saiten" gemildert werden können. Dabei ersetzt man die Punkte durch die Saiten und ordnet den Teilchen ganz kleine, sich bewegende Saiten zu. Man kann sich den Vorteil dieser Operation sehr einfach veranschaulichen. Wenn zwei Teilchen zusammenkommen, um in eines zu verschmelzen, oder wenn ein Teilchen zerfällt, dann hat man es mit einem singulären Prozeß zu tun, mit einem Punkt, aus dem drei Linien abzweigen (siehe Abb. 8). In diesem gibt es eine Singularität, die für die vorhin erwähnten Divergenzen verantwortlich ist, die man beim Austausch von einem oder mehreren virtuellen Teilchen antrifft. Wenn man aber die Linie des Teilchen durch einen kleinen Zylinder ersetzt, auf dem sich die Saite bewegt, dann sieht man nach Verbindung der Röhren, daß sich die drei Zylinder singularitätenfrei und überall glatt verbinden lassen (siehe Abb. 9). Was kann man von einer solchen Theorie erhoffen? Daß es nach der Ersetzung von Trajektorien durch Zylinder keine Singularitäten mehr gibt und daß die Theorie endlich statt unendlich wird, wie eine klassische Theorie.

Ich möchte betonen, daß meine persönliche Haltung zur Physik überhaupt nicht die eines Physikers ist, obwohl ich viele der sehr pragmatischen, von den Experimenten ausgehenden Entdeckungen, wie die von Heisenberg, bewundere. Die Physiker haben eine außergewöhnliche Entdeckung mit der Quantenfeldtheorie gemacht, aber diese findet noch keinen einfachen „Rahmen" in dem Teil der bisher entschleierten mathematischen Realität. Rohmaterial gibt es in Menge, und es geht nicht mehr um experimentelle Fakten. Die Mathematik ist noch zu unterentwickelt, um diesen Beitrag der Physiker zu verdauen. Wir müssen also, wenn auch mit einem Blick auf diese Entdeckungen der Physiker, im Inneren der reinen Mathematik operieren und dürfen nicht versuchen, auf künstliche Weise Elemente einzubauen, die keinen natürlichen Rahmen haben.

JPC: Das alles gibt mir den Eindruck, daß die Arbeit der Physiker und Mathematiker eine Art von „intellektueller Bastelei" ist, um einen von Claude Lévy-Strauss[12] und François Jacob[13] geliebten Ausdruck wieder zu gebrauchen. Man nimmt hier ein Modell und wendet es dort auf eine experimentelle Tatsache an. Die Theorie der Saiten funktioniert nicht, um die Streuung von Teilchen zu erklären. Also gibt man sie auf! Aber plötzlich eignet sie sich, um die Quantentheorie der Gravitation besser zu verstehen. Hier geht es um Theorien, die eher „von der Stange" als „nach Maß angefertigt" sind. Dies entmythologisiert die gewöhnlich ein wenig leichtfertig „exakt" genannten Wissenschaften und macht sie sympathischer!

[12] Lévy-Strauss (1962)
[13] Jacob (1982)

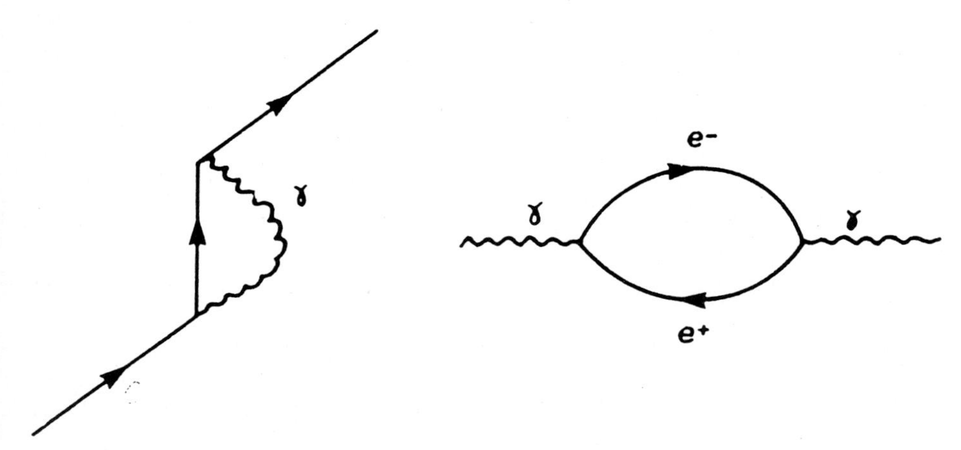

Abb. 8. Beispiele von divergenten Diagrammen in der Quantenelektrodynamik.

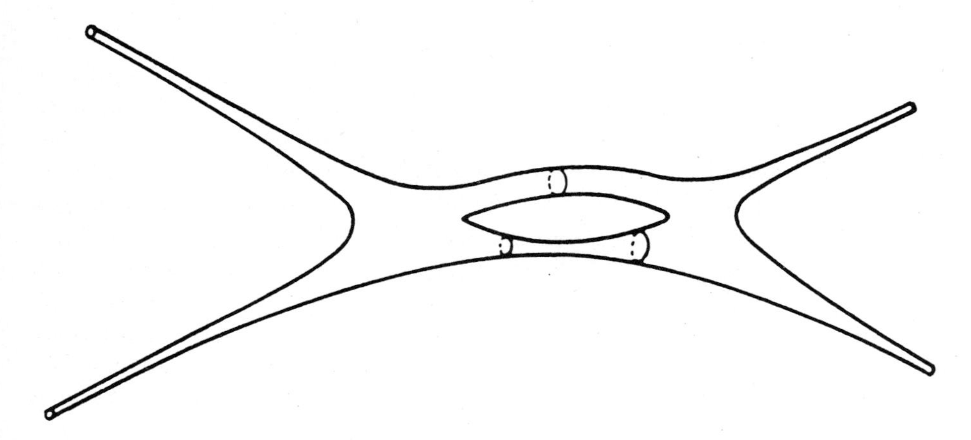

Abb. 9. Singularitätenfreies Diagramm der String-Theorie.

Andererseits bemerke ich, daß, wenn Du vom Verhältnis zwischen den mathematischen und physikalischen Objekten sprichst, Du den Ausdruck „einrahmen“ und nicht „identifizieren“ brauchst. Wenn Du von einem Rahmen sprichst, definierst Du eine ganz besondere Beschreibungsweise der physikalischen Realität. Mir scheint im Gegenteil, wenn sich die Mathematik in der Natur widerspiegelt und die Materie sich nach mathematischen Gesetzen organisiert, daß man dann zu einer vollkommenen *Identifikation* zwischen mathematischen Objekten und Objekten der Natur kommen sollte. Doch dahin gelangt man nicht. Nach Dir finden sich die mathematischen Objekte nicht dort. Sie befinden sich woanders, aber wo? In einem Zustand und in einer Form, den Du immer noch nicht definiert hast. Du kommst zu einer

Art von Dualismus zwischen Materie und Mathematik, der an die Trennung zwischen Körper und Seele erinnert, die ich natürlich nicht annehme.

AC: Der Dualismus zwischen Körper und Seele bezieht sich auf eine andere Ebene. Die uns umgebende physikalische Welt hat, ohne der Sitz der mathematischen Realität zu sein, sicherlich eine Kohärenz, die schwierig mit dieser mathematischen Wirklichkeit erklärbar ist. Wie Einstein es sagte, wenn ich mich richtig erinnere, ist die unbegreiflichste Eigenschaft der Physik die, daß sie verstehbar ist. Es ist schwer zu verstehen, daß die Mathematik die Ordnung der Naturerscheinungen bestimmt.

JPC: Ich greife den Ausdruck „Ordnung der Naturerscheinungen" auf und füge „in unserem Gehirn" hinzu.

AC: Ich weiß es nicht. Ich verstehe nicht, wie man „in unserem Gehirn" sagen kann. Man könnte auch sagen, daß sich die Perzeption der Außenwelt in unserem Gehirn abspielt.

JPC: Und das ist wahr.

AC: Ja, aber wir sind uns trotzdem alle einig, daß die Außenwelt unabhängig von uns existiert.

JPC: Ja, aber wir erfassen sie nur mit unserem Gehirn und unseren Sinnesorganen.

AC: Die Beziehung zur mathematischen Welt ist genau die gleiche. Sie existiert außerhalb von uns, weil sich alle Mathematiker über ihre Struktur unabhängig von einer individuellen Perzeption einig sind. Andererseits ist es klar, daß man jemanden leicht dazu bringen kann zu sagen, die mathematische Welt verwirkliche sich nur in seinem Gehirn, genau wie er die physikalische Außenwelt nur durch sein Gehirn erfaßt.

JPC: Richtig. Ich verstehe. Aber ich bin nicht einverstanden. Besonders wenn Du sagst „genau wie". Ich habe schon auf die Gefahr hingewiesen, unter solchen Bedingungen einen bildlichen Ausdruck zu gebrauchen. Eine Analogie ist kein Beweis. Am Ende haben die Biologen mit der Mathematik eine noch einfachere und viel weniger doppeldeutige Beziehung als die Physiker. Die Konstruktion von Modellen erfordert, einen mathematischen Formalismus zu gebrauchen, und wird manchmal mit der Mathematik verwechselt, wie Du es gerade gesagt hast. Unser Standpunkt ist vielleicht weniger anspruchsvoll. Darum haben wir, glaube ich, eine richtigere Haltung als gewisse Physiker.

AC: Gewiß ist Euer Abstand größer. Die enge Verbindung zwischen Mathematik und Physik erklärt, warum die Physiker nur schwer Distanz halten können. Ja, ich bin einverstanden.

4 Der Nutzen von mathematischen Modellen in der Biologie

JPC: Der Glaube an die erklärende Kraft des mathematischen Modells findet sich seltener bei den Biologen. Für uns ist die Mathematik hauptsächlich in zweierlei Hinsicht nützlich. Die erste ist die Analyse von experimentellen Daten...

AC: Das ist die Statistik.

JPC: Ja, die Datenverarbeitung. Dies kann ein Computer automatisch ausführen, ohne das Gehirn des Experimentators zu bemühen. Weiter hilft uns die Mathematik, theoretische Modelle zu konstruieren. Diese werden wie in der Physik von den experimentellen Daten ausgehend entwickelt. Man macht Voraussetzungen, im Beispiel der Fortpflanzung des Nervenimpules über die Variation des Potentials an einem gegebenen Punkt des Nerven und über die Ströme der Natrium- und Kaliumionen als Funktion des Potentials. Hodgkin und Huxley[14] haben eine Gleichung hergeleitet, die auf Grund dieser Annahmen den Ionenmechanismus der Nervenleitung berücksichtigt. Diese Gleichung erlaubt, den Vorgang zu beschreiben und ihn aus elementaren Daten zu rekonstruieren (siehe Abb. 10).

AC: Das ist eine Methode, die Information zu speichern...

JPC: Und vor allem, um sie zu reproduzieren.

AC: Dies ist also ein wenig wie eine Sprache, da eine Sprache der Wiedergabe dient ...

JPC: Ja. Das Modell erlaubt, die Daten zu reproduzieren und hat außerdem einen prädiktiven Charakter. Trotzdem würde meines Wissens nach kein Biologe sagen, daß die Hodgkin-Huxley-Gleichung mit dem Nervenimpuls identisch ist, und nicht einmal, daß sie seine Fortpflanzung bestimmt. Sie ist kein mathematisches Gesetz des Universums, die die Propagation des Nervensignals diktiert, wie es gewisse Physiker zu sagen lieben, wenn sie von ihrer Arbeit sprechen!

AC: Ich glaube, Du hast hier eine klare Frage aufgeworfen. Wenn man die Analyse der chemischen und elektrischen Phänomene weitertreibt, sollte man nach meiner Meinung diese Gleichung aus den Gesetzen der Chemie herleiten können.

JPC: Das ist eine sehr wichtige Bemerkung. Die mathematische Gleichung wird eines Tages mindestens teilweise durch die zu Grunde liegenden molekularen Prozesse erklärt werden. Das Molekül, das den spannungsabhängigen Kanal enthält, durch den die Natrium-Ionen einströmen, ist soeben isoliert worden, und man hat die ihn kodierende Nukleinsäure kloniert und sequenziert[15] (siehe Abb. 11).

---

[14] Hodgkin und Huxley (1952a)
[15] Noda et al. (1984)

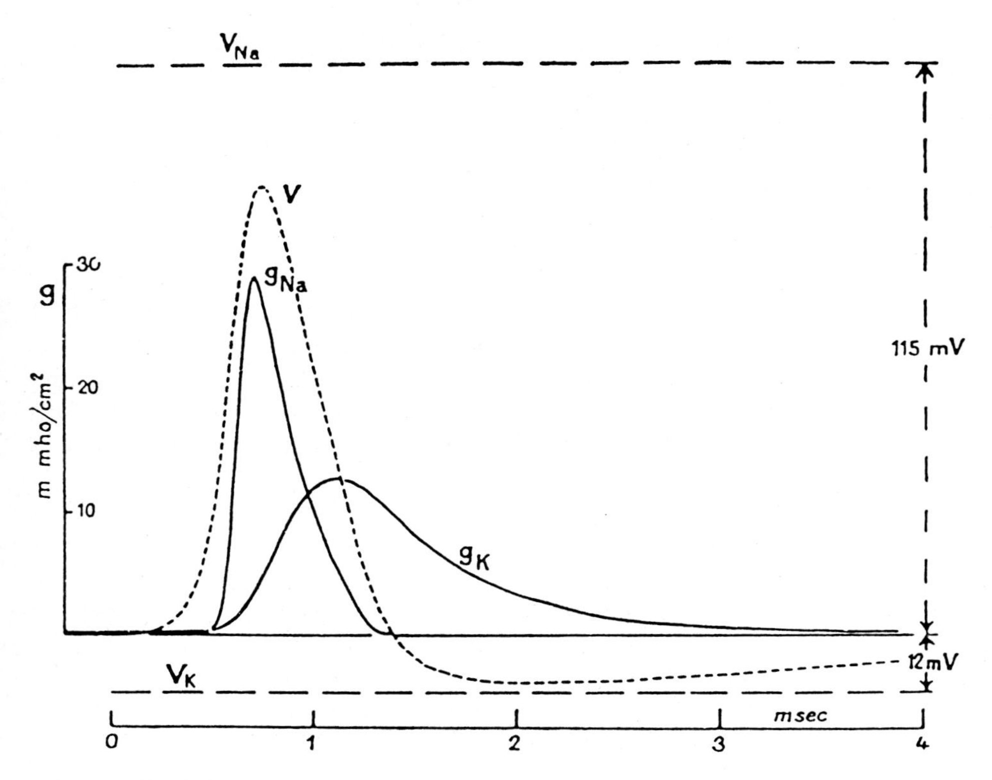

Abb. 10. Modell des Nervenimpulses von Hodgkin und Huxley. Die Welle des sich fortpflanzenden Aktionspotentials ist gestrichelt gezeichnet. Diese kann in einen Beitrag vom Transport von Na^+-Ionen in das Innere und von K^+-Ionen in das Äußere der Zelle zerlegt werden, die hier beide als Leitfähigkeiten dargestellt werden (g_{Na} und g_K). Nach Hodgkin und Huxley (1952b).

Von jetzt an haben wir die molekularen Mechanismen in der Hand, die für die Fortpflanzung des Nervenimpulses verantwortlich sind. Aber man muß beachten, daß die mathematische Gleichung nicht den direkten Zugang zur mikroskopischen Struktur ermöglicht hat, die die letzte Grundlage des Phänomens ist. Diese Struktur ist auf einem ganz anderen Weg gefunden worden, unter Benutzung von biochemischen und molekularbiologischen Methoden. Die mathematische Gleichung der Nervenleitung beruht auf einer Reihe von Annahmen über die von dem Modell geforderten Kanäle. Sicherlich legt sie eine gewisse Anzahl von elementaren *ionischen Eigenschaften* fest, die das dafür verantwortliche Molekül erfüllen muß. Aber sie sagt uns keineswegs, ob diese Kanäle Proteine oder Lipide sind. Die Gleichung beruht auf kooperativen Prozessen, die sich auf dem Niveau der Membran und des Ionentransports abspielen. Aber sie lehrt uns nicht die *genaue* Zahl

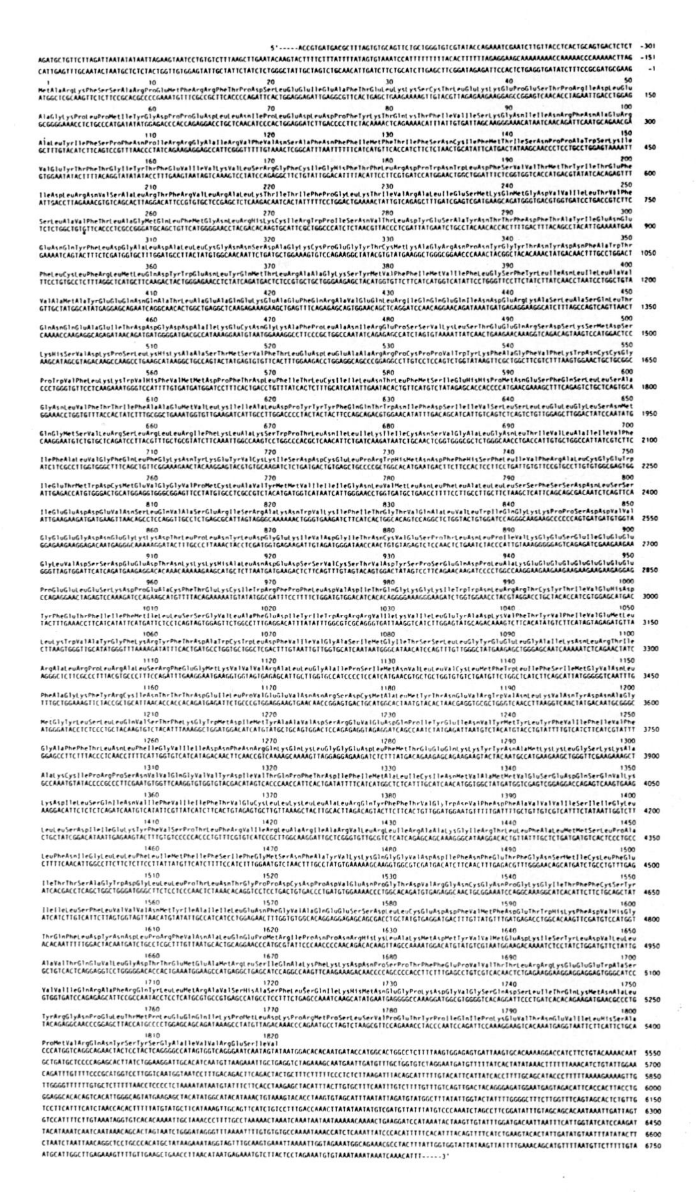

Abb. 11. Primärstruktur des für Natrium-Ionen selektiven Kanals der Nervenleitung. Mit molekularbiologischen Methoden ist das genetische Material identifiziert worden, das das Protein, das für den Transport von Na^+-Ionen durch die Membran des Neurons während des Nervenimpulses verantwortlich ist, kodiert. Dieses Protein besteht aus einer einzigen Kette von 1820 Aminosäuren. Die untere Linie ist die DNA-Sequenz, die eine Folge von Tripletts der vier Basen A, G, T und C ist; die obere Linie ist die Protein-Sequenz der aus den 21 natürlichen Aminosäuren (hier durch einen 3-Buchstaben-Kode dargestellt) gebildeten Kette. Nach Noda et al. (1984).

der wechselwirkenden Untereinheiten und der beteiligten Proteine. Die Mathematik hat für den Biologen sicherlich eine vorhersagende Rolle, aber nur in einem beschränkten Maße. Sie erlaubt uns nicht, *direkt* die Struktur zu bestimmen.

Ich möchte diesen Punkt mit einem anderen Exempel beleuchten, mit den Gesetzen der Vererbung. Dies ist eines der bekanntesten und einfachsten Beispiele. Mendel untersuchte die erbliche Übertragung der Farbe von Erbsenblüten und zeigte, daß diese Gesetzen folgt, die sich durch eine sehr einfache mathematische Gleichung ausdrücken lassen. Die Mendelschen Gesetze erlaubten, die Existenz von stabilen und vererbbaren Determinanten herzuleiten, aber man konnte keineswegs mit ihnen voraussehen, daß diese die Chromosomen sind, und noch weniger die DNA erraten, die der materielle Träger der Vererbung ist.

In den beiden von mir zitierten Beispielen, der Fortpflanzung des Nervenimpulses und der Mendelschen Gesetze, beschreibt die mathematische Gleichung eine Funktion. Mit ihr kann man ein Verhalten festlegen, aber den Vorgang nicht *erklären*. In der Biologie fällt die Erklärung mit der Identifikation der Struktur zusammen, die der Funktion zugrunde liegt und sie bestimmt. Die Zuordnung von Struktur und Funktion ist der Königsweg der Entdeckung, nicht aber allein die Beschreibung eines Vorgangs durch eine mathematische Gleichung.

AC: Ich bin mit Deiner Interpretation einverstanden. In gleicher Weise beginnt man in der Physik oft, Gleichungen für ein mittleres Feld im Stile der Physik des 19. Jahrhunderts aufzustellen. Solange man nicht die zugrundeliegende mikroskopische Struktur kennt, kann man diese Gleichungen nicht beweisen. Aber wenn die Theorie hinreichend weit entwickelt ist, kommt die Erzeugungskraft der Mathematik ins Spiel. Mein Lieblingsbeispiel habe ich bei Heisenberg gefunden. Durch die Resultate der experimentellen Spektroskopie, wie das Kombinationsprinzip von Ritz und Rydberg, geleitet hat Heisenberg entdeckt, daß die Algebra der beobachtbaren Größen eines atomaren Systems die nichtkommutative Algebra von Matrizen ist. Allein diese Bemerkung und ein wenig Mathematik führen auf die Schrödinger-Gleichung, die die merkwürdigen Differenzen zwischen den inversen Quadraten von ganzen Zahlen erklärt, die die Regelmäßigkeiten der Spektrallinien des Wasserstoff-Atoms ausdrücken. Mit Hilfe des Paulischen Ausschließungsprinzips und komplizierteren mathematischen Methoden konnte man dann die Schrödinger-Gleichung für ein Atom mit vielen Elektronen untersuchen.

JPC: Und das periodische System der Elemente von Mendelejew vollständig verstehen.

AC: Was außergewöhnlich ist. Man kann in der Modellbildung eines Phänomens zwei Niveaus sehen. Zuerst das der Physiker des 19. Jahrhunderts, als sie Strömungen untersuchten oder Vorgänge makroskopisch beschrieben. Als man dann die mikroskopische Struktur der Materie besser verstand, konnte man den generativen Charakter der Mathematik ausnützen und mit ihrer Hilfe finden, daß es tatsächlich nur wenige Möglichkeiten gibt, und man konnte sogar die chemische Struktur vorhersagen.

JPC: Aber folgt dieser erzeugende Charakter nicht, wie Du gerade gesagt hast, daraus, daß man Zugang zu einem tieferen Niveau hat und daß dort Regelmäßigkeiten auftreten, die dann allgemein angewendet werden können?

AC: Sicherlich. Solange man nicht das Niveau unterhalb des mittleren Feldes erreicht hat, ist nach meiner Meinung der generative Charakter beschränkt.

JPC: Das ist sehr ähnlich im Beispiel der Biologie. Die Gleichung von Hodgkin und Huxley kann verallgemeinert werden. Sie hat prädiktiven Charakter. Aber sobald man zur Analyse einzelner Ionenkanäle und Moleküle kommt, auf deren kollektive Wirkung der Nervenreiz beruht, erscheint ein neues System von Gesetzen und Vorhersagen. Diese sind in einer neuen mathematischen Form ausgedrückt und auf andere Systeme anwendbar, wie auf Kanäle, die für Calcium und für Neurotransmittoren selektiv sind.

AC: Ja, ich bin vollständig einverstanden. Trotzdem möchte ich die Art von Mathematik, die man in diesen Modellen gebraucht, einer allgemeinen Kritik unterziehen. Die hier angewandte Mathematik stützt sich immer auf partielle Differentialgleichungen oder bestenfalls auf Modelle der statistischen Mechanik. In beiden Fällen, und auch in den meisten anderen physikalischen Modellen, ist das treibende grundlegende Prinzip die Lokalität der Wechselwirkungen. Selbst Wechselwirkungen wie die Newtonsche Anziehungskraft, die nichtlokal scheinen, werden lokal, wenn man geeignete Felder einführt. Dieses Prinzip der Lokalität der Wechselwirkungen ist eine goldene Regel der modernen Physik, deren Hauptwerkzeug die Manipulation von Lagrange-Funktionen ist. Dennoch ist es mir nicht klar, zu mindestens nicht *a priori*, daß diese mathematischen Methoden die einzigen interessanten und nützlichen Strukturen für einen an der Funktionsweise des Gehirns interessierten Biologen sind. Es wäre schön, wenn die Anfangsgründe anderer Strukturen, wie die kombinatorische Topologie, von den Biologen gebraucht würden oder ihnen wenigstens bekannt wären.

JPC: Darauf wollen wir in einem späteren Teil unseres Dialogs zurückkommen.

AC: Genau aus diesem Grund bin ich sehr an unserem Treffen interessiert. In der Biologie gebraucht man die Mathematik wie eine Sprache. Wenn Ihr zum Beispiel eine Antwortkurve findet, dann kann man sie klarerweise leichter übermitteln, wenn sie durch eine einfache mathematische Funktion beschrieben wird, als wenn man die Kurve wieder zeichnen und aus ihr die Werte bestimmen muß. Das ist einfach ein Zeichen der Jugend der Biologie. Wenn man auf die Entwicklung der Physik schaut, findet man, daß man zu Anfang gewisse Phänomene formelmäßig beschrieben hatte und sie als einfache mathematische Funktionen übermitteln konnte. Das war zum Beispiel bei der Planckschen Entdeckung der Fall. Aber nach einiger Zeit erlaubte es die Mathematik als generative Methode, neue Einsichten zu gewinnen. Und das nicht nur, weil die Gleichungen Vorhersagen gestatteten. Die innere Kohärenz der Mathematik offenbarte sich, wie im Beispiel des Wasserstoffatoms. Damit und durch Kriterien der Einfachheit und der mathematischen Ästhetik gewinnt man ein sehr gutes Verständnis für die Wahrheit in Fällen, wo man vorher praktisch keine Experimente gemacht hat, und kann später verifizieren, ob die Idee gut war oder nicht. Ich bin daher sehr optimistisch, daß die Mathematik künftig eine generative Rolle in der Biologie spielen kann. Ich glaube, daß – später und vielleicht noch nicht heute, wenn man erkannt hat, welcher Teil der Mathematik für die Biologie am nützlichsten ist und den besten Rahmen abgibt, – die Generativität der Mathematik außerordentlich fruchtbar sein wird.

5 Auskultation der Quantenmechanik

JPC: Ich möchte auf die Quantenmechanik zurückkommen und auf die Schlußfolgerungen, die man über den ungeschliffenen, plumpen, aber schließlich ziemlich treffenden Gebrauch der Mathematik in der Biologie ziehen kann. Wir verwandeln uns von Zeit zu Zeit in Mathematiker, oder wir arbeiten wenigstens mit ihnen zusammen, um gewissermaßen die mathematische Einkleidung zu finden, die am besten zu den uns interessierenden biologischen Phänomenen paßt. Es kommt uns daher überhaupt nicht in den Sinn, die biologische Realität mit mathematischen Objekten zu identifizieren. Wir versuchen nur, mathematische Objekte zu konstruieren, die sich an natürliche Objekte anpassen. Man denkt nach, man löst Probleme, man entwickelt Modell nach Modell und man bezieht sich auf eine Literatur, die schon vielfache Versuche und Fehler enthält. Aber was macht man schließlich? Man *selektioniert* das am besten geeignete Modell. Wir haben daher eine sehr pragmatische und konkrete Sicht der Mathematik. Wir behalten von ihr nur, was am besten der natürlichen Realität entspricht. Die Mathematik besteht für uns aus Denkobjekten, nicht mehr und nicht weniger.

Dies führt mich dazu, mit Dir erneut die Quantenmechanik zu diskutieren, einen mir wenig bekannten Teil der Physik. Ich habe das Gefühl, daß die Physiker hier auf einem Gebiet arbeiten, wo sie sich mit Schwierigkeiten vorzustellen versuchen, was sich auf einem von unserem Gehirn und Sinnesorganen sehr verschiedenem Niveau abspielt (siehe Abb. 12). Und wenn die Physiker uns sagen, daß die Gesetze der Quantenphysik eine fundamentale Unbestimmtheit zur Folge haben – ich gebrauche absichtlich diesen Ausdruck aus ihrer Feder –, dann kann man sich fragen, ob sie nicht tatsächlich einen ernsten erkenntnistheoretischen Fehler begehen...

Abb. 12. Kupferstich aus dem *Traité de l'équilibre des liqueurs* von Blaise Pascal[16]. Dieser illustriert das Problem der physikalischen Messung und ihrer Beziehung zum Experimentator. Letzterer ist merkwürdigerweise unter dem Wasserspiegel sitzend dargestellt!

AC: Du willst sagen „einen sprachlichen Fehler".

JPC: Der darin besteht, die Natur mit dem Modell ihrer Beschreibung zu identifizieren. Man kann sich fragen, ob sie nicht nur das Meßinstrument und den Beobachtungsakt sorgfältig berücksichtigen, sondern auch die Funktionsweise ihres eigenen Gehirns und dessen Fähigkeit, die Phänomene auf einem Niveau zu erfassen, auf das sich die gewöhnliche Erfahrung und der gesunde Menschenverstand nicht mehr bezieht. Was denkst Du darüber?

[16] Pascal (1663)

AC: Ich habe mich selber mit dieser Frage einer fundamentalen Unbestimmtheit beschäftigt. Deshalb kann ich Dir antworten. Es stellt sich zuerst einmal ein Sprachproblem, aber kein wesentliches. Wenn man von einem Teilchen spricht und es sich wie einen Massenpunkt mit einer wohlbestimmten Lage und Geschwindigkeit vorstellt, weiß man, daß diese Begriffe schlecht sind. Wenn man sich zum Beispiel ein geistiges Bild von einem Elektron machen will, das um den Kern eines Wasserstoffatoms kreist, dann ist es besser, an die durch die Schrödinger-Gleichung bestimmte Wellenfunktion und an sein Energieniveau zu denken als an ein Planetensystem. Um so mehr als für ein komplexeres Atom, wie das Heliumatom, das zwei Elektronen um seinen Kern hat, die Vorstellung sehr viel schwieriger ist: Während man den Betrag der Wellenfunktion für ein einziges Elektron im Raume darstellen kann, ist jetzt eine 2-Elektronen-Wellenfunktion eine Funktion von zwei dreidimensionalen Vektoren, also eine Funktion in einem 6-dimensionalen Raum.

Der nächste Schritt besteht darin zu verstehen, daß obwohl die Teilchensprache nicht angemessen ist, sie Fragestellungen erlaubt, und daß die Natur eine Antwort auf diese Fragen gibt. Um ein konkretes Beispiel zu geben, kann man eine diskrete Teilchenquelle – zum Beispiel von Elektronen – betrachten, die von Zeit zu Zeit ein Elektron in die Richtung eines schmalen Spaltes sendet und damit Beugungserscheinungen erzeugt. Man kann das System mit Wellenfunktionen beschreiben und eine Beugungsfigur auf einem hinter dem Spalt in die Bahn des Elektrons angebrachten Schirm vorhersagen. Wenn die Teilchensprache vollständig ungeeignet wäre, hätte man hier den Beweis: das Elektron müßte sich wegen der Beugungsphänomene in eine Wolke verwandeln. Das ist aber nicht der Fall. Wenn man das Experiment ausführt, beobachtet man jedesmal einen Aufprall an einem scharf bestimmten Ort des Schirms. Das Elektron bleibt daher ein Teilchen. Genau bei Experimenten dieser Art findet man die fundamentale Unbestimmtheit, von der Du sprachst. In der Tat: Jedesmal wenn ein Elektron von der Quelle ausgesandt worden ist, mißt man einen Aufprall an einem Orte x des Zielschirms (siehe Abb. 13).

Aber, und das ist der wesentliche Punkt, das experimentelle Resultat „Die Quelle sendet ein Elektron aus, das am Punkte x des Schirms ankommt", ist nicht reproduzierbar. Das hat nichts mit der Genauigkeit zu tun, mit der man x festlegt. Sogar das experimentelle Resultat „Die Quelle sendet ein Elektron aus, das in der oberen Hälfte des Schirms ankommt" ist nicht reproduzierbar. Man kann die Anfangsbedingungen des Experiments niemals genau genug festlegen, damit das Endresultat mit Sicherheit immer gleich wird. Im zweiten Experiment hat man nur 50 % Wahrscheinlichkeit, das gleiche Endergebnis zu bekommen. Was auch immer die Genauigkeit der Apparatur ist, die die Elektronen aussendet, man kann niemals das

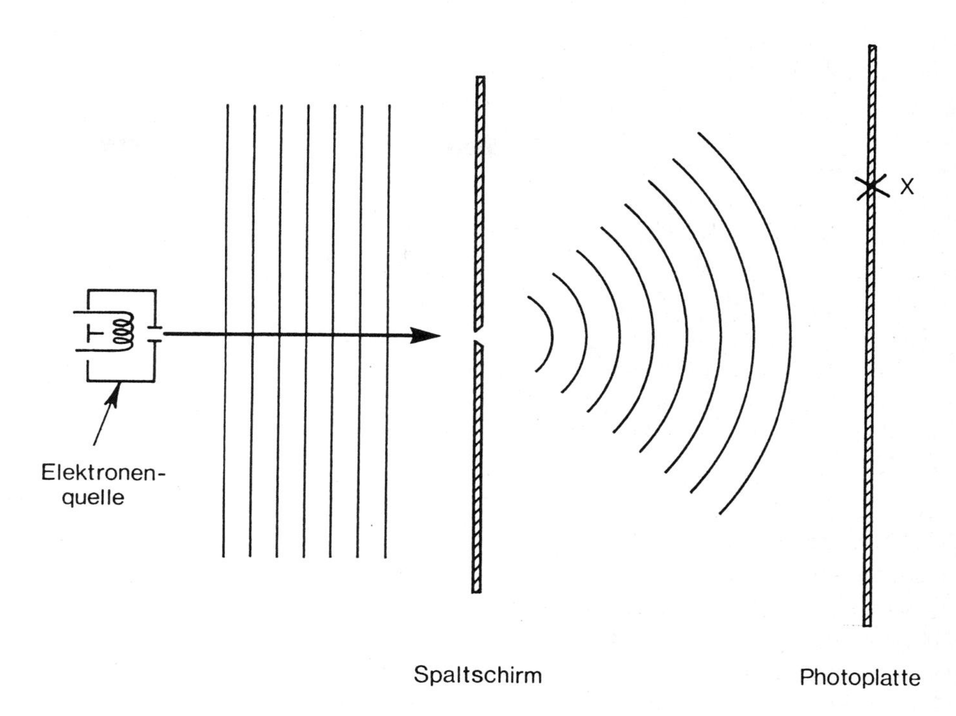

Abb. 13. Beugungserscheinung.

Experiment mit immer demselben Ergebnis wiederholen. Nur die relative Häufigkeit, die Wahrscheinlichkeit, mit der das Elektron auf den Schirm trifft, ist reproduzierbar. Die einzige reproduzierbare Größe ist in diesem Experiment eine gewisse Dichte oder Verteilung von Aufprallhäufigkeiten auf dem Schirm. Sie stellt ein Beugungsbild dar und sagt voraus, mit welcher Häufigkeit das Elektron an dem einen oder anderen Ort ankommt.

JPC: Die Existenz eines grundlegenden Indeterminismus ist damit keineswegs bewiesen. Du könntest das gleiche in einer mehr makroskopischen Situation finden, wie etwa bei der Brownschen Molekularbewegung...

AC: Ja. Man muß aber gut verstehen, daß man einen Fehler begeht, wenn man die Tatsache, daß das Elektron an einem Ort „Tick" macht, als ein reproduzierbares Ereignis ansieht. Keine Theorie erlaubt die Vorhersage dieses Experiments, da es nicht reproduzierbar ist. Wenn man Physik betreiben will, muß man definieren, was ein physikalisches Phänomen ist. Nachdem man dafür eine kohärente Definition gegeben hat, gibt es nichts Verwirrendes und keine Paradoxien in der Quantenmechanik. Die Theorie fügt sich perfekt in ihr mathematisches Modell ein. Wie kann man ein physikalisches Phänomen charakterisieren? Man kann von einem physikalischen

Phänomen nur im Zusammenhang mit einem reproduzierbaren experimentellen Resultat sprechen. Also ist ein physikalisches Phänomen das Ergebnis eines Experiments, in dem, wenn man die Anfangsbedingungen vorgibt – und sei es nur für die Experimentatoren eines anderen Labors –, das Resultat identisch herauskommt. Wenn man aber die Anfangsbedingungen nicht genau spezifizieren kann dafür, daß man ein immer gleiches experimentelles Resultat erhält, dann ist die untersuchte Erscheinung kein physikalisches Phänomen. Dann kann diese nicht von einer Theorie vorausgesagt werden.

JPC : Also gibt es keinen grundlegenden Indeterminismus. Die Tatsache, daß ein Elektron einmal an diesem und ein andermal an jenem Ort auftrifft, könnte eines Tages auf deterministische Weise erklärt werden.

AC : Nein. Man weiß, daß dieses Phänomen nicht durch sogenannte „verborgene Variablen“ erklärbar ist.

JPC: Weil die Hypothese von verborgenen Variablen aus einem bestimmten Modell stammt. Aber vielleicht gibt es ein anderes Modell, an das die Physiker noch nicht gedacht haben.

AC: Nein. Die Hypothese von verborgenen Variablen ist mit dem gegenwärtigen Modell der Quantenmechanik nicht verträglich, dessen einzige Rechtfertigung sein unglaublicher Erfolg ist. Man hat eine Reihe von Experimenten vorgeschlagen, die die Bellschen Ungleichungen[17] testen und gezeigt[18], daß die Einführung von verborgenen Variablen mit dem gegenwärtigen Modell inkompatibel ist. Mein Standpunkt ist sehr einfach. Gewisse Resultate sind physikalisch, da sie reproduzierbar sind. Und es gibt andere, die es nicht sind, weil sie nicht reproduzierbar sind.

JPC: Ich frage mich nach der Bedeutung des Ausdrucks „nicht reproduzierbar“. Wenn man von einem Neuron des visuellen Systems ableitet und das Auge stimuliert, mißt man eine Salve von Nervenimpulsen. Aber bei zwei einander folgenden Experimenten wird man nicht notwendigerweise die gleiche Anzahl von Impulsen registrieren...

AC : Das stimmt. Jedoch wird man daraus ein Gesetz herleiten können, das reproduziert ist. Und das ist das einzige, was zählt.

JPC: Genau. Nach einer gewissen Zahl von Experimenten erhält man eine viel besser wiederholbare mittlere Antwort. Und viele Biologen werden sagen, daß ein „Determinismus“ diese Antwort bestimmt, der vom sensorischen Rezeptor auf das Neuron wirkt, trotz der „Fluktuationen“, die bei der Antwort auftreten. Ich gebrauche den Ausdruck „Fluktuation“, da es sich um Schwankungen handelt, die von feineren Eigenschaften der Signalübertragung auf synaptischem Niveau, der Geometrie der Kontakte zwischen

---

[17] Bell (1987)
[18] Aspect et al. (1982)

Nervenzellen und anderen Parametern bestimmt werden, die der Experimentator in einem solchen Versuch nicht kontrolliert. Es gibt tatsächlich mehrere Prozesse, die zu den Schwankungen bei der Informationsübertragung im Nervensystem beitragen. Diese haben nichts Geheimnisvolles an sich[19]. Wenn man diese Denkweise auf die von den Physikern untersuchten Prozesse anwendet, kann man sich fragen, ob diese einfach noch nicht das Modell gefunden haben, das eine tiefere Erklärung gibt. Das Modell der verborgenen Variablen leistet dies nicht. Dennoch bin ich immer noch nicht bereit, ein negatives Ergebnis oder eine mißlungene Erklärung als endgültig anzunehmen. Vielleicht kommt man eines Tages zu einer vernünftigeren Deutung.

AC: Beim Auge weiß man, daß wenn man das Experiment mit den gleichen Anfangsbedingungen wiederholt, man dieselbe Impulssalve bekommt.

JPC: Ja. Das ist theoretisch möglich, aber praktisch nicht ausführbar.

AC: Hingegen ist es in der Quantenmechanik auf Grund der Theorie nicht möglich, und das ist der Unterschied.

JPC: Ich kann Deinem Argument schlecht folgen. Die Wiederholung scheint theoretisch unmöglich zu sein. Aber ist sie es nicht nur, weil die richtige Theorie immer noch nicht gefunden ist?

AC: Nein. Unglücklicherweise ist dies ein sehr subtiler Zusammenhang. Mein Standpunkt ist klar. Gewisse experimentelle Resultate könnten als physikalische Aussagen angesehen werden. Doch sie sind es nicht, denn sie sind nicht wiederholbar. Keine Theorie kann hoffen, ein nicht reproduzierbares Phänomen vorauszusagen.

JPC: Aber es ist nicht ausgeschlossen, daß es reproduzierbar wird. Man hat den Eindruck, daß die Physiker von einer Theorie besessen sind, die zu gut die Naturerscheinungen erklärt, so daß sie keine andere suchen. Es sei denn, sie sind über das vorliegende Problem beunruhigt und wagen es, tiefer auf den Grund der Dinge vorzustoßen.

AC: Nach der Theorie wird der grundlegende Indeterminismus sichtbar, sobald man nacheinander zwei Messungen von nicht kommutierenden beobachtbaren Größen ausführt. Die Heisenbergschen Unbestimmtheitsrelationen geben ein quantitatives Maß für diesen Indeterminismus. Dieses Prinzip hat also eine theoretische und auch eine experimentelle Gültigkeit. Die Quantenmechanik führt auf experimentellem Niveau auf das Problem von Messungen, die nichtreproduzierbare experimentelle Ergebnisse liefern. Wenn ich in dem Versuch mit dem Elektron den Spalt schließe und den Rückstoß des Schirms nach dem Auftreffen des Elektrons messe, ist diese Erscheinung vollständig reproduzierbar und von der Theorie erklärbar. Dies

[19] Burnod und Korn (1989)

ist der Impulserhaltungssatz. Behaupte ich: „Wenn ich eine große Zahl von Elektronen starten lasse, hat die Wahrscheinlichkeit, an einem gegebenen Ort der Platte anzukommen, einen gegebenen Wert", so ist dieses Ergebnis vollständig reproduzierbar und theoretisch erklärbar. Wenn ich dagegen sage: „Das Elektron ist an einem bestimmten Ort des Schirms angekommen", so ist dies kein reproduzierbares experimentelles Ergebnis.

JPC: Du verstehst unter einer Naturerscheinung ein reproduzierbares Phänomen. Das heißt, man muß die experimentellen Bedingungen so festlegen können, daß es reproduzierbar wird. Wenn man den Mechanismus kennt, der die Bewegung des Elektrons nach oben oder nach unten ablenkt, dann könnte man diese Erscheinung reproduzierbar machen.

AC: Man kann das nicht erreichen, was Du vorschlägst, ohne in Widerspruch mit den Experimenten zu geraten, sogar auf der Ebene der Statistik.

JPC: Ich würde dann sagen, daß die Theorie schlecht ist.

AC: Ja, aber sie erklärt genau die reproduzierbaren experimentellen Ergebnisse. Und wie ich es oben in größerer Ausführlichkeit erklärt habe, sagt sie zum Beispiel das sogenannte anomale magnetische Moment eines Elektrons mit der Genauigkeit von der Dicke eines Haares relativ zur Entfernung zwischen Paris und New York voraus.

JPC: Es bleibt eine tiefer liegende Ebene unerklärt, zu der die Theoretiker noch keinen „geistigen Zugang" gefunden haben. Das Modell von Hodgkin und Huxley ist hervorragend geeignet, die elektrischen Erscheinungen des Nervenimpulses auf Grund vom Ionentransport zu erklären. Es hat jedoch nicht direkt zur Bestimmung der zugrunde liegenden Ionenkanäle geführt. Dies wird von der Molekularbiologie geleistet, die vollständig andere Methoden verwendet als die, die Hodgkin und Huxley in ihren Experimenten benutzt haben.

AC: Ich möchte Dir dennoch ein Bild geben, das Dir zeigt, wie man sich von dem schlechten Eindruck von der anscheinenden Unbestimmtheit der Quantenmechanik befreien kann. Wenn man das Feld der Untersuchungen der Physik auf die reproduzierbaren Erscheinungen beschränkt, kommt man zu einem vollständig kohärenten Ganzen, aber die Unmöglichkeit vorherzusagen, an welchem Ort das Elektron auftrifft, ist für den Physiker ein sehr frustrierender Verzicht. Als Ausweg will ich ein den Physikern wohlbekanntes Bild bringen, das der parallelen Welten von H. Everett[20]. Alles läuft so ab, als ob alle möglichen Ereignisse eintreten könnten, als ob das Elektron an jedem Ort des Schirms ankommen könnte. Aber jede solche Wahl bedeutet eine Verzweigung von einer Welt in eine parallele Welt. Nehmen wir zur

[20] Everett (1957)

Vereinfachung an, man würde eine Messung mit zwei möglichen Ergebnissen machen. Ihr Ergebnis bewirkt dann eine Verzweigung zwischen zwei parallelen Welten. Man wird sich in der einen oder anderen finden, je nachdem, ob sich die eine oder andere Möglichkeit eingestellt hat. Die Kohärenz dieser parallelen Welten ist groß genug dafür, daß im statistischen Mittel das gleiche Ergebnis herauskommt. Jedes experimentelle Ergebnis hängt von der speziellen parallelen Welt ab, in die wir abzweigen. Für sich allein ist es nicht reproduzierbar.

JPC: Diese Idee scheint mir interessant. Aber die geschickt versteckte Verwechselung von Nichtwiederholbarkeit und Unbestimmtheit deutet darauf hin, daß die meisten Physiker einen Mißerfolg verspüren, den ihr Unbewußtsein sie nicht eingestehen läßt.

AC: Man kann nicht hoffen, ein nicht reproduzierbares Ereignis theoretisch vorherzusagen. Die grundlegende Eigenart eines physikalischen Experiments ist seine Reproduzierbarkeit, und darüber ist sich jedermann einig. Wenn es nicht reproduzierbar ist, hat es keinen physikalischen Inhalt. Der Mißerfolg ist nicht theoretischer, sondern experimenteller Natur. Wenn man sich der obigen experimentellen Anordnung bedient, weiß man nicht, wie man die Anfangsbedingungen festlegen soll, um im Voraus den Auftreffpunkt des Elektrons zu kennen. Die Heisenbergschen Unbestimmtheitsrelationen zeigen, daß es unmöglich ist, jemals dazu zu kommem, und daß sich der gleiche Indeterminismus bei der Messung von zwei nicht kommutierenden Observablen nacheinander zeigt, wie zum Beispiel in einem Stern-Gerlach Experiment.

JPC: Du könntest vielleicht einen noch unbekannten physikalischen Parameter kontrollieren. Das wäre dann gleichzeitig eine theoretische und experimentelle Lösung. Es wäre ein Witz, wenn ein Mathematiker den Physikern ein Experiment vorschlagen würde!

AC: Es ist trotzdem sehr wichtig einzusehen, daß dieser Mißerfolg eine auf Experimenten begründete Unmöglichkeit ist. Das erklärt, warum ich dieses Beispiel gerne wähle. Denn man glaubt, daß es nur um die Theorie geht, während es ebenso ein experimentes Problem ist: Man findet ein experimentelles Ergebnis, das man nicht reproduzieren kann.

JPC: Ein gutes Experiment ist schwieriger als eine mittelmäßige Theorie. Und diese Diskussion zeigt, daß der geheimnisvolle Indeterminismus, von dem viele Physiker reden, nicht sehr viel Sinn macht. Man muß eher die Idee annehmen, daß der Stand unserer Kenntnisse es uns noch nicht erlaubt, diese Begriffe zu kontrollieren, sowohl auf experimenteller wie auf theoretischer Ebene. Es fällt mir schwer, die Unwissenheit als ein Naturgesetz anzunehmen...

AC: Tatsächlich kann man im Rahmen der gegenwärtigen vollständig kohärenten Theorie die experimentellen Ergebnisse behandeln, die reproduzierbar sind. Ich sehe nicht ein, wie man Ergebnisse berücksichtigen kann, die es nicht sind. Es ist sehr schwierig anzunehmen, daß es auf mikroskopischer Ebene, auf der Ebene der Quanten, Experimente gibt, die nicht reproduzierbar sind. Das spricht aber nicht gegen die Wahrheit dieser Tatsache. Ihre philosophische Bedeutung ist schwer zu erfassen. Was hier unverständlich ist, ist daß die Natur auf der atomaren Ebene unvorhersehbar ist. Sogar die physikalisch-chemische Wirklichkeit ist subtiler, als sie uns scheint.

IV. Der neuronale Mathematiker

1 Die Erleuchtung

JPC: In der heutigen Zeit kümmern sich wenige Mathematiker um das Gehirn. Ich fand, daß in dem Buch von Dieudonné *Pour l'honneur de l'esprit humain*[1], dessen Titel ein wenig an das *Ad majorem dei gloriam* erinnert, das Wort „Gehirn" nur sehr selten vorkommt. Jedenfalls nicht in einem erklärenden Sinn. Er schreibt zum Beispiel: „Die rationale Tätigkeit eines schöpferischen Geistes hat niemals eine rationale Erklärung gefunden, weder in der Mathematik noch sonst irgendwo". In diesem Text, den ich liebe und mit großem Interesse gelesen habe, untersucht Dieudonné die Entwicklung der Mathematik vollständig unabhängig vom Gehirn, ein wenig wie sich die Kunstgeschichtler für die Entwicklung der Malerei und Plastik interessieren, ohne zu berücksichtigen, daß wir mehr mit unserem Gehirn als mit unseren Augen sehen! Es ist gut, sich daran zu erinnern, daß der Mathematiker schließlich Mathematik mit seinem Gehirn betreibt und daß es gar nicht anders sein kann!

AC: Ich teile ganz und gar diese Meinung. Das Gehirn ist ein materielles Werkzeug, und es ist von grundlegender Bedeutung, seine Funktionsweise in der Arbeit des Mathematikers zu verstehen.

JPC: Immerhin findet man bei einigen Mathematikern der Vergangenheit, wie bei Poincaré[2] oder Hadamard, ein ähnliches Interesse wie bei uns. Hadamard untersucht in seinem ausgezeichneten Werk[3] die Rolle des Unbewußten und seiner verschiedenen Schichten für das mathematische Schaffen. Er zitiert *De l'intelligence* von Taine, dem Philosophen, der noch die wissenschaflichen Tatsachen, insbesondere die der Neurowissenschaften, zu berücksichten wagte. Dieses Interesse ist seit Sartre, Foucault und seinen Nachfolgern bei vielen unserer gegenwärtigen Philosophen zugunsten der Psychoanalyse vergessen worden, obwohl wieder bemerkenswerte Ausnahmen das Wort ergreifen[4].

[1] Dieudonné (1987)
[2] Poincaré (1908)
[3] Hadamard (1952)
[4] siehe Jacob (1989)

Hadamard beschreibt seine Arbeit als Mathematiker auf eine mir sehr interessanten Weise. Er unterscheidet zunächst eine vorbereitende Arbeit, die – ich betone das – Mißerfolge und Fehler enthalten kann, die der Mathematiker scheinheilig zu erwähnen vergißt, wenn er seine Ergebnisse in einer gewöhnlich „wohlverdauten" Form vorlegt. Er kommt zu ähnlichen Ergebnissen wie Poincaré, wenn er diese Anstrengungen, „das Unbewußte zu beherrschen", zu erfassen versucht, und unterscheidet in dem „mathematischen Schaffen" mehrere Entwicklungsstufen, die er „Vorbereitung", „Inkubation" und „Erleuchtung" nennt. Er betont ebenfalls den Gebrauch von Zeichen und von mentalen Bildern, und bezieht sich dabei auf einen zeitgenössischen Psychologen, Binet, der sich wie Taine, im Stil der angelsächsischen Assoziationspsychologen, sehr für Experimente mit inneren Vorstellungen interessiert hat. Es ist bemerkenswert, daß dieses Interesse für mentale Bilder vor kurzen wieder in der experimentellen Psychologie, mit Autoren wie Kosslyn, Shephard und Denis in Frankreich[5], in den Vordergrund gerückt ist. Man trifft hier auf ein gemeinsames Interesse von Psychologen und Neurophysiologen. Denn das mentale Bild darf nicht als etwas Verschwommenes und Materieloses verstanden werden, sondern im Gegenteil als eine konkrete, wohlbestimmte Gehirntätigkeit. Hadamard weist darauf hin, daß während der Vorbereitungsphase, wenn die Bilder in dem Gehirn des Mathematikers aufzusteigen beginnen, manchmal eine plötzliche *Erleuchtung* sein Gehirn und sein Empfindungsvermögen erfüllt. Sie stellt eine wichtige Stufe in der Arbeit der mathematischen Schöpfung dar. Aber eine dritte Stufe folgt notwendigerweise. Bewußter als die vorhergehende, besteht sie aus Verifikationen und Definitionen, die eine genaue Darstellung einer Schlußfolgerung, eines Theorems oder eines Beweises erlauben. Diese letzte Stufe stützt sich auf logisches Schließen und auf die Urteilskraft.

Hadamards Vorgehen ist introspektiv. Darum wird es häufig von den Psychologen, den Philosophen und selbstverständlich von den Neurophysiologen kritisiert, denn es ist subjektiv. Es ist jedoch interessant, weil es eine Beschreibung von einer gewissen Objektivität liefert, die von einem Mathematiker zum anderen reproduzierbar ist. Was hältst Du von dieser Beschreibung der mathematischen Kreativität durch Hadamard und Poincaré?

AC: Ich habe selbst – wenigstens glaube ich das – Erfahrungen dieser Art gemacht. Der zweite Schritt, die Inkubation, ist ein Vorgang, der auf bereits bekannten Kenntnissen beruht: Schritt für Schritt kommt man dazu, sich auf ein bestimmtes Denkobjekt zu konzentrieren. Man versucht, sein Denken zu fokussieren, indem man das Gelände vorbereitet und sich mit bekannten Objekten umgibt. Der dritte Schritt, die Verifikation, beginnt, nachdem die Erleuchtung stattgefunden hat. Der Prozeß der Verifikation

[5] Denis (1989)

ist sehr schmerzhaft, weil man fürchtet, sich getäuscht zu haben. In der Tat ist es die am meisten beängstigende Phase, weil man niemals weiß, ob die eigene Intuition wahr ist. Ähnlich wie in einem Traum täuscht sich die Intuition leicht. Ich erinnere mich, daß ich einen Monat mit der Verifikation eines Resultats verbracht habe: Wieder und wieder nahm ich mir den Beweis in seinen kleinsten Einzelheiten bis zur Besessenheit vor. Diese Aufgabe der Verifikation der logischen Schlüsse hätte streng genommen einem elektronischen Computer anvertraut werden können. Dagegen ist, sobald die Erleuchtung eintritt, diese von einer mächtigen Gefühlswelle begleitet, so daß man nicht passiv oder gleichgültig bleiben kann. Die wenigen Male, wo mir dies wirklich geschehen ist, konnte ich nicht verhindern, Tränen in den Augen zu haben.

Ich habe oft das folgende beobachtet: Wenn man einmal den ersten Schritt der Vorbereitung gemacht hat, stößt man auf eine Mauer. Man sollte dann nicht den Fehler begehen, die Schwierigkeiten frontal anzugreifen. Man muß indirekt vorgehen und das Problem umgehen. Wenn man zu direkt über das Problem nachdenkt, erschöpft man ziemlich schnell die während der ersten Phase gesammelten Werkzeuge, und man wird entmutigt. Man muß das Denken so befreien, daß die unbewußte Arbeit möglich wird. Wenn man zum Beispiel ziemlich elementare, aber lange algebraische Rechnungen ausführt, dann ist diese Zeit, während der das direkte Denken relativ wenig konzentriert ist, sehr günstig für das Eingreifen des Unterbewußten. Der Mathematiker muß offenbar über sehr viel Seelenruhe verfügen. Man kann so einen kontemplativen Zustand erreichen, der nichts mit der Konzentration eines Studenten der Mathematik in einem Examen zu tun hat. Bestenfalls würde ein Student, der diese Technik benützt, aus einer Prüfung herauskommen und sagen: „Ich habe mein Examen nicht bestanden, aber ich habe eine Idee gehabt, an der ich gerne lange Zeit arbeiten möchte". Auffallend ist, wenn ich vom indirekten Vorgehen spreche, die Wichtigkeit der erkennbaren Entfernung zwischen dem ursprünglichen Problem und der augenblicklichen Fragestellung.

JPC: Einverstanden. In diesem ganzen Zeitraum ist Dein Geist in voller Evolution. Du entwickelst Hypothesen, Du machst erste Entwürfe...

AC: Aber nicht von dem ursprünglichen Problem.

JPC: Wenn Du das Problem umgehst, wie kann die Lösung dann so plötzlich erscheinen?

AC: Das ist ziemlich schwer zu beschreiben. Die Erfahrung zeigt, daß wenn man ein Problem direkt angeht, man sehr schnell alle Mittel des „direkten" rationalen Denkens erschöpft. Man kreist die Schwierigkeit ein, aber wenn man sich nicht freimachen kann, löst man im allgemeinen das Problem nicht. Das ist anders, wenn es sich um eine Prüfungsaufgabe handelt und wenn man nur automatische Operationen ausführen muß. Diese Stufe entspricht ziemlich genau der Kenntnis, die die Mathematiker von einem gegebenen Problem haben. Sie erkennen leicht das Problem, sie definieren genau die Schwierigkeiten, aber darüber hinaus hilft das direkte Denken nicht viel. Man macht nur Fortschritte, wenn man über eine möglicherweise unausgesprochene Strategie verfügt, die darin besteht, über benachbarte Fragen *a priori* nachzudenken, ohne Bezug auf das Problem selbst.

JPC: Sind diese sehr verschieden oder nahe benachbart?

AC: Sie können sehr verschieden sein.

JPC: Geht es einfach darum, das Arbeitsgedächtnis zu beschäftigen und mehr in der Tiefe eine unbewußte Arbeit in Gang zu bringen, die einen wichtigeren Beitrag des Langzeitgedächtnis erfordert? Oder ist es im Gegenteil eine Art von Assoziationsverfahren, das Zeit braucht, weil die sich verknüpfenden Elemente Teile von sehr verschiedenen Zusammenhängen sind? Ich glaubte zu verstehen, daß das Einkreisen eines Problems mathematische Objekte in Erinnerung ruft, die ohne direkte Beziehung zu ihm stehen. Durch Verbindung führen sie zur Lösung oder erzeugen auf irgendeinem Umweg aus dem Langzeitgedächtnis eine bessere Darstellung des Problems. Handelt es sich um eine Methode, das rationale Denken zu verdunkeln und das wache Gewissen zu schwächen, so daß sich „unpassende" interne Repräsentationenen zeigen, und sich mathematische Objekte „widernatürlich" miteinander verbinden können? Findest Du in der endgültigen Lösung diese Elemente eines parallelen Denkens in der Gestalt von „Chimären"? Ich werde Dir bald die Gründe meiner Frage erklären.

AC: Ich spreche nur von meiner eigenen Erfahrung. Obwohl sich mein Denken auf das gleiche Gebiet konzentrierte, war es *a priori* vom Problem weit entfernt. Es fand die Lösung der eigentlichen Fragestellung, ohne zu irgendeinem Zeitpunkt von ihr in offensichtlicher Weise geleitet zu werden.

JPC: Das Problem war trotzdem in Deinem Inneren aktiv.

AC: Wahrscheinlich, aber ich war mir dessen überhaupt nicht bewußt. Ich untersuchte eine andere Frage, die sich entwickelte und mich zur Lösung der ersten Frage führte.

JPC: Ich stelle noch einmal meine Frage: Wenn Du zur Lösung eines Problems damit zusammenhängende oder ganz andere Kenntnisse gebrauchst, überdauert dieses mathematische Material in einer „rekombinanten" Form in der endgültigen Lösung?

AC: Das ist schwer zu sagen. Mein Problem war zu beweisen, daß ein gewisses Objekt, das man definieren konnte und von dem ich wußte, daß es eine Darstellung besaß, nur eine einzige Darstellung hatte. Das war ein sehr hartes technisches Problem, das schwer direkt lösbar war, weil man rasch alle verfügbaren Mittel erschöpft hatte. Durch das Durchlaufen eines benachbarten, aber verschiedenen Problembereichs, wo die untersuchten Objekte zahlreicher und leichter zu erfassen waren, gewann ich eine Erfahrung und eine Intuition, die ich auf das erste Problem anwenden konnte. Also ging es dabei um einen Rahmen, um ein Feld der indirekten Erforschung.

JPC: Du gebrauchtest also eher einen Rahmen als Denkobjekte.

AC: Genau. Einen Rahmen, in dem sich mein Denken bewegen und entwickeln konnte, während in dem zu scharf gefaßten Zusammenhang des Problems, am Fuße der Wand, das Denken erstarrte, weil es durch die Schwierigkeiten blockiert war.

JPC: Du erweitertest gewissermaßen den Zusammenhang, um eine *Variabilität* aufkommen zu lassen. Da sind wir mitten in der darwinistischen Evolution! Du definiertest einen Zeitraum, im dem sich bewußte oder unbewußte Variationen bildeten, während dem sich Denkobjekte zusammenfügten und sich „Rahmen“ bildeten, in einem allgemeineren Rahmen als in dem gestellten Problem.

AC: Wir wollen vereinfacht sagen, daß die Mathematiker, die ein Problem nicht lösen können, dieses gewöhnlich verallgemeinern, um dort einen Spezialfall behandeln zu können. Eine Öffnung erlaubt dann, ein kleines Stück des Puzzles zusammenzufügen. Man hofft selbstverständlich, daß die Lösung eines Spezialfalls des verallgemeinerten Problems, der wenig mit der ursprünglichen Frage zu tun hat, eine neue Idee liefert, die anpassungsfähig ist. Man versucht also zu verallgemeinern, um verschiedene Seiten des Problems zu entdecken. Man steigt dann in relativ kleinen Schritten auf, um das ursprüngliche Problem zu lösen.

JPC: Man zwingt sich also, diese Elemente zu verbinden, indem man sie in einem erweiterten Rahmen zusammenbringt, während sie zuvor unzusammenhängend waren.

AC: Man darf nicht den Unterschied zwischen dem unbewußten Prozeß der zweiten Etappe und dem heuristischen Programm verwischen, von dem ich gerade sprach, das erklärbar ist und zu unserem kulturellen Erbe gehört. Dieses ist eine sehr bewußte Strategie, die allen Spezialisten bekannt ist. Aber ich hatte oft den Eindruck, daß die zerebrale Maschinerie ein System enthält, das – wie soll ich sagen – verborgen ist, das man nicht direkt sieht, das aber auf sehr ähnlichen Mechanismen beruht.

JPC: Es kann sehr wohl eine Rekrutierung von Gedächtnisobjekten geben, die genau das berührt, was man gewöhnlich das *Bewußtsein* nennt. Eine Art von geistiger Arbeit wird geleistet, ohne daß alle damit verknüpften Operationen vollständig vom Willen beherrscht werden. Das ist für die Mathematik ebenso wahr wie für das Denken im allgemeinen. Ein Denken ohne Sprache[6] ist möglich. Die von Dir beschriebene Erfahrung der Mathematiker bestätigt in meinen Augen das Auftreten einer Inkubationsphase und läßt vermuten, daß während dieser Periode darwinistische Variationen, die sich in der Zeit wieder verbinden, vorübergehend gebildet werden. In

[6] Weiskrantz (1988)

einem bestimmten Moment erweist sich eine von ihnen dem gestellten Problem als *angemessen* und bringt in dem erweiterten Rahmen eine Lösung: das ist die Erleuchtung!

Kannst Du die Bedingungen für diese Übereinstimmung schärfer fassen, denn das ist ein wichtiger Punkt? Mengen von mathematischen Objekten, bewußte oder unbewußte, werden vorübergehend aufgerufen. Dann paßt plötzlich alles auf einmal zusammen, und der Schlüssel geht ins Schloß und öffnet es. Nach den Schema des mentalen Darwinismus[7] kommen nach einer Etappe von Variationen eines „Diversitätsgenerators“ „Selektionsprozesse“ zum Tragen.

AC: Man kann sich schwer davon überzeugen, daß während der zweiten Phase ein Diversitätsgenerator diese Rolle spielt. Dein Modell ist vom Typ des schachspielenden Computers. Diese haben ein ziemlich darwinistisches Verhalten: Eine große Zahl von Versuchen wird gemacht, die ohne eine Auswahlfunktion, die gleichzeitig den nach mehreren Schritten erzielten Gewinn und die Stärke der erzielten Stellung mißt, zu nichts führen würden. Man muß also eine Größe einführen, die den Gewinn und die Stärke der Stellung ausdrückt und die der Computer selber zu optimieren vermag. Um einen darwinistischen Mechanismus in den Gehirnfunktionen der forschenden Mathematikers zu finden, muß man zuerst das Analogon dieser Selektionsfunktion finden.

Die Mathematiker wissen, daß das Verstehen eines Theorems nicht das schrittweise Verständnis des Beweises bedeutet, dessen Lektüre mehrere Stunden dauern kann. Es handelt sich vielmehr um eine Gesamtsicht des Beweises in einer außerordentlich kurzen Zeit. Das Gehirn muß fähig sein, diesen Beweis – ich weiß nicht wie – im Zeitraum von ein oder zwei Sekunden zu „verifizieren“. Man ist sicher, ein Theorem verstanden zu haben, wenn man dieses Gefühl hat. Nicht dagegen, wenn man den Beweis, ohne einen Fehler zu finden, durchgehen kann, was nur ein lokales Verständnis liefert. Im Augenblick der Erleuchtung entsteht ein Prozeß, den ich nicht definieren kann, der das Öffnen des Schlosses durch den Schlüssel bewirkt. Um die Existenz eines darwinistischen Mechanismus im Gehirn nachzuweisen, muß man verstehen, welche Art von Evaluationsfunktion während der Periode der Inkubation ins Spiel kommt, um die Lösung des Problems auszuwählen. Man kann also sehr schematisch sagen, daß die erste Etappe in der bewußten Konstruktion einer mit dem Gefühl verbundenen Evaluationsfunktion besteht, die man vereinfacht mit der Zielsetzung „ich will dieses bestimmte Problem lösen" identifizieren kann. Der darwinistische Mechanismus würde der Inkubation entsprechen, wobei sich die Erleuchtung nur dann einstellt, wenn der Wert der Evaluationsfunktion groß genug ist, um die Gefühlsreaktion auszulösen.

---

[7] Changeux und Dehaene (1989)

JPC: Es läutet keine Alarmglocke, sondern eine Glocke des Vergnügens...

AC: ... daß das, was man gefunden hat, funktioniert, kohärent und sozusagen ästhetisch ist. Dieses Gefühl ist – dessen bin ich sicher – wie das der Künstler, wenn sie eine Lösung gefunden haben, wenn ein Gemälde vollkommen und harmonisch ist. Die Funktionsweise des Gehirns muß die gleiche sein. Aber das Wort „darwinistisch" scheint auf etwas Verstecktes hinzuweisen, und dies führt auf das Problem der Auswahlfunktion und auf die zu optimierenden Größen.

JPC: Einverstanden. Aber nichts ist versteckt. Die Selektion ist ein Teil des Mechanismus. Das Hauptinteresse der darwinistischen Überlegungen liegt in der Definition von Etappen, die sonst nicht hervorgehoben wären oder etwas unklar bleiben würden. Ein Modell ist interessant, wenn es zu einem Fortschritt führt, wenn auch nicht im Verständnis, so wenigstens in der Analyse.

2 Das Gehirn und seine vielfachen Organisationsstufen

JPC: Wir sind jetzt bereit, zu einer anderen Frage überzugehen. Was können die Neurowissenschaften zum Verständnis der Erzeugung und des Umgangs mit mathematischen Objekten beitragen? Ich möchte wieder auf Desanti zurückkommen. Eine starke materialistische Epistemologie muß die Beschreibung des Erkenntnisapparats und seiner Funktionsweise einschließen, also unser Gehirn und wie es die mathematischen Objekte erzeugt. Die Anstrengung, die neuronalen Grundlagen der Mathematik zu verstehen, hat daher eine grundlegende wissenschaftliche Bedeutung. Die „funktionalistischen" Psychologen, wie Fodor[8] oder Johnson-Laird[9], lehnen diesen Zugang ab, den sie für nutzlos halten. Nach ihrer Meinung genügt es, die Denkprozesse in Form von Algorithmen zu beschreiben. Sie unterscheiden den „Geist" (englisch: mind, unter Ausschluß aller metaphysischer Bedeutung), das heißt die *Funktionen* des Gehirns, von seiner neuronalen Organisation. Struktur und Funktion werden klar getrennt. Jedoch hat die Beschreibung der Gehirnfunktionen in mathematischer Form für sie einen erklärenden Wert und genügt zum Verständnis des gesamten Prozesses. Als Neurobiologe habe ich mich immer dieser Einstellung widersetzt. Ich bin im Gegenteil davon überzeugt, daß der Versuch, die neuronalen Grundlagen der Gehirnfunktionen zu verstehen, besonders derer, die im mathematischen Denken gebraucht werden, zu einem besseren Verständnis der Mathematik selber führen wird.

---

[8] Fodor (1976)
[9] Johnson-Laird (1983)

AC: Das ist sicher.

JPC: Bevor wir zu den neuronalen Grundlagen der Mathematik kommen, scheint es mir notwendig, den Begriff der *Organisationsstufe* zu definieren. Die Arbeit des Biologen besteht im allgemeinen darin, eine Funktion zu einer gegebenen strukturellen Organisation in Beziehung zu setzen. Es geht darum, eine *kausale* Beziehung zwischen Struktur und Funktion herzustellen. Wenn man nicht vor Beginn einer Untersuchung über den Zusammenhang von Funktion mit Struktur nachdenkt, läuft man leicht in Gefahr, schwerwiegende Fehler zu begehen.

Einige Fehlschlüsse kennst Du schon. Einer der berühmtesten war im 19. Jahrhundert die Überzeugung gewisser „physikalistischer" Biologen, daß es eine „spontane Erzeugung" gibt. Die Diskussion drehte sich anfangs um die notwendige Anwesenheit von Hefe, damit es zu einer Gärung kommt. Die Gärung schien eine „chemische Zersetzung" zu sein, und sollte sich ganz *in vitro* abspielen können. Das ist wahr: Buchner zeigte es später! Aber man folgerte daraus die Möglichkeit, eine lebendige Zelle aus einer Lösung von Molekülen erschaffen zu können, also eine spontane Erzeugung zu verwirklichen. Diese Möglichkeit bestritt damals Pasteur mit Recht[10]. Woher kam der Fehler? Sicherlich nicht, weil es „vitalen Kräfte" gab, die nicht auf die Gesetze der Physik und der Chemie zurückführbar sind und deren Abwesenheit diese Synthese verhindern würden! Die außerordentliche Komplexität der zellulären Organisation war damals nicht richtig eingeschätzt worden! Diese kann man auch heute noch nicht in ihrer Gesamtheit erfassen, selbst bei so einfachen Organismen wie bei den Bakterien in der Hefe. Eine Zelle ist nur aus Molekülen aufgebaut. Aber diese bilden ein sehr organisiertes Ganzes, das sich teilt und vervielfältigt, auf Grund von ganz besonderen, miteinander gekoppelten Wechselwirkungen, die wir noch lange nicht ganz verstehen. Die damaligen Autoren stellten nicht die richtige Beziehung zwischen Struktur und Funktion her. Sie schlugen eine unpassende Relation zwischen beiden vor, in der verschiedene Organisationsstufen miteinander vermischt wurden.

Wenn man das Problem der Beziehung der Mathematik zum Gehirn untersucht, muß man versuchen, diesen Fehler zu vermeiden. Die einfache Tatsache der Formulierung dieses Problems erweckt oft Unbehagen. Man antwortet Euch kategorisch, daß die Mathematik eine Welt darstellt, die von der der Neuronen und Synapsen, die das Gehirn bilden, so verschieden ist, daß man seine Zeit verliert, solche Beziehungen herstellen zu wollen. Dies zu versuchen stößt daher auf sehr starken Widerstand. Damit eine kausale Relation zwischen einer statischen Struktur und einer naturgemäß dynamischen Funktion einen Sinn macht, muß sie auf der angemessenen Organisationsstufe hergestellt werden. Der Biologe muß daher im voraus

[10] Debru (1983)

die richtigen hierarchischen Niveaus auf funktioneller Ebene herstellen, und zwar vor Beginn einer experimentellen Untersuchung.

Nun haben sich die Philosophen des „Geistes", insbesondere die bedeutendsten unter ihnen, wie Kant, für diese Frage interessiert. Kant unterscheidet in diesem Zusammenhang drei Stufen, die mir bemerkenswert scheinen. Das Niveau der *Sinnlichkeit*, das durch die Fähigkeit, „Eindrücke" von den Sinnesorganen zu empfangen, definiert ist. Das Niveau des *Verstandes* oder das Vermögen der Begriffe, das die Synthese der elementaren sinnlichen Eindrücke ermöglichen. Das Niveau der *Vernunft*, das die Prinzipien des Gebrauchs der Begriffe umfaßt, die spontan von Verstand erzeugt werden. Diese Kantschen Unterscheidungen ermöglichen uns drei Abstraktionsstufen zu formulieren: erstens die Erzeugung von Repräsentationen von Objekten der Außenwelt, zweitens ihre Abstraktion in Begriffe und drittens die Organisation dieser Begriffe in Abstraktionen höherer Ordnung, all das, wohlgemerkt, *innerhalb* des Gehirns. Nachdem man diese Niveaus definiert hat, kann man auf eigene Gefahr hin versuchen, diese „Fähigkeiten" mit der Organisation der neuronalen Verbindungen in unserem Gehirn in Beziehung zu setzen. Es ist bemerkenswert, daß sich unabhängig Informatiker wie Newell[11] und Simon[12] für hierarchische Stufen im Inneren von Computern interessiert haben.

AC: Diese Fragestellung ist wichtig. Der Vergleich mit den Computern erlaubt – davon bin ich überzeugt – die Definitionen der verschiedenen Niveaus von Gehirnaktivität zu verfeinern, besonders wenn man sich auf die mathematische Aktivität bezieht.

JPC: Newell und Simon haben ein sogenanntes „Kenntnisniveau" (englisch: knowledge level) definiert, das sie für die theoretischen Computer, die heute noch nicht verwirklicht sind, dem „symbolischen Niveau" der gewöhnlichen Computer überordnen. Das Kenntnisniveau wird ständig durch die Erfahrung von neuen Aktivitäten bereichert, und zwar nach dem folgenden „Rationalitätsprinzip": „Wenn ein Agent die Kenntnis hat, daß eine seiner Handlungen eines seiner Ziele verwirklichen könnte, dann wählt er diese Aktion".

AC: Ich hätte eine kleine Kritik an diesem Satz anzubringen.

JPC: Du kannst ihn sogar neu definieren! Bist Du mit dieser Unterteilung in mindestens zwei Stufen einverstanden, von denen die eine dem Verstand, also etwa dem symbolischen Niveau, und die andere der Vernunft, also ungefähr dem Kenntnisniveau, nahekommt?

AC: Ich könnte sogar sehr genau drei Niveaus in der mathematischen Tätigkeit definieren. Aber ich sehe einige Schwierigkeiten darin, sie mit de-

[11] Newell (1982)
[12] Simon (1984)

nen von Kant in Beziehung zu setzen. Ich werde daher andere Begriffsbildungen benutzen.

JPC: Gut. Ich werde anschließend versuchen, diese Stufen mit den Erkenntnissen der Neurowissenschaften in Verbindung zu bringen.

AC: Ich glaube, daß die erste Stufe – wobei ich mich nur auf die mathematische Aktivität beziehe – den heutigen Computern entspricht. Vorher festgelegte Mechanismen erlauben, eine genaue Antwort auf ein gestelltes Problem zu geben, das im allgemeinen rechnerischer Natur ist. Es handelt sich zum Beispiel darum, eine Division ausführen zu können, ohne jedoch die Mechanismen der benutzten Operationen zu verstehen. Selbstverständlich können die Computer heute viel mehr. Aber sogar für anspruchsvollere Operationen, wie das Berechnen von Integralen oder das Zeichnen des Graphen einer Funktion, ist der Mechanismus immer im voraus gegeben.

JPC: Wir sind auf der Stufe der elementaren Operationen.

AC: Es ist das Niveau der Berechnung, nicht notwendigerweise der elementaren Operationen. Die Operationen können viel komplizierter sein, aber das ist nicht wichtig. Die Tatsache zählt allein, daß die Ausführung dieser Operationen keine praktischen Folgerungen dafür hat, auf welche Art sie ausgeführt werden. Wenn einmal die Addition und Multiplikation gelernt sind, dann ändert man nicht die Methode, solange man nicht auf ein anderes Niveau überwechselt. Man wendet sie ohne Verständnis für das Warum an. Eine Menge von Leuten führen manchmal sehr lange Divisionen aus, ohne zu wissen wie. Automatisch. Die heutigen Computer kommen deshalb nicht über die einfache Rechnung hinaus, weil sie keine Kenntnisse von den Mechanismen haben, die sie anwenden. Sie verwenden Rezepte, die viel schneller als das menschliche Gehirn Ergebnisse liefern, die aber Rezepte bleiben. Ich war niemals von einem Rechenkünstler beeindruckt, der bekannte Regeln anwendete, oder von Leuten mit einer vollkommenen rationalen Argumentationsfähigkeit oder von denen, die bildlich gesprochen, niemals die Entdeckung eines Druck- oder Syntaxfehlers verpassen. Warum? Weil sie auf dem ersten Niveau bleiben, dem der Rechnung, das ein globales Verständnis des Systems ausschließt. Es gibt dann keine Wechselwirkung zwischen dem System und den Rechnungen, die es ausführt.

Das zweite Niveau ist viel schwieriger zu definieren...

JPC: Aber genügen nicht zwei Niveaus?

AC: Nein. Die mathematische Tätigkeit umfaßt wirklich drei Niveaus. Aber ich behaupte keineswegs, daß sie denen entsprechen, die Kant beschrieben hat. Ich möchte immerhin die Reichhaltigkeit des ersten Niveaus unterstreichen. Sie umfaßt zum Beispiel die mathematische Tätigkeit in der Oberstufe des Gymnasiums, wo man Graphen von Kurven zeichnet und kinematische Berechnungen durchführt...

JPC: Das ist eine blöde Mathematik!

AC: Ich hatte einen Lehrer in der „Taupe“[13], der, wie ich mich erinnere, uns oft sagte: „Ich möchte unbedingt, daß Ihr lernt, die leichten Probleme schnell und gut zu lösen“. Hier wendete man nur Rezepte an. Das zweite Niveau beginnt, wenn es zu einer Wechselwirkung zwischen den ausgeführten Rechnungen und einer persönlichen Fragestellung kommt. Nehmen wir zum Beispiel an, daß es zwei Methoden für eine Rechnung gibt und man zwei verschiedene Ergebnisse erhält. Man befindet sich dann auf dem zweiten Niveau, denn man muß sich über die Gültigkeit der Methode, über mögliche Fehler bei der Ausführung der Berechnung oder über die Bedeutung der ausgeführten Rechnung fragen. Man muß dann die Methode prüfen und daher ihr Ziel und ihren Mechanismus verstehen. Es ist klar, daß die Computer heute dazu nicht fähig sind.

JPC: Aber man kann einen Computer programmieren, seine eigene Methode zu überprüfen...

AC: Wenn man heute, zum Beispiel in einem Raumschiff, die Ergebnisse von verschiedenen Computern für die gleiche Rechnung vergleicht, dann beseitigt man dadurch die Folgen ihrer Funktionsfehler. Das ist noch sehr weit von einem Nachdenken des Computers über seine eigenen Ziele entfernt und über die Möglichkeit, seine Strategie zu ändern.

JPC: Das ist nicht ganz das Niveau der Vernunft...

AC: Ich behaupte nicht, daß dies das Niveau der Vernunft ist. Dies nenne ich mein zweites Niveau: Wenn die Rechnung nicht funktioniert oder wenn man zwei verschiedene Ergebnisse erhält, daß man dann die Strategie ändert, um sich anzupassen, statt einfach ein Rezept anzuwenden und festzustellen, daß man sich geirrt hat. Stellen wir uns jemanden vor, der gezwungen ist, Multiplikationen auszuführen, und eine einfachere Methode findet, zum Ergebnis zu kommen. Oder einen Computer, der beim Schachspiel dazu kommt, seine Fehler zu verstehen, um sie zu vermeiden, oder der eine Strategie erfindet. Statt im Gedächtnis eine Liste von Eröffnungen zu haben, würde er eine neue erfinden.

JPC: In diesem Computer, der seine Fehler erfassen und eine alternative Strategie vorschlagen kann, hat man das Niveau der Kenntnisse erreicht.

AC: Es ist sehr wichtig, daß er einen Input hat. Man findet dann die Frustration, von der ich sprach. Dieses Gefühl ist wichtig, vom Computer erlebt zu werden, wenn er sich irrt, wenn er beim Schachspiel verliert und wenn seine Strategie nicht optimal ist. Er muß unter Streß stehen oder umgekehrt Vergnügen spüren, eine wirksamere und schnellere Methode gefunden zu haben. Einen solchen subtilen Mechanismus zu verwirklichen, scheint mir nicht unmöglich zu sein, zum Beispiel, wenn es um höchste Rechengeschwindigkeiten geht. Der Computer sollte die Mechanismen der Rechnung

[13] Vorbereitungsklasse für die Ecole Polytechnique in Paris

herausfinden und verbessern. Das ist vielleicht in gewissen Fällen möglich, aber es ist noch zu früh.

JPC: Es würde dort gewissermaßen eine Rückkopplung geben.

AC: Genau das. Der Computer müßte selbst fähig sein, sein Programm zu verbessern, was das Gehirn offenbar kann. Aber die heutigen Computer sind recht weit davon entfernt. Denn man kann noch nicht auf autonome Weise Funktionen definieren, die bei einem Computer Frustration oder Vergnügen erzeugen können und es ihm erlauben, mit sich selber fertigzuwerden. Diese Schwierigkeit bringt mich dazu, mit Sympathie zu bewundern, was dem Gehirn erlaubt, Gefühle zu haben. Diese spielen eine wesentliche Rolle beim Übergang zum zweiten Niveau. Ähnlich steht es um die Fähigkeit, Hierarchien von Werten zu konstruieren, sie zu benutzen und sie zu verändern. Ich kenne Mathematiker, die ein rein rationales Gehirn haben, was ich zum ersten Niveau rechne. Sie fallen mir durch ihren Mangel an Hierarchie auf. Sie sind unfähig zu verstehen, ob ein untersuchtes Objekt oder ein Theorem interessanter ist als ein anderes. Wenn nur ihr Beweis richtig ist, haben alle Theoreme für sie den gleichen Wert. Das zweite Niveau hingegen braucht die Möglichkeit, die Qualität oder den Wert eines Theorems zu würdigen.

Aber kommen wir zum dritten Niveau, dem der Entdeckung. Auf dieser Stufe ist man nicht nur fähig, ein gestelltes Problem zu lösen, sondern man kann auch einen Teil der Mathematik entdecken – ich sage nicht erfinden, da dies nicht meiner Philosophie über die Existenz der mathematischen Welt vor dem individuellen Erkenntnisprozeß entspricht –, zu dem die vorherigen Kenntnisse keinen direkten Zugang liefern. Es gelingt einem, neue Fragen zu stellen, früher unzugängliche Wege zu öffnen und einen noch unerforschten Teil der mathematischen Geographie zu entdecken. Bei einem Mathematiker kann man zwei Arten von Tätigkeit unterscheiden. Die eine besteht darin, bereits gestellte Probleme zu lösen. Und die andere, im Zusammenhang mit einer schon bekannten Frage oder durch reines Nachdenken, Denkwerkzeuge zu schaffen, die in dem bestehenden Korpus noch nicht existieren und mit denen man einen noch unerforschten Teil der mathematischen Wirklichkeit entschleiern kann.

JPC: Um auf Kant zurückzukommen...

AC: Ich sage gar nicht, daß hier ein Zusammenhang besteht. Ich habe nicht darüber nachgedacht.

JPC: Auf jeden Fall kann man niemals genau auf die Kategorien kommen, wie Kant sie definiert hat. Das ist unwichtig. Trotzdem finde ich es notwendig, funktionelle Niveaus zu definieren. Ich glaube, daß das erste Niveau dem des Verstandes ähnlich ist. Was die beiden anderen anbetrifft, so würde ich sie mit der Vernunft identifizieren, aber in einer hierarchischen Ordnung. Unser Kollege Gilles-Gaston Granger, der am *Collège de France* Philosophie lehrt, hat selber auch zwei Aspekte der Vernunft unterschieden[14]. Auf der einen Seite die *taktischen* Aspekte, „unter Beachtung einer Bindung an ein Folgeprinzip, an einen Aussage- oder Logikkalkül", auf der anderen die *strategischen* Aspekte, „die zu einer Bestimmung eines Feldes führen, in dem die Logik operieren kann und das sich auf die Plausibilität der Ziele und Absichten bezieht". Die taktische Vernunft besteht nicht nur darin, Operationen auszuführen, sondern auch den logischen Kalkül und die Gültigkeit einer logischen Aussage auf die Probe zu stellen.

AC: Die Verifikation der Beweisführung in einem Theorem kann meiner Meinung nach auf dem ersten Niveau erfolgen. Ich zweifle nicht, daß die Computer bald dazu fähig werden.

JPC: Wenn ich Granger richtig verstanden habe, umfaßt die taktische Vernunft die Möglichkeit, die Taktik zu ändern. Es geht nicht nur um die Erprobung einer festgelegten Taktik, sondern auch darum, neue Taktiken zu erarbeiten. Anderenfalls ließe sich das Wort „Vernunft" nicht rechtfertigen. Diese taktische Vernunft entspricht wohl ziemlich gut Deinem zweiten Niveau. Im Gegensatz dazu nähert man sich offenbar bei dem Erarbeiten einer neuen Strategie der reinen Schöpfung, der Öffnung eines neuen Erkenntnis- und Forschungsgebietes und der Definition einer neuen Klasse von Problemen.

AC: Ja und nein. Ich denke, daß mein zweites Niveau sowohl die taktische als auch die strategische Vernunft von Granger enthält. Seine und meine Unterteilungen überdecken sich nicht genau. Das ist übrigens unwichtig. Ich spreche nicht als Philosoph, sondern als Praktiker der Mathematik.

3 Das zelluläre Niveau

JPC: Es scheint mir nicht notwendig, alle diese Definitionen miteinander in Einklang zu bringen. Das wäre eine zu reduktionistische und starre Haltung, die ich ablehne. Übrigens ist es absurd zu denken, daß das Gehirn in undurchlässige Fächer unterteilt ist, obwohl unsere Niveaus gut mit seiner Struktur übereinstimmen. Aber es ist wichtig zu unterstreichen, daß diese Unterteilung in Niveaus eine typische Operation unseres Wissenschaftlergehirns ist!

Wir sind bereit, zu den Neurowissenschaften zu kommen. Gewisse Niveaus sind sehr leicht zu erkennen, andere weniger. Das einfachste ist das der Nervenzelle, des *Neurons* (siehe Abb. 14) mit seinen dendritischen Fortsätzen, die die Signale zur Verarbeitung im Zellkörper sammeln, und mit dem Axon, das den Nervenreiz von ihm wegleitet.

[14] Granger (1985)

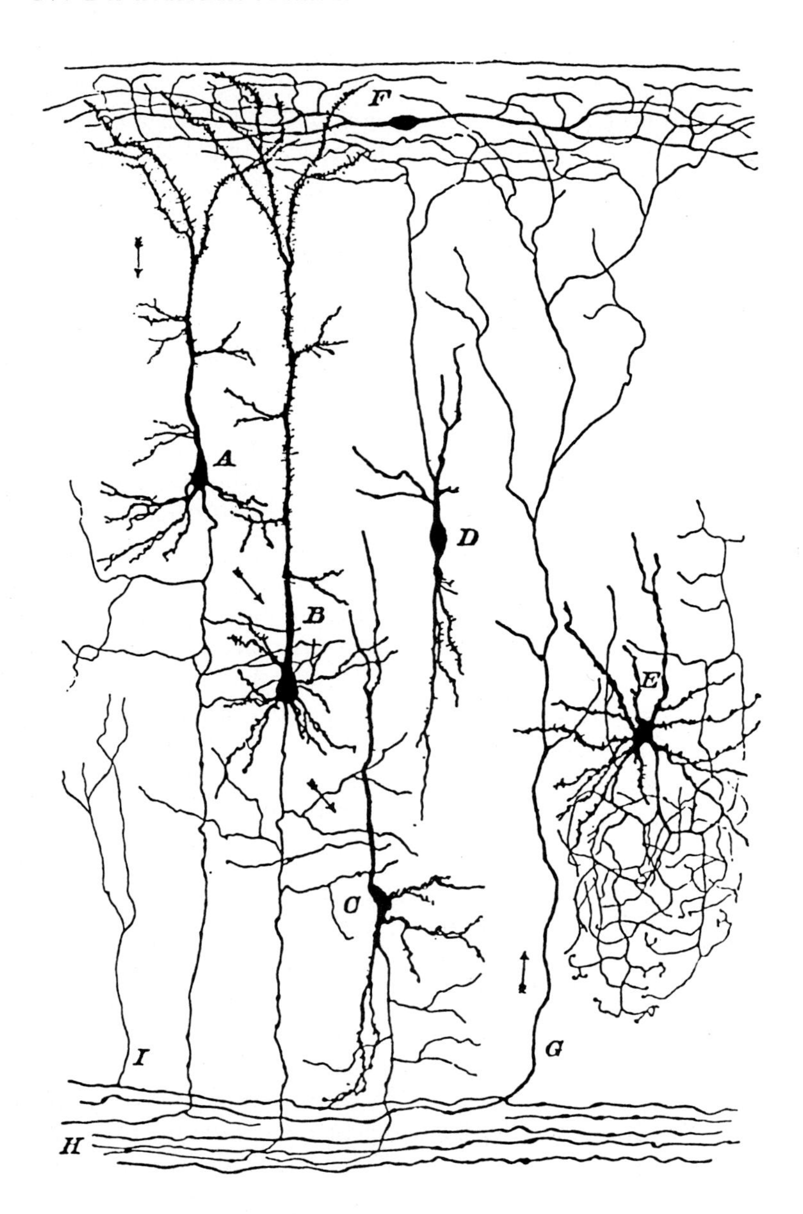

Abb. 14. Die wichtigsten Neuronentypen der Großhirnrinde der Säugetiere. Die Zellen wurden mit Silber imprägniert und erscheinen undurchsichtig schwarz. Die Dendritenbäume, die die Nervensignale sammeln, erkennt man an den feinen Dornen; nur ein Axon verläßt die Zelle, aber es hat häufig kollaterale Verzweigungen. Die Pfeile zeigen die Fortpflanzungsrichtung der Nervensignale. A, B und C: Pyramidenzellen; D: Zelle mit aufsteigendem Axon; E: Körnerzelle (nach Ramón y Cajal, aus: de Felipe und Jones (1988)).

Wie Du weißt, besteht unser gesamtes Nervensystem aus etwa hundert Milliarden Neuronen, was immerhin ein große Zahl ist! Diese Neuronen sind miteinander durch unstetige Kontaktzonen oder Synapsen verbunden. Man findet im Mittel ungefähr zehntausend Synapsen auf jeder Nervenzelle. Dies ergibt eine Gesamtzahl der Größenordnung von etwa 10^{15} Synapsen in unserem Gehirn. An welches Komplexitätsniveau erinnert Dich das?

AC: Das ist wirklich kolossal. Man könnte an die Avogadrosche Zahl denken.

JPC: Das Neuron ist der elementare Baustein oder der Mosaikwürfel, in der Sprache des Mosaiks. Seine Funktion ist relativ einfach durch die Erzeugung von Nervenreizen definiert. Es handelt sich meistens um elektrische Impulse von ungefähr 100 Millivolt und einer Dauer von der Größenordnung einer Millisekunde. Diese pflanzen sich entlang des Axons von einem Neuron zum anderen fort, über manchmal große Entfernungen und mit Geschwindigkeiten kleiner als der des Schalls, von weniger als einem Meter bis zu mehr als hundert Metern in der Sekunde. Im Gehirn können die Axone eine Länge von zehn Zentimetern erreichen und im Körper sogar einen Meter, da die Motoneurone des Rückenmarks die Bewegung der Zehen kontrollieren. Diese Signale sind diskret, ein alles oder nichts. Sie breiten sich wie „Solitonen“ aus, ohne ihre Form zu ändern, und transportieren die wichtigste vom Zentralnervensystem übertragene Information. Sie bilden die diskreten, universellen „Aktivitätskörner“...

AC: Willst Du nicht auch die chemischen und hormonalen Komponenten der Übertragung mitnehmen?

JPC: Bestimmt, zumal wir über dieses Thema seit zwanzig Jahren arbeiten. Die chemische Komponente ist wesentlich für die Übertragung der Signale durch die Synapsen und für die Regulation der Wirksamkeit der Verbindungen. Eine Vorstellung vom Nervensystem, in dem sich nur Aktionspotentiale in einem Netz von Kabeln ausbreiten, wäre zu starr.

AC: Sie wäre ein wenig zu reduktionistisch.

JPC: Die elektrischen Impulse, die in unserem Nervensystem zirkulieren, sind alle von der gleichen Art. Sie sind die gleichen beim Tintenfisch, der Drosophila und dem Menschen. Sie können durch dieselbe Gleichung von Hodgkin und Huxley beschrieben werden. Sie können von der Nervenzelle autonom und spontan ohne Wechselwirkung mit der Außenwelt erzeugt werden. Das ist zum Beispiel während des Traumes der Fall. Aber eine Erzeugung von Nervenimpulsen kann auch durch den Kontakt mit der Außenwelt hervorgerufen werden. Im visuellen System findet man diese beiden Typen von Aktivität. Nachdem das Licht die Rezeptorzellen der Retina erreicht hat, erzeugt es elektrische Aktivität in den Ganglienzellen, deren Axone den Sehnerven bilden. Die elektrischen Impulse wandern entlang des Sehnerven und erreichen das Corpus geniculatum laterale, wo sie Relaisneurone anregen, die über die primäre Sehrinde visuelle Information in den Zerebralcortex übermitteln. Es gibt daher eine evozierte Aktivität. Aber unser visuelles System kann ebenfalls spontan angeregt werden, besonders beim Embryo, wo diese Aktivität wahrscheinlich zur Entwicklung des Systems beiträgt. So gibt es gleichzeitig spontane und evozierte Nervenimpulse, die wohlverstanden ununterscheidbar sind, wenn sie einmal erzeugt sind.

Auf Systemebene ist die „Bandbreite" der Signalisierung durch Nervenimpulse außerordentlich klein. Neben einzelnen Solitonen findet man Impulsfolgen, die manchmal sehr regelmäßig sind und eine bestimmte zeitliche Funktion kodieren, zum Beispiel einen exponentiellen Verlauf. Es gibt auch periodische Impulssalven mit der Regelmäßigkeit einer Uhr. Aber dies ist kein „Morse"-Kode, der eine Sprache überträgt. Im wesentlichen beruht die „Semantik" des Nervensystems auf der Anatomie der Verbindungen. Der Aktivitätszustand definiert die Rekrutierung eines spezifischen Ensembles von Neuronen im Inneren eines viel komplexeren Netzwerks. Eine Art von „Kontrast" bildet sich dann zwischen aktiven und inaktiven Neuronen oder Neuronen, die aktiver als andere sind, oder Neuronen, deren Aktivität miteinander korreliert ist oder nicht. Alles, was ich hier beschrieben habe, bezieht sich auf das zelluläre Niveau.

AC: Bevor wir weitergehen, habe ich eine allgemeine Frage. Was mir auffällt, wenn man nur die elektrischen Verbindungen betrachtet, ist daß sich der Nervenimpuls mit einer viel kleineren Geschwindigkeit als der des Lichts fortpflanzt. Seine Fortpflanzungsgeschwindigkeit ist mit der des Schalls vergleichbar.

JPC: Und sogar kleiner.

AC: Dieses Phänomen ist für mich ein Rätsel. Ich möchte gerne eines Tages verstehen, warum dieser Mechanismus positive Auswirkungen haben kann. In der Tat läßt die Entdeckung der Supraleitung bei relativ hohen Temperaturen hoffen, Computer zu fabrizieren, die dank einer Verbesserung des Systems der Signalausbreitung tausendmal schneller als die heutigen arbeiten. Ich hoffe, daß man einmal erklärt, warum die kleine Ausbreitungsgeschwindigkeit der Information im Gehirn in der Form von Solitonen eine positive und nicht eine negative Rolle spielt.

JPC: Man kann nicht sagen, daß diese Geschwindigkeit eine positive oder negative Rolle spielt. Sie ist eine Tatsache. Man muß anders schließen und einen evolutionären Standpunkt einnehmen. Während der Evolution hat sich die zelluläre Organisation bei den Bakterien und dann bei den sogenannten höheren Zellen aus den Bausteinen entwickelt, die damals verfügbar waren. Deshalb spricht François Jacob von Bastelei[15]. Aus diesen Elementen hat sich eine undurchlässige Lipidmembran gebildet, mit selektiven Transportsystemen für Na^+, K^+, Ca^{++} und andere Ionen. Dann entstand ein

[15] Jacob (1982)

elektrochemischer Gradient und schließlich ein Membranpotential. Dieses elektrische Potential wurde dann „ausgenutzt", um ein sich fortpflanzendes Signal zu erzeugen. Diese Art der Propagation wurde beibehalten und in viel komplexeren Systemen benutzt.

Es ist wahrscheinlich, daß der Nervenimpuls oder das Aktionspotential bei den sehr einfachen Einzellern entstanden ist. Sich fortpflanzende elektrische Signale wurden in der Tat bei Paramecien und einzelligen Algen abgeleitet. In den viel komplexeren multizellulären Organismen vom Typ „Tier" differenzieren sich gewisse Zellen, indem sie Kabel produzieren, um Befehle an andere Zellen zu übertragen. Das Nervensystem entwickelt sich als Kontrollzentrum des Organismus. Die spezialisierten Zellen, die es bilden, benützen die bestehenden elektrischen Eigenschaften, um Signale fortzupflanzen und Befehle für die anderen Zellen des Organismus zu geben und zu empfangen. Die „Bummelzugsgeschwindigkeit" der Signalübertragung im Nervensystem ist die Folge seiner Entwicklungsgeschichte. Die primitiven lebendigen Organismen verfügten nicht über eine schnellere Signalisierung in zellulären Elementen, die die Eigenschaften der Supraleitung der Materie hätten ausnützen können.

Ich möchte jetzt auf Deine Bemerkung über die Wichtigkeit der Chemie für die neuronale Signalverbeitung zurückkommen. Tatsächlich darf man das Nervensystem nicht als eine „starre", rein elektrische Maschine ansehen. Die Informationsübertragung im Nervensystem verfügt über vielseitige Möglichkeiten zum Lernen und zur Anpassung, die auf das Neuron und seine Impulsgeneration auf dem Niveau der Synapsen, den Verbindungen zwischen Nervenzellen, wirken. Wenn die Membranen von zwei Zellen einander genügend nahe kommen, kann der elektrische Impuls direkt von einer Zelle auf die andere wirken. Häufiger aber sorgt eine chemische Substanz, ein Neurotransmitter, für die Übermittlung. Dieser ist in den Nervenendigungen gespeichert, und die Ankunft des Nervenreizes löst seine Freisetzung in den synaptischen Zwischenraum aus. Dort diffundiert er rasch zur nächsten Zelle, bindet sich an spezifische *Rezeptoren* und bewirkt hier eine elektrische Antwort durch Öffnung von Ionenkanälen. Diese Rezeptoren, die wir in meinem Laboratorium gründlich untersucht haben, sind Ziele von wirksamen pharmakologischen Substanzen, wie zum Beispiel von Curare, LSD, Morphium, Valium und... von Nicotin. Sie kommen an einem kritischen Punkt der Informationsübertragung zwischen Nervenzellen zusammen. Deshalb haben Thierry Heidmann und ich[16] ein Modell für die Regelung der synaptischen Stärke an den postsynaptischen Rezeptoren für Neurotransmittoren vorgeschlagen.

Diese die Membran durchdringenden Proteine können tatsächlich in verschiedenen reversiblen Konformationen existieren, die verschiedene Ant-

[16] Heidmann und Changeux (1982), Changeux und Heidmann (1987)

wortstärken zeigen. Sie können von einem Zustand in den anderen durch relativ langsame molekulare Übergänge überführt werden. Und sie sind empfindlich auf die Regulation durch elektrische und chemische Signale, und sogar auf verschiedene Signale gleichzeitig. Diese Rezeptoren können daher mehrere elementare Signale simultan im Raume und der Zeit integrieren. Für diese bemerkenswerten Eigenschaften interessieren sich jetzt die Chemiker, die Moleküle dieser Art in Computer einbauen wollen. Ein neuer Wissenschaftszweig ist im Entstehen, die „Bionik". Bis heute hat sie wenige Resultate gebracht. Aber man kann von Transistoren und integrierten Microchips träumen, die aus Rezeptormolekülen von wenigen Milliardstelmetern aufgebaut sind!

4 Von elementaren Schaltkreisen zu mentalen Objekten

JPC: Betrachten wir jetzt das nächsthöhere Organisationsniveau der *neuronalen Schaltkreise* (siehe Abb. 15). Es ist klar, daß sich Neurone für spezielle Funktionen vernetzen und spezialisieren können, wie zum Beispiel für direkte Übertragungen in den Reflexbewegungen beim Gehen und auf den ersten Stufen des Sehens. Zum Beispiel ist die Retina ein sehr kompliziertes Netzwerk, das aus den von Photorezeptoren eingefangenen Photonen eine erste Darstellung der Außenwelt erzeugt. Auf dem zweiten Niveau stehen auch die schon bei wirbellosen Tieren, wie bei Regenwürmern und Schnecken, voll entwickelten „festen Vehaltensmuster", wie das Picken, das Fliegen, die Paarung und das Erlegen einer Beute, die von den Ethologen untersucht werden.

AC: Ohne zu wissen, ob es angeboren oder erworben ist, nennt man dies das zweite Organisationsniveau.

JPC: Dies ist das Niveau der elementaren Schaltkreise im Rückenmark und im Hirnstamm, in den sogenannten „Mini-Gehirnen". Bei den wirbellosen Tieren sind Gruppen von Neuronen in Ganglien zusammengefaßt, die auf repetitive Weise miteinander verkettet sind.

Danach kommt ein weiteres Niveau. Gewisse hochentwickelte Invertebraten, wie die Tintenfische mit ihrem den Wirbeltieren sehr ähnlichen Verhalten und besonders die höheren Wirbeltiere und der Mensch, konstruieren „Repräsentationen". Ihr Nervensystem kann Populationen von Nervenzellen zusammenfassen und damit zum Beispiel das Steuern eines Fahrzeugs in einer motorischen „Repräsentation" kodieren. Aber es gibt auch Darstellungen vom sensorischen Typ und „abstraktere" Repräsentationen. Eine *hierarchische* Organisation pfropft sich einer *parallelen* Organisation mit vielen neuralen Karten auf, von denen wir schon gesprochen haben.

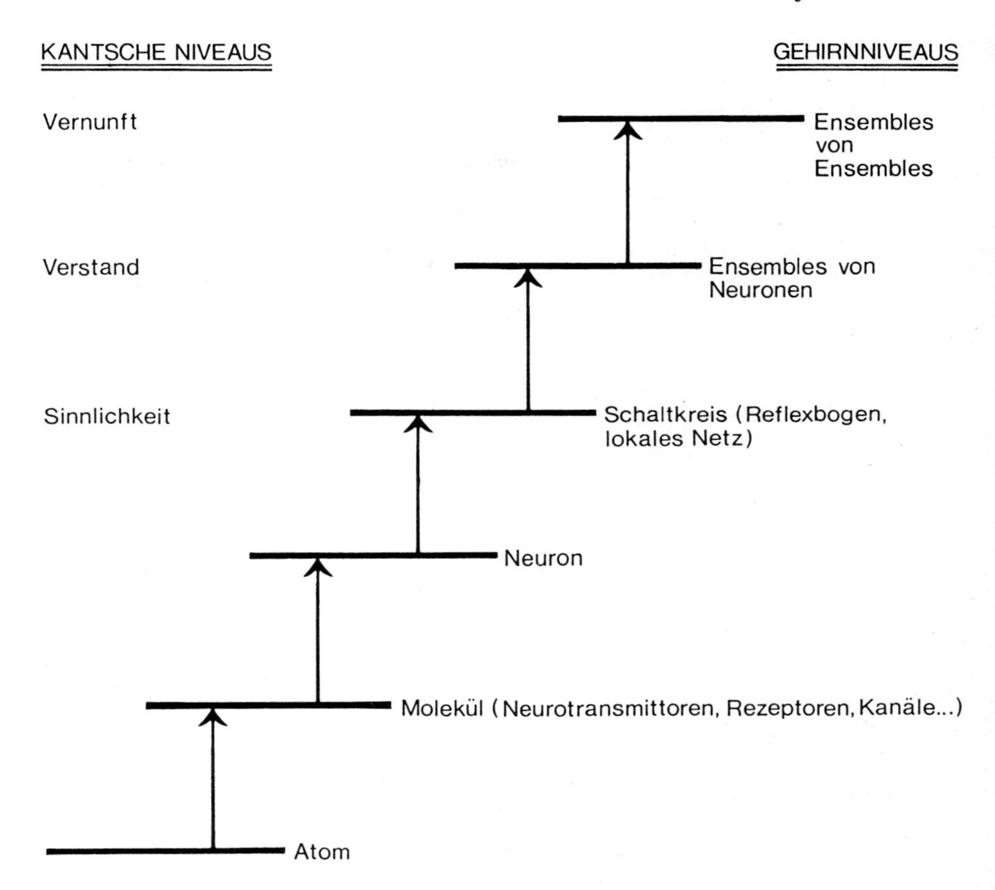

Abb. 15. Organisationsniveaus im Nervensystem und die Kantschen Stufen der Rationalität.

Die neuronalen Grundlagen des von diesen Darstellungen gebrauchten „Kodes" sind sehr im Detail von Georgopoulos[17] für die Zeigebewegung der Hand beim wachen Affen untersucht worden. Er und seine Mitarbeiter haben die Aktivität von vielen Hunderten von Neuronen im motorischen Cortex abgeleitet, während der Affe mit seiner Hand in eine vorgegebene Richtung zeigte. Sie haben zu definieren versucht, wie dieses motorische Programm auf dem Niveau der untersuchten Neuronenpopulation kodiert oder „repräsentiert" ist. Sie konnten zeigen, daß jede einzele Zelle dieser Population eine maximale Aktivität zeigte, wenn der Affe mit der Hand in eine bestimmte Richtung zeigte, in die Vorzugsrichtung des Neurons, die seine Spezifizität angibt (siehe Abb. 16). Man definiert für jedes Neuron einen Vektor, dessen Richtung in die Vorzugsrichtung zeigt und dessen Länge

[17] Georgopoulos et al. (1986)

die Aktivität dieses Neurons angibt, wenn der Affe mit seiner Hand in eine bestimmte Richtung zeigt. Diese Länge ändert sich, wenn sich die Richtung der Handbewegung ändert. Sie entspricht gewissermaßen der „Stimme" des betrachteten Neurons, oder der von ihm „gezahlten Steuer", in der Kodierung der Bewegungsrichtung der Hand durch die gesamte Population. Die Richtung, in die der Affe mit seiner Hand zeigt, ist in der Tat mit weniger als 10 % Fehler durch die vektorielle Summe dieser elementaren „neuronalen Vektoren" dargestellt. Der Richtungsvektor der zeigenden Hand stimmt mit der vektoriellen Summe der „Stimmen" der neuronalen Population überein.

AC: Eine Vektoraddition? Das ist phantastisch! Es liegt hier eine Darstellung in kartesischen Koordinaten vor...!

JPC: Ja, und zwar durch die Aktivitäten einzelner Neurone. Die vektorielle Summe dieser „mikroskopischen Aktivitäten" entspricht sehr genau der „makroskopischen" Zeigerichtung der Hand des Affen[18]. Es ist eine Kodierung durch neuronale Ensembles, und ich halte dieses Modell für allgemeingültig. Auf einem bestimmten Komplexitätsniveau des Zentralnervensystem organisieren sich „Repräsentationen" oder „mentale Objekte"[19], die man gleichzeitig durch die neuronale Aktivität der Population und durch deren anatomische Verbindungen definiert. Jedes Neuron der Population ist von seinem Nachbarn verschieden. Jedes besitzt eine funktionelle Spezifizität im Inneren dieses Ensembles, eine Individualität und eine „Einzigartigkeit".

AC: Du sagtest, es sei wichtig, daß der Tintenfisch dies lernen kann. Er besaß diese Repräsentationen nicht von Geburt an.

JPC: Man muß dieses Problem getrennt behandeln. Ich versuche im Augenblick, Organisationsstufen zu definieren, und bin noch nicht fertig.

Wir sind jetzt an einem Niveau angekommen, das ich *symbolisch* nenne und dem *Verstand* zuordne. Auf dieser Organisationsstufe kann man in physikalischer Sprache mentale Darstellungen definieren. Auf dem nächsthöheren Niveau, das ich der *Vernunft* zuordne, bilden sich Verkettungen von Darstellungen. „Ensembles von Ensembles" entwickeln sich in der Zeit. Die zeitliche Struktur ist extrem wichtig, und wir haben noch nicht genug von ihr gesprochen.

In unserem Gehirn scheint der vorderste Teil der Großhirnrinde, der präfrontale Cortex, bei dieser Funktion auf charakteristische Weise aktiv zu sein (siehe Abb. 17).

Um dies zu verdeutlichen, möchte ich ein Beispiel aus der klinischen Forschung an Patienten geben, die an Läsionen des Frontallappens leiden. Ein wichtiger Test stammt von Milner und Petrides[20]. Der Examinator fordert

---

[18] Eine etwas andere Interpretation dieser neuronalen Aktivitätsmuster geben: Mussa-Ivaldi (1988), Caminiti et al. (1990), Hepp et al. (1992)
[19] Changeux (1984)
[20] Milner und Petrides (1984)

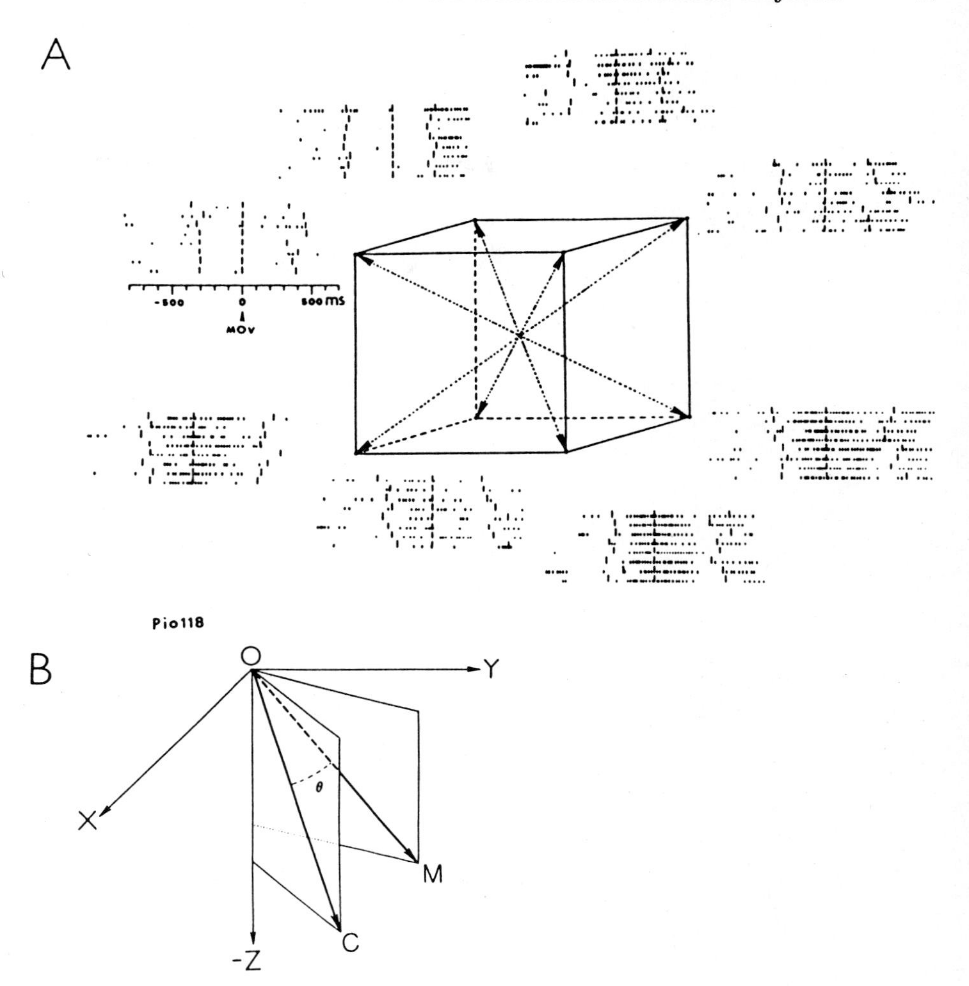

Abb. 16. Aktivitätsmuster eines Neurons im motorischen Cortex des wachen Affen. Dieser versucht, mit seiner Hand von einem Startpunkt aus ein Ziel zu erreichen, das nacheinander in acht Richtungen im dreidimensionalen Raum (Pfeile) angezeigt wird. A: Die aufgenommene elektrische Aktivität ist durch vertikale Striche dargestellt, wobei jeder einem Aktionspotential entspricht. Jede Zeile bringt einen neuen Versuch des Affen. Die allen Ableitungen gemeinsame vertikale Linie (MOV) zeigt den Beginn der Bewegung an. Aus der quantitativen Analyse dieser Ableitungen folgt, daß dieses Neuron am stärksten „feuert" (dichte Folge von vertikalen Strichen), wenn der Affe mit seiner Hand in eine Vorzugsrichtung zeigt (hier nach „vier Uhr dreißig" in der Ebene der Abbildung). B: Die Amplitude der Antwort (die Entladungsrate) ist, wenn der Affe in eine gegebene Richtung (M) zeigt, eine lineare Funktion des Kosinus des Winkels zwischen der Bewegungsrichtung und der Vorzugsrichtung (C) des Neurons. Diese Aktivität stellt den „Steueranteil" dar, der von dem Neuron zur Kodierung der Bewegung durch die gesamte Population „gezahlt" wird (nach Georgopoulos (1988)).

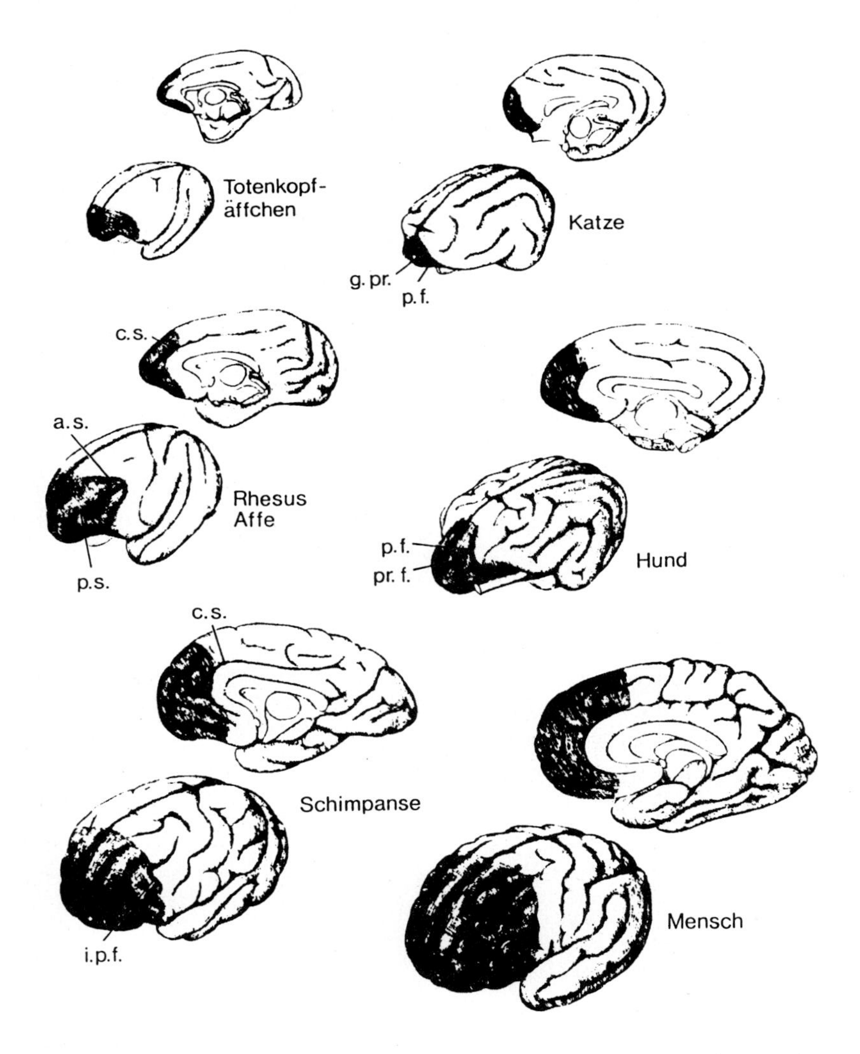

Abb. 17. Entwicklung der relativen Größe des Präfrontalcortex (dunkel) bei den Säugetieren. Von den primitiven Säugetieren bis zum *Homo sapiens* nimmt die Fläche des Präfrontalcortex relativ zur Großhirnoberfläche zu. Sie ist 3.5 % bei der Katze, 7 % beim Hund, 8.5 % beim Lemuren, 11 % beim Makakken, 17 % beim Schimpansen und 29 % beim *Homo sapiens*. Gehirnwindungen und Furchen sind Markierungen, die den Präfrontalcortex bei den verschiedenen Arten abgrenzen (nach Fuster (1989)).

das Subjekt auf, eine Anzahl von Karten nach einer bestimmten Regel zu klassifizieren. Zum Beispiel nach der Gleichheit der Farbe. Drei Karten sind rot, und die vierte muß es auch sein, oder der Examinator meldet einen Fehler. Man fährt mit drei anderen, ebenfalls roten Karten fort, und das

Subjekt wählt eine rote Karte. Es folgt immer der gleichen Regel. Plötzlich ändert der Examinator seine Strategie, ohne das Subjekt darauf hinzuweisen. Die Regel könnte sich jetzt zum Beispiel auf die Zahl auf der Karte beziehen: nur Asse... Das Subjekt wird zunächst Fehler machen und weiter rote Karten wählen, was der Examinator ihm mitteilt. Nach einer gewissen Anzahl von Fehlern bemerkt ein normales Subjekt die Änderung der Strategie. Ein Patient mit einer Läsion des Frontalcortex merkt nichts davon. Er macht weiter Fehler. Nach Milner und Petrides formuliert der Kranke keine Hypothesen, mit denen er sein Verhalten im Test verbessern kann. Er hat eine sehr elementare, aber charakteristische Funktion der Vernunft verloren.

AC: Diese ist also in einem bestimmten Ort lokalisiert.

JPC: Ja. Es beginnt zum Beispiel damit, daß der Patient neurologische Symptome als Folge einer Hirnblutung zeigt. Er konsultiert einen Neurologen, der sein Gehirn mit einem Computertomographen untersucht. Bestimmte Gebiete des Frontallappens zeigen Läsionen. Der Kranke kann dann getestet werden, um die mit der Läsion zusammenhängende funktionellen Störungen zu bestimmen. Umgekehrt kann ein Neurologe bei der Untersuchung eines Patienten abnormale Antworten bei einem bestimmten Test entdecken und eine frontale Läsion diagnostizieren, die er später mit einem Tomogramm bestätigt. Also trägt der Frontallappen auf bestimmte Weise zur *neuronale Architektur der Vernunft* bei, wie ich es genannt habe[21]. Der englische Neuropsychologe Shallice[22] hat die folgende treffende Abgrenzung gemacht: Er unterscheidet die „Routine"-Funktionen von den „Funktionen der aufmerksamen Überwachung", die nach ihm zum Erkennen von Fehlern, zur Formulierung von neuen Hypothesen und zur Erfindung von neuen Strategien beitragen. Man kann daher mit Recht annehmen, daß es in unserem Gehirn Areale gibt, die an der Ausarbeitung des rationalen Denkens beteiligt sind. Bemerkenswert ist die diese Folgerung stützende Tatsache, daß die Oberfläche des Frontallappens relativ zum Großhirn in Verlauf der Evolution von der Ratte zum Affen und zum Menschen gewaltig zunimmt.

AC: Das entspricht genau meiner Charakterisierung der zweiten Stufe.

JPC: Ja, in diesem speziellen Fall. Aber es kann auch das dritte Niveau sein, obwohl die angewandten Tests dies nicht genügend herausbrachten.

AC: Man muß den Unterschied zwischen dem zweiten und dritten Niveau im Auge behalten. Deine Bemerkungen über den Frontallappen, der die Funktionen des zweiten Niveaus implementiert, haben mich überzeugt. Über die dritte Stufe weiß ich nichts.

JPC: Der Frontallappen spielt eine wichtige Rolle in der Erzeugung von Hypothesen. Die in dem Kartentest von Milner und Petrides einge-

[21] Changeux (1988)
[22] Shallice (1982), Shallice (1988)

henden Fragen sind sehr einfacher Natur. Es werden im Präfrontalcortex wahrscheinlich viel komplexere Hypothesen entwickelt, aber diese können nur schwer nachgewiesen werden. Um sie zu entdecken, hätte man den Kopf von Archimedes in eine Positronenkamera stecken müssen, einige Sekundenbruchteile, bevor er „Heureka" rief!

5 Neuropsychologie der Mathematik

JPC: Übereinstimmend mit den eingeführten Organisationsstufen der Hirnfunktionen erlauben lokalisierte Läsionen im Gehirn die „Zerlegung" der mathematischen Leistungen. Der sehr bedeutende französische Neuropsychologe Hécaen[23], den Du vielleicht gekannt hast, unterschied verschiedene Kategorien von Defiziten.

Im Falle einer „Alexie oder Agraphie von Zahlen" liest und schreibt das Subjekt keine Zahlen mehr, aber kann immer noch Buchstaben gebrauchen. Hécaen konnte zeigen, daß die linke Hemisphäre und besonders der linke Parietallappen beim Lesen und beim Schreiben von Zahlen wichtig ist. Die Patienten mit einer „räumlichen Akalkulie" reihen schlecht Zahlen aneinander. Dieses Defizit hat anscheinend mit einem visuo-motorischen Zeigesystem zu tun, das gleichzeitig das Lesen und die Anordnung von Zahlen kontrolliert. In diesem Fall handelt es sich eher um die rechte Hemisphäre, die bei der Kontrolle der Augenbewegungen beteiligt ist. Ein weiterer Ausfall heißt „Anarithmetie". Dies ist ein Defizit des Rechnens selber. Der Patient kann keine Rechnungen mehr ausführen, obwohl er die Zahlen lesen, schreiben und anordnen kann.

Es handelt sich in allen besprochenen Fällen um Defizite auf dem ersten Niveau. Luria[24] hat übrigens eine interessante Unterscheidung gemacht. Er nimmt an, daß alle diese Defizite von den parieto-occipitalen Arealen des Cortex abhängen. Er unterscheidet sie von denen des Temporallappens, die zu Gedächtnisausfällen führen. Bei Läsionen dieser Art erinnert sich der Patient nicht mehr an das, was er gerade getan hat. Er verliert den Faden bei seinen Rechnungen.

Die frontalen Patienten zeigen Schwierigkeiten von einer anderen Art. Sie verstehen nicht mehr das Problem, das sie lösen sollen. Sie verlieren den Faden, sie können keine logische Schlußfolgerungen mehr ziehen, sie geben impulsive Antworten, die manchmal fast zufällig sind, und verharren bei ihren Fehlern. Übrigens wird die Ausführung von einander folgenden Subtraktionen als einer von vielen Tests zur Entdeckung von frontalen Läsionen gebraucht. Man kann daher annehmen, daß der Frontallappen in der Folge

[23] Hécaen und Albert (1978)
[24] Luria (1978)

von mathematischen Operationen, in der Lösung von Problemen und sogar in der Problemstellung eine wichtige Rolle spielt. Er scheint deshalb wesentlich zum zweiten und dritten Niveau zu gehören.

AC: Nicht wirklich zum dritten.

JPC: Die bisher gebrauchten Tests sind notwendigerweise elementar.

AC: Aber kann man keine Tests für das dritte Niveau machen?

JPC: Warum nicht? Du mußt einen entwickeln, der von Nichtmathematikern angewendet werden kann. Ein anderer Test für frontale Patienten besteht darin, ihnen eine Geschichte vorzulesen und diese dann nacherzählen zu lassen. Man liest ihnen zum Beispiel „Rotkäppchen" oder „Der goldene Hahn" vor und bittet sie nachher, die Geschichte zu wiederholen.

AC: Man bleibt in diesem Fall auf dem zweiten Niveau.

JPC: Nein, denn die Teile der Geschichte werden nacherzählt, aber das Ganze ist inkohärent. Das Ende kommt vor dem Anfang und die Episoden sind gemischt...

AC: Das gehört zur Organisation, aber noch nicht zur Einbildungskraft.

JPC: Das stimmt. Aber finde mir einen objektiven Test für die Einbildungskraft. Die Neuropsychologen werden begeistert sein.

AC: Ich weiß keinen. Aber ich möchte Dir eine Frage stellen: Man sagt oft, daß die Mathematiker ihre schöpferische Kraft im Alter verlieren. Das ist ein wohlbekanntes Phänomen. Was denkst Du darüber?

JPC: Der Frontalcortex altert relativ rasch, besonders in der Alzheimerschen Krankheit. Die betroffenen Subjekte verlieren tatsächlich sehr schnell die Fähigkeit zu rechnen und das Gedächtnis. Es ist auch wahrscheinlich, daß sie ihre wissenschaftliche Schöpferkraft verlieren...

AC: Es sollte doch möglich sein, das dritte Niveau vom zweiten genauer zu unterscheiden.

JPC: Das ist bei den gewöhnlichen Aufgaben besonders schwierig. Der frontale Patient, wie ihn Lhermitte[25] beschreibt, ist ein Kranker, der „an der Umgebung klebt". Wenn immer man ihm ein Objekt gibt, gebraucht er es. Brillen setzt er auf seine Nase. Man gibt ihm einen Hammer, und er schlägt auf einen Nagel. Er ist im direkten Griff der Außenwelt, wobei er den Gebrauch der Rede ganz behält. Er führt normal Routineaktivitäten aus, aber er kann nicht die Probleme lösen, die sich in neuen Situationen stellen. Das Unvorhergesehene ist ein gewaltiges Hindernis für einen Kranken mit gewissen frontalen Läsionen.

---

[25] Lhermitte et al. (1972)

6 Der Übergang von einem Niveau zum anderen durch Variation und Selektion

JPC: Eine neue Frage wird uns, glaube ich, gestatten, den Unterschied zwischen dem zweiten und dritten Niveau schärfer zu fassen. Wie geht man von dem einen zum anderen über? Die These, die ich seit vielen Jahren[26] entwickelt habe und die auch von anderen Autoren[27] unterstrichen worden ist, besteht in einer Art von „verallgemeinerten Darwinismus", angewendet auf den Übergang von einem Niveau zum anderen, was immer auch dieses Niveau darstellt. Die Idee ist, daß der Übergang von einem gegebenen Niveau auf das folgende zwei fundamentale Mechanismen braucht: einen Generator für Diversität und ein System zur Selektion. Auf einem gegebenen Niveau verbinden sich die Elemente miteinander, sie ändern sich zufällig und bilden transiente „Formen" im Rahmen der nächsthöheren Organisationsstufe. Diese Formen werden aus bereits strukturierten Elementen gebildet, also nicht notwendigerweise aus atomaren Strukturen. Es werden dabei „darwinistische" Variationen erzeugt, die transient in einer höheren Organisationsstufe funktionell sind. Ein Selektionsmechanismus stabilisiert dann gewisse dieser transienten Zustände und baut so eine höhere Organisationsstufe auf.

AC: Was ist dieser Selektionsmechanismus?

JPC: Das allgemeine Modell ist von Typ:

$$\text{Materie} \Longrightarrow \text{(Variation)} \Longrightarrow \text{Form} \Longrightarrow \text{Funktion}$$

$$\text{Funktion} \Longrightarrow \text{(Stabilisation)} \Longrightarrow \text{Form}$$

Die Funktion koppelt auf den „Materie-Form" Übergang zurück. Das Selektionskriterium ist daher mit der „neuen" Funktion gekoppelt, die durch eine transiente, vom Diversitätsgenerator erzeugte Form bestimmt ist. Wenn diese neue Funktion so auf die Außenwelt wirkt, daß sie das Überleben des Organismus begünstigt, wird sie selektioniert.

AC: Im Inneren des Gehirns oder in der Außenwelt?

JPC: Ich habe Dir zunächst ein sehr allgemeines formales Modell vorstellen wollen, das, wie ich hoffe, für ein beliebiges Organisationsniveau als Anfangszustand gültig ist. Wir wollen es nun anwenden. Das einfachste und bekannteste Beispiel ist die Evolution der Arten. Der Diversitätsgenerator wirkt hier auf dem Niveau des Genoms, in der DNA der Chromosomen. Die „darwinistischen" Variationen – Mutationen, Rekombinationen, genetische

[26] Changeux (1972), Changeux et al. (1973), Changeux und Danchin (1976), Changeux et al. (1984)

[27] Edelman (1987), Edelman (1978), Jerne (1967)

Verdopplungen, Übertragung von genetischem Material – sind seltene Zufallsereignisse. Diese ziehen *sekundär* Veränderungen des „Phänotyps“ des Organismus nach sich, die eine „Adaptation“ an besondere Umweltbedingungen begleiten. Die Trennung von besonderen genetischen Kombinationen kann ebenfalls als Folge einer geographischen Isolierung ohne Eingriff der Selektion vorkommen. Dies nennt man eine nichtdarwinistische Evolution, aber ich mag diesen Ausdruck nicht sehr. Gewisse „neutrale“ Elemente erhalten sich am Leben, während andere verschwinden.

Das Zentralnervensystem ist ein Organ unter anderen. Aber es nimmt eine besondere Rolle ein. Die Verbindungen zwischen Nervenzellen, die Synapsen, bilden sich nicht auf einmal, sondern während eines langen und komplexen Entwicklungsprozesses, der beim Menschen bis zur Pubertät dauert. Das Gehirn ist daher einer Evolution im *Inneren* des Organismus unterworfen. Man unterscheidet so mindestens zwei Arten von innerer Evolution: eine Evolution der *Zahl* der Verbindungen, die während der Entwicklung auftritt, und eine der *Stärke* der Synapsen zwischen den Neuronen, und daher ihres Aktivitätszustands. Diese ist viel weniger eingreifend als die Änderung der Konnektivität.

Betrachten wir zunächst die erste Art von Evolution, die Evolution durch „Epigenese“ während der embryonalen und postnatalen Entwicklung der zerebralen Organisation. Zu Anfang bestimmt der sehr weitgehende genetische Determinismus der zerebralen Organisation, daß beim Menschen das Gehirn ein Menschenhirn wird und sich von dem des Affen unterscheidet. Die Gene, die für diese Entwicklung verantwortlich sind, werden heute bei den Wirbeltieren erforscht. Sie waren Gegenstand eingehender Untersuchungen bei der Drosophila, die, obwohl sie eine Fliege ist, wie wir einen Kopf, einen Brustkorb, einen Unterleib und Beine besitzt. Einige genetische Determinanten, die die kartesischen Koordinaten (Kopf-Hinterende, Rücken-Bauch) des Embryos festlegen, sind vor kurzen identifiziert worden[28]: Die die Segmentation des Körpers (nämlich daß der Körper wie ein kleiner Wurm aus einander folgenden Teilstücken gebildet ist) regulieren und die, die Identität eines Segments bestimmen, das Kopfsegment mit Fühlern und Kiefern, den Brustkorb mit Flügeln und Beinen und das Bauchsegment mit dem Geschlechtsapparat. Die drei Ensembles von Genen drücken sich differentiell und sequentiell während der embryonalen und postnatalen Entwicklung aus. Diese Verflechtung von genetischen Instruktionen bildet einen Organismus, der innerhalb einer Art eine Gesamtarchitektur und einen Organisationsplan besitzt, der von einem Individuum zum anderen gleich oder sehr ähnlich ist.

Wir können mit Recht annehmen, daß die bei den Säugetieren beobachtete Vergrößerung des Frontalcortex von der Maus zum Menschen unter der Kontrolle derartiger Gene steht. Ihre Anzahl ist wahrscheinlich nicht

[28] Nüsslein-Volhard et al. (1987), Gehring (1985)

groß. Die DNA des Schimpansen ist tatsächlich zu 99 % identisch mit der des Menschen. Man kann sich vorstellen, daß wenn einige dieser Gene in der embryonalen Vorstufe des Vorderhirns ein wenig länger aktiv bleiben, dies eine differentielle Zunahme der Oberfläche des Frontalcortex zur Folge hat. Die Gesamtorganisation unseres Gehirns und der wesentliche Teil seiner Architektur ist der Macht der Gene unterworfen.

Doch die Macht der Gene hat ihre Grenzen. Wie kann man das zeigen? Einmal kann man die Konnektivität des gleichen Neurons, das durch seine Gestalt und Position identifizierbar ist, in zwei genetisch identischen Individuen, in *echten* Zwillingen, vergleichen. Dieses Experiment wurde von Levinthal[29] mit einem parthenogenetischen Krebs, der Daphnie, ausgeführt. Dieser Wasserfloh hat ein sehr einfaches Nervensystem mit einer festen Anzahl von Neuronen, die alle einzeln räumlich wohlbestimmt angeordnet sind. Durch Parthenogenese erhält man leicht genetisch identische oder „isogene" Individuen. Es genügt dann, sie in feine Scheiben zu schneiden, sie unter dem Elektronenmikroskop zu untersuchen und bei jedem Individuum das vollständige axonale Verzweigungsmuster des gleichen Neurons zu bestimmen. Man findet dann, daß zwar die Konnektivität in großen Zügen die gleiche ist, aber im Detail auf dem Niveau der synaptischen Kontakte eine *Varianz* vorhanden ist.

Ein zweiter „Beweis": Die Untersuchung der Entwicklung der zerebralen Konnektivität als Funktion der Erfahrung. Man bringt eine junge Katze oder einen neugeborenen Affen während einer kritischen Periode nach der Geburt in eine künstliche visuelle Umgebung, die von der natürlichen verschieden ist. Resultat: Im Erwachsenen ist die funktionelle Spezialisierung einzelner Neurone im visuellen Cortex, wie Orientierungsspezifizität und Binocularität, signifikant gestört, und zwar meistens auf irreversible Weise. Beim Menschen finden solche „Experimente" spontan statt, wenn zum Beispiel das Neugeborene einen Katarakt hat. Die Trübung des Kristallkörpers in einem frühen Stadium der Entwicklung hat eine Form von Blindheit zur Folge, die nach der Operation des Katarakts bestehen bleibt, wenn sie *nach* der kritischen Periode ausgeführt wird, und daher im Großhirn lokalisiert ist. Diese und viele andere Experimente weisen darauf hin, daß die *Aktivität* des Nervensystems während seiner Entwicklung die „Einregulierung" der Konnektivität des Erwachsenen kontrolliert. Philippe Courrèges, Antoine Danchin und ich[30] haben ein formales Modell für die Evolution der Konnektivität eines Neuronensystems vorgeschlagen, das sich nach einem darwinistischen Schema entwickelt. In diesem Modell ändert sich die Struktur des genetischen Materials nicht, was die Bezeichnung „epigenetisch", das heißt durch selektive Stabilisierung von Synapsen, erklärt. Die Idee ist, daß

[29] Harbor et al. (1976)
[30] Changeux et al. (1973)

die genetischen Bestimmungsgrößen , die zu der Erkennung zwischen individuellen Neuronen von zwei Gruppen von zellulären Partnern gehören, gleich oder sehr ähnlich sind. Daher braucht man nur wenig genetisches Material, um dieses Erkennen zu kodieren. In einem bestimmten kritischen Stadium, oder „empfindlichen Periode", der Entwicklung kommen die beiden Populationen von Neuronen miteinander in Kontakt. Es handelt sich nicht um eine wohldefinierte Verbindung von je einem Neuron x der ersten Gruppe mit einem Neuron y der zweiten Population, sondern um eine üppige, diffuse, mehrfache und übereinandergreifende „Kontaktnahme". Eine beträchtliche Diversität von Verbindungen kommt in diesem Stadium vor. Der Generator der „darwinistischen Variationen" tritt in Aktion! Es folgt eine Verfeinerung, die die erwachsene Konnektivität durch Stabilisierung von gewissen Verbindungen und Elimination von anderen festlegt. Dieses Modell erlaubt, einfache Lernaufgaben und auch komplexere Situationen während der Entwicklung zu simulieren, speziell auch beim Menschen. Bei diesem folgen noch lange nach der Geburt einander Wellen der Bildung und Selektion von Synapsen, die sich befestigen und miteinander verketten, in ständigem Hin und Her. Sicherlich muß man die biologischen Nebenbedingungen genauer fassen, die zur Selektion gewisser Verbindungen und nicht von anderen führen. Diese Auswahlregeln müssen den Organismus als Ganzes in Wechselwirkung mit der Außenwelt einbeziehen.

AC: Aber warum werden nicht alle diese Verbindungen genützt, wenn sie schon einmal existieren? Sie sollten nützlich sein. Was erklärt die Selektion?

JPC: Die Aktivität, die im System zirkuliert, trägt zur Bildung des Endzustandes des Systems bei. Und sie ist genau genommen nicht für jedes Neuron *exakt* identisch. In dem vorgeschlagenen Modell bestimmen *lokale* Evolutionsregeln die Entwicklung einer gegebenen Synapse, in Funktion ihrer eigenen Aktivität und der der Zelle, auf die sie wirkt. Wie ich zum Beispiel schon oben erwähnt habe, kann die Koinzidenz der Aktivität zweier miteinander verbundener Neurone die Stabilisierung ihres Kontakts zur Folge haben. Das Lernen führt zu einer neuen Eingangs-Ausgangs-Beziehung. Nach dem Lernen erzeugt der gleiche Eingang immer den gleichen Ausgang, während vorher bei verschiedenen Experimenten verschiedene Ausgänge möglich sind.

Dieses formale Modell besitzt eine interessante mathematische Eigenschaft, die wir als „Variabilitätstheorem" formuliert haben. Dieses besagt, daß man nach dem Lernen die gleiche Eingangs-Ausgangs-Beziehung erhalten kann, selbst wenn die Selektion verschiedene Konnektivitäten zurückbehalten hat. Dies stützt die Beobachtungen über die Variabilität der Verbindungen, die ich vorher beschrieben habe. Man weiß auch, daß bei einer Mehrzahl von Personen die Sprachzentren auf der linken Hemisphäre, bei anderen auf der rechten oder auf beiden Hemisphären verteilt sind. Aber niemand hat auf Grund der Sprache, die die einen und die anderen gebrauchen, die Lokalisation der Sprachregion unterscheiden können. Der neuronale Phänotyp ist also trotz einer bemerkenswerten Ähnlichkeit der Funktion sehr variabel. Wir kommen so zu einer für unsere Debatte außerordentlich wichtigen Schlußfolgerung: Die Mathematiker können, trotz großer Unterschiede in den Einzelheiten ihrer zerebralen Organisation, mit ihrem Gehirn identische mathematische Objekte erfassen.

Nach dieser Diskussion des neuronalen Darwinismus in der Entwicklung der Konnektivität kommen wir jetzt zu einer anderen Evolution auf einem höheren Niveau, die man als *mentalen Darwinismus*[31] oder als psychologischen Darwinismus[32] bezeichnen kann. Der neuronale Darwinismus wirkt hauptsächlich während der Entwicklung des Embryos und in der frühesten Jugend. Der Embryo ist aktiv und führt spontane Bewegungen aus, die zu der „inneren" Selektion der Synapsen beitragen, die die Koordination zwischen den verschiedenen Nervenzentren sicherstellen. Der mentale Darwinismus wirkt hauptsächlich in dem erwachsenen Gehirn auf dem Niveau des Verstehens und der Vernunft. Innerhalb von psychologischen Zeitskalen führt er zu einer Änderung der *synaptischen Wirksamkeit* an Stelle einer Evolution der *Anzahl* der Verbindungen. Die Einheiten der Selektion sind nicht mehr einfach Verbindungen und elementare Schaltkreise, sondern Ensembles von Neuronen, die miteinander eine koordinierte Aktivität eingehen können. Sie bezieht Elemente ein, die bereits durch den neuronalen Darwinismus selektioniert sind. Der Generator der Diversität ist nicht mehr die Variabilität der Verbindungen während der Entwicklung, sondern die spontane, transiente Anregung von neuronalen Verbänden, die wir „Prärepräsentationen" genannt haben. Eine kombinatorische Aktivität entwickelt sich dann, die die Wechselwirkung mit der Außenwelt *vorhersieht.* Entweder kommt der innere Zustand des Systems in „Kongruenz" und „Resonanz" mit der Außenwelt, und die Prärepräsentation wird stabilisiert und in dem Netzwerk gespeichert, oder es gibt keine Resonanz und keine Speicherung im Gedächtnis. Dieser Lernprozeß verändert die synaptischen Kopplungen, die eine bestimmte Systemkonfiguration speichern.

Die Verkettung von mentalen Repräsentationen, die von der Vernunft in dem „Arbeitsspeicher" des Kurzzeitgedächtnis erweckt werden, entwickeln sich nach einem ähnlichen mentalen Darwinismus. Läßt sich dieses Modell auf die Arbeit des Mathematikers anwenden? Man kann sich vorstellen, daß sich während der Periode der „Inkubation" verschiedene Repräsentationen von mathematischen Objekten einander transient folgen und sich

---

[31] Changeux und Dehaene (1989)

[32] Dieser Begriff findet sich bereits in der Werken von S. Freud ; siehe Sulloway (1981)

etwas zufällig verketten. Dann kommt es zu einer Art von *innerer* Selektion durch Resonanz zwischen Repräsentationen und Prärepräsentationen. Dieser Prozeß endet in einem „Resultatsobjekt“, das sich auf das gestellte Problem bezieht und die „Intention“ für die gesuchte Antwort erfüllt. In unserem heutigen Kenntnisstand glaube ich nicht, daß diese sehr schematischen Ideen in eine schärfere Form gebracht werden können.

Stanislas Dehaene, Jean-Pierre Nadal und ich[33] haben ein noch sehr elementares Modell eines Netzwerks von in mehreren hintereinandergeschalteten Schichten angeordneten Neuronen analysiert, das Folgen und Melodien erkennen, lernen und schließlich produzieren kann (siehe Abb. 19). Dieses Modell beschreibt recht gut das Erlernen des Gesangs bei gewissen Vögeln (siehe Abb. 18).

Wir sind bisher nur so weit gekommen, aber ich glaube, daß es eines Tages möglich sein wird, gewisse Etappen der Entwicklung des Denkens im Detail modellieren können.

7 Mentaler Darwinismus und mathematische Schöpfung

JPC: Ich schlage Dir also vor, daß gewisse Formen der geistigen Tätigkeit des Mathematikers, wie allgemein das Denken, einer Art von darwinistischer Evolution unterworfen sind...

AC: Man könnte auch die Hypothese von der Dualität des darwinistischen Zufallsprozesses und von meinem Glauben an die unabhängige Existenz einer rohen mathematischen Realität verteidigen. Ihre Kohärenz und ihre Harmonie sind die Arznei gegen das Zufällige. Verschiedene, etwas zufällige Schlüsse, die zum gleichen Ergebnis führen, zeigen, daß man auf gutem Wege ist. Auf dem dritten Niveau scheint es mir, daß die unerklärliche Kohärenz der mathematischen Realität den verschiedenen neuronalen Ensembles genau dann erlaubt, in Resonanz zu treten, wenn sie mit ihr in Harmonie sind.

JPC: Ja, das ist die Kombinatorik der Prärepräsentationen.

AC: Man muß fordern, daß es unabhängig vom Gehirn eine Welt gibt, deren Kohärenz erfaßt werden kann, vielleicht durch die Resonanz von zufälligen Mechanismen.

JPC: Ich wollte Dir gerade eine solche Idee vorschlagen. Wir wollen die Definition der mathematischen Objekte als mentale Objekte weiter verfolgen und sie zunächst als mentale Repräsentationen von privatem Charakter

[33] Dehaene et al. (1987)

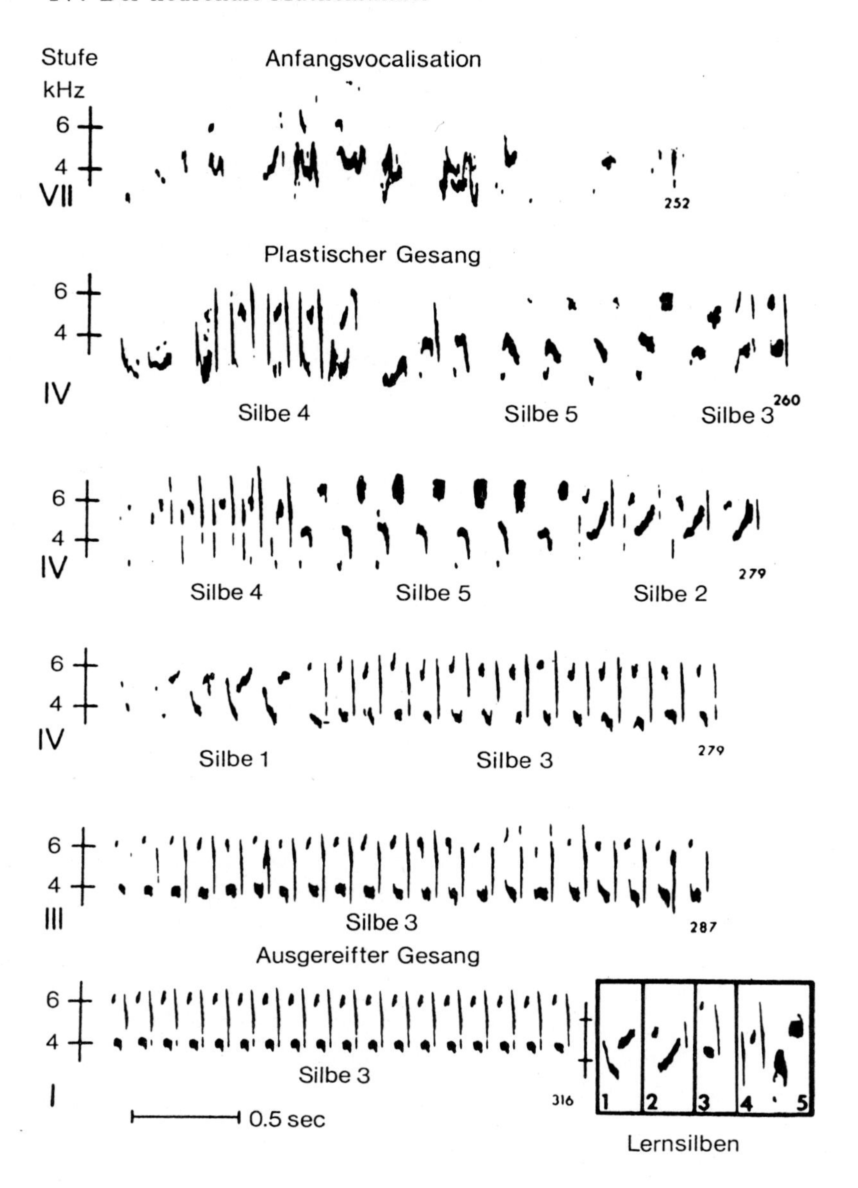

Abb. 18. Das Lernen des Gesangs bei den Sumpfspatzen. Die sechs Zeilen stellen die Frequenz der Vokalisation als Funktion der Zeit dar. Die Lernsilben sind unten rechts dargestellt. Der junge Vogel hört und lernt sie zwischen dem 22. und dem 62. Tag nach dem Ausschlüpfen. Etwa 200 Tage später beginnt der Jungvogel mit seinen ersten Gesangversuchen. Sie gruppieren sich in Silben, die den Lernsilben gleichen, die er sieben Monate früher gehört hat. Nur die Silbe Nummer 3 verbleibt im Gesang des erwachsenen Vogels. Die Ausformung des Gesangs ist also von einem Verlust oder Verschleifung von Silben begleitet, die den „selektiven" Charakter des Lernens zeigen (nach Marler und Peters (1982))

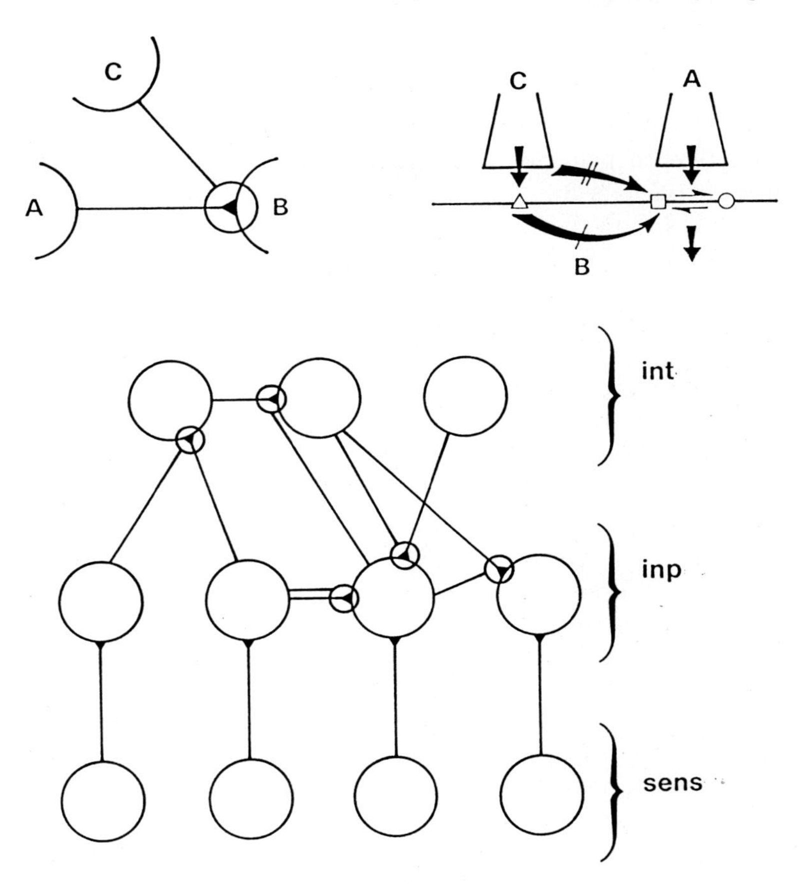

Abb. 19. Neuronales Netzwerk zur Erkennung, Produktion und Memorisation von zeitlichen Folgen von „Repräsentationen" durch Selektion. Die Architektur ist sehr einfach: Drei Schichten von Neuronen, und zwar sensorielle Neurone (sens), Eingangs- (inp) und Interneurone (int), die in selbsterregende Neuronengruppen (Kreise) zur Kodierung der „Repräsentationen" unterteilt sind. Die Neurone sind untereinander durch Triaden ABC von Synapsen verbunden, deren Stärke chemisch modulierbar ist (nach Dehaene et al. (1987)).

ansehen, als physikalische Zustände, die mit einer Positronenkamera beobachtbar sind.

AC: Für sich allein bedeutet eine mentale Repräsentation nichts...

JPC: Sie erhält einen expliziten Sinn, sobald sie mitgeteilt wird. Die mathematischen Objekte sind tatsächlich mentale Repräsentationen mit der sehr wichtigen Eigenschaft, von einem Individuum zum anderen mitteilbar zu sein, im Gegensatz zu den „unaussprechlichen" Zuständen der großen Mystiker oder der Geisteskranken. Die mathematischen Objekte können in „absoluter Strenge" von einem Gehirn zum anderen übermittelt und von genetisch und epigenetisch verschiedenen Individuen gleich manipuliert werden.

Gewisse Anthropologen, wie Sperber[34], unterscheiden verschiedene Arten von öffentlichen Repräsentationen. Repräsentationen „erster Art" drücken zum Beispiel aus, daß das Brot eßbar ist, daß der Löwe gefährlich ist und daß die Pflanzen grün sind. Sie werden im Langzeitgedächtnis gespeichert und schließen alle empirischen Unverträglichkeiten und alle Widersprüche untereinander aus. Obwohl sie Tatsachen beschreiben, haben sie dennoch den Charakter von Allgemeingültigkeit, da sie von jedermann verifiziert worden sind. Bei Sperber sind die Repräsentationen zweiter Ordnung „Repräsentationen von Repräsentationen", also Relationen zwischen Fakten und mentalen Zuständen oder zwischen mentalen Zuständen, die von verschiedenen Subjekten nachvollziehbar sind. Ich möchte eine dritte Klasse hinzufügen, die künstlerischen Repräsentationen[35].

Die Glaubenssysteme sind definitionsgemäß variabel. Sie werden dennoch auf *autoritäre* Weise als Wahrheiten übertragen, was nach Sperbers Meinung den gesunden Menschenverstand dauernd provoziert. Neben den Glaubenssystemen entwickeln sich die Hypothesen, die wissenschaftlichen Modelle und auch die mathematischen Objekte, die sich durch ihren kohärenten, klaren, widerspruchsfreien, prädiktiven und generativen Charakter auszeichnen. Sie entsprechen der Wirklichkeit, da sie falsifizierbar und eventuell revidierbar sind, und stehen darüber hinaus im Gegensatz zu den Glaubenssystemen, die einen theologischen Korpus bilden und unantastbar sind. Auch die letzteren machen eine Evolution durch, die man darwinistisch interpretieren kann, die sich aber von der mathematischer Objekte unterscheidet. Also kann man die mathematischen Objekte als öffentliche Repräsentationen zweiter Art und als wissenschaftliche Repräsentationen charakterisieren, die soweit wie möglich abgeklärt und „rein" sind.

Die emotionelle Komponente scheint in der Selektion und der Fortpflanzung der Glaubenssysteme viel wichtiger als die rationale Komponente zu sein. Wie steht es mit der Selektion der mathematischen Objekte? Du hast die Erleuchtung erwähnt, die sich während der Arbeit des Mathematikers erst nach einer Inkubationsphase einstellt, in der eine darwinistische Kombinatorik stattzufinden scheint. Man kann annehmen, daß die Erleuchtung mit dem Beginn der Resonanz von mentalen Repräsentationen untereinander zusammenfällt. Nun ist der frontale Cortex, in dem diese Resonanz wahrscheinlich stattfindet, sehr direkt mit dem *limbischen System* verbunden, das seinerseits an den emotionellen Zuständen wesentlich beteiligt ist (siehe Abb. 20).

---

[34] Sperber (1984)
[35] Changeux (1988)

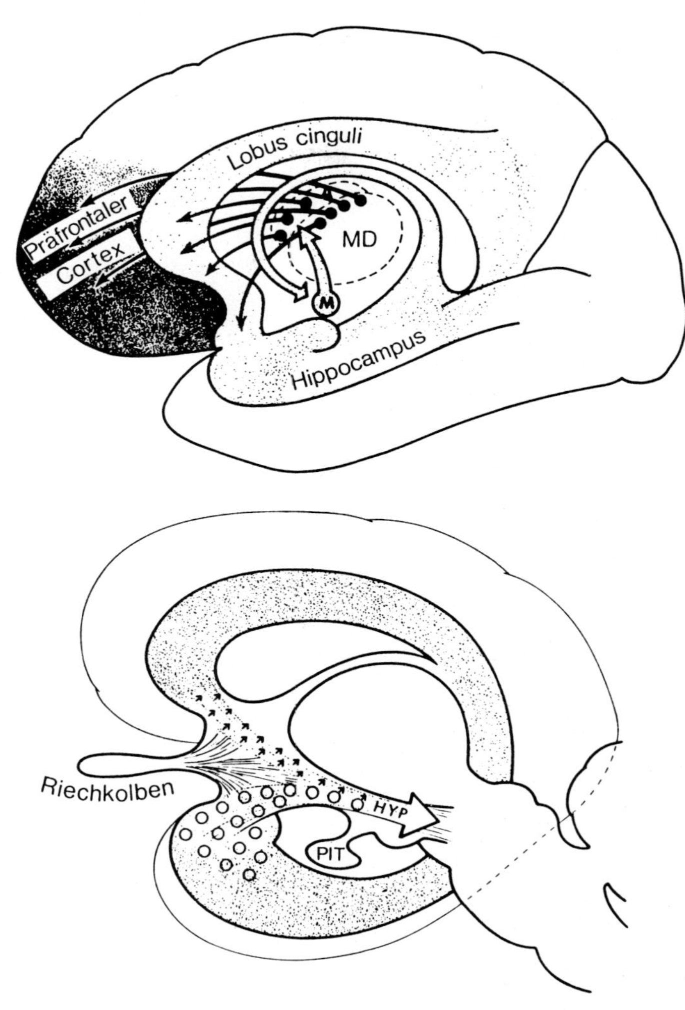

Abb. 20. Limbisches System und Vergnügen. Sehr vereinfachte Darstellung des limbischen Systems und seiner Organisation als Flußdiagramm, wie es zum ersten Mal von Papez beschrieben wurde. Es umfaßt insbesondere den Hippocampus, der Information vom Neocortex erhält, die mamilläre Körper (M) des Hypothalamus (Hyp) und die anterioren (A) und posterioren Kerne des Thalamus (MD). Diese projizieren auf den Präfrontalcortex und den Cingulärlappen, dessen Kreisform einem Randbogen (lateinisch: limbus) ähnelt, woher Brocas Bezeichnung „großer limbischer Lappen“ stammt. Bei der Ratte (unteres Diagramm) ist der Riechkolben stark mit dem limbischen System gekoppelt. Die elektrische Stimulation bestimmter Punkte des limbischen Systems führt hier zur Selbststimulation und erzeugt daher ein Lustgefühl. Die schrägen Pfeile im oberen Diagramm zeigen den Ort an, wo beim Affen eine Stimulation zur Erektion des Penis führte (nach Mac Lean (1973)).

Unser frontaler Cortex erarbeitet nicht nur die kognitiven Strategien, sondern ist auch durch seine sehr reichen Verbindungen mit dem limbischen System (siehe Abb. 21) fähig, emotionelle Strategien zu entwickeln. Ich glaube, daß auch der Mathematiker gleichzeitig mit seinem rationalen Vorgehen emotionelle Strategien entwickeln muß, die ihm die Hoffnung geben, zum Ergebnis zu kommen. Während der Erleuchtung greifen die Resonanzen vom Frontalcortex auf das limbische System über, so daß man die Behauptung wagen kann, daß der Emotionszustand zur Evaluation beiträgt...

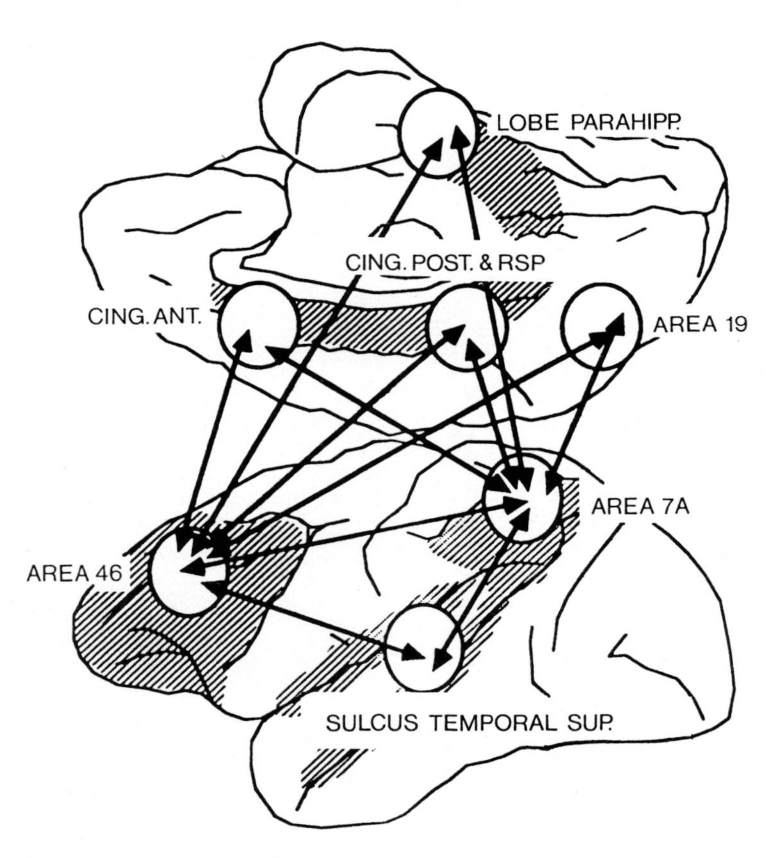

Abb. 21. Anatomische Verbindungen zwischen dem Frontallappen (Area 46), dem Temporallappen (superiore temporale Furche), und dem Parietallappen (Area 7a) mit dem limbischen System (Cingulärlappen, cing. ant. und cing. post., und Parahippocampus) beim Affen. Der untere Teil der Abbildung stellt die Außenseite der linken Hemisphäre und der obere Teil seine Innenseite dar. Das limbische System befindet sich im wesentlichen auf der Innenseite der zerebralen Hemisphären im mittleren Teil des Gehirns. Die reziproken Verbindungen zwischen Neocortex und limbischem System sorgen für die Wechselwirkungen zwischen Kognition und Emotion (nach Goldman-Rakic (1988)).

AC: Bestimmt. Und das ist sehr wichtig.

JPC: Man kann diese *Evaluationsfunktion*, die eine „Harmonie" zwischen dem Subjekt und seiner Umgebung oder eine innere „Harmonie" zwischen verschiedenen Repräsentationen erkennen kann, als ein Lust- oder Alarmsystem ansehen.

Schließlich muß man die Bedingungen unterscheiden, unter denen die Erleuchtung auftritt und von einem Mathematiker zum anderen übertragen wird. Es handelt sich um verschiedene Prozesse. Das Schöpferische unterscheidet sich von der Übertragung von Kenntnissen. Doch braucht das Gehirn des Empfängers eine besondere Kompetenz, damit die Verbindung hergestellt wird...

AC: Sicherlich.

JPC: Ein gewisses Kompetenzniveau ist notwendig, damit der Empfänger das mathematische Objekt oder den Beweis, der ihm vorgeführt wird, annimmt oder ablehnt. Man muß daher diese Kompetenz, die auf dem existierenden mathematischen Korpus beruht, mitberücksichtigen. Die Annahme eines neuen Theorems durch die Gemeinschaft der Mathematiker bedeutet insbesondere seine Kohärenz und seine Integration in diesen Korpus. Die innere Kohärenz der mathematischen Objekte, die Dich so sehr erstaunt, wird daher fortschreitend aufgebaut.

AC: Ohne Zweifel konstruieren wir von ihr schrittweise in unserem Gehirn eine Kopie durch einen Prozeß von mentalen Bildern. Aber das stellt die Existenz der mathematischen Realität selbst nicht in Frage.

JPC: Sie wird fortschreitend durch diese Öffnung für Veränderungen und durch Resonanz mit dem Rest dieses Korpus konstruiert. Deshalb bestreite ich die Realität der Mathematik vor den Erfahrungen, die man gemacht hat. Statt *a priori* zu existieren, scheint mir ihre Kohärenz *a posteriori* zu sein und ganz einfach aus ihrer *Widerspruchsfreiheit* zu folgen. Im gleichen Sinne gibt Morris Kline[36] seinem Werk über die Geschichte der modernen Mathematik den Titel *Der Verlust der Sicherheit*!

AC: Wir sind wieder an den Anfang unserer Debatte zurückgekommen. Ich denke, es ist Zeit weiterzukommen.

[36] Kline (1980)

V. Darwin bei den Mathematikern

1 Die Nützlichkeit des darwinistischen Schemas

JEAN-PIERRE CHANGEUX: Der Darwinismus in der Mathematik scheint mir eine neue Idee zu sein. Bevor wir sie weiterentwickeln, könnte es nützlich sein, unsere oben eingeführten Niveaus genau festlegen, damit wir konkreter die auf jeder Stufe möglichen „Evolutionen" erfassen können.

ALAIN CONNES: Ich habe nicht viel hinzuzufügen. Ziemlich formal kann man für unsere Diskussion drei Niveaus unterscheiden. Aber ich behaupte keineswegs, daß sie einen absoluten Sinn haben. Zunächst wird das erste durch die Fähigkeit, zu rechnen und eine gegebene Vorschrift schnell und gut anzuwenden, definiert. Es ist schon in den heutigen Computern verwirklicht.

JPC: Das ist das Niveau der symbolischen Operationen.

AC: Ja, aber diese Operationen können sehr kompliziert sein. Jedoch ist das Rezept stets vorher gegeben, was auch immer ihr Komplexitätsgrad ist. Es wird überhaupt nicht verstanden. Keine Variation und keine Veränderung der Strategie sind daher möglich.

JPC: Das ist das symbolische Niveau, die Stufe des Verstandes, die nach Kant zwischen der Sinnlichkeit und der Vernunft steht.

AC: Auf dem zweiten Niveau ist es hingegen möglich, für ein festgelegtes Ziel, wie zum Beispiel zur Lösung eines Problems, eine Strategie zu wählen und sie je nach dem Ergebnis zu ändern. Wenn ein Fehler auftritt, kann man Vergleiche mit anderen Rechnungen machen. Dieses Niveau setzt also das Verständnis des gebrauchten Mechanismus voraus. Bei einer Division versteht man zum Beispiel, warum man diese oder jene Operation statt einer anderen ausführt, oder, um ein etwas abstrakteres Beispiel zu wählen, daß man, wenn man in der Addition etwas zurückbehält, den Zweierkozyklus einer Gruppe gebraucht. Man muß daher die angewandten Operationen formalisiert haben, man muß sie in Abhängigkeit von dem Ziel, an das man die gewählte Strategie anpaßt, hierarchisieren und dafür wirklich an dem eingeschlagenen Kurs festhalten. In der Mathematik erlaubt dies oft, ein Problem zu lösen, wenn es nicht zu schwierig ist und keine neuen Ideen erfordert. Dies ist selbstverständlich nur eine Einschränkung, falls es nicht zum ersten Niveau gehört, also nicht eine einfache Rechnung oder eine einfache Anwendung eines Rezepts ist.

JPC: Das ist wohl eine niedrigere Form der Vernunft, die man vielleicht mit der taktischen Vernunft von Granger gleichsetzen kann. Sie erfordert die Anwendung einer Strategie und möglicherweise die Suche nach einer neuen Taktik, wenn die erste scheitert.

AC: Der Gedankenfaden geht auf dem zweiten Niveau niemals verloren. Dadurch scheint es mir sehr gut vom dritten Niveau unterschieden zu sein. In keinem Augenblick gibt es eine Trennung zwischen den Gehirnfunktionen und dem Objekt, auf das sie gerichtet sind.

JPC: Das ist die Definition, die nach meiner Meinung Granger der taktischen Vernunft gibt. Man verändert die Taktik, man ändert Mittel und Methode, aber man behält das gleiche mathematische Ziel. Dagegen erlaubt das dritte Niveau, die Strategie je nach Absicht vollständig zu ändern.

AC: Vorsicht! Diese Unterscheidung wollte ich nicht machen. Meiner Meinung nach kann man das dritte Niveau wie folgt definieren: Der „Geist" oder das „Denken" ist mit einer anderen Aufgabe beschäftigt, während innerlich, man könnte „unbewußt" sagen, das Problem daran ist, von selber gelöst zu werden. Wesentlich ist genau diese Trennung zwischen dem bewußten, aktiven Denken und einem unsichtbaren Funktionieren des Gehirns...

JPC: Ich glaube nicht annehmen zu müssen, daß die Tatsache, daß eine Operation bewußt ausgeführt wird, von seinem Niveau abhängt. Es geht vielmehr darum, daß sich eine Form der inneren Perzeption einstellt. Wesentlich für das dritte Niveau scheint mir die Möglichkeit einer Erleuchtung zu sein, die eine globale Änderung der Strategie erlaubt. Es ergibt sich dann ein neuer Denkrahmen, in dem eine neue Taktik angewendet werden kann. Wir sind uns endlich über die drei Niveaus einig. Scheint Dir unter diesen Umständen das darwinistische Schema nützlich?

AC: Um seine Wirksamkeit einzusehen, fehlt mir eine hinreichend genaue Definition einer Bewertungsfunktion. Diese würde zum Beispiel auf dem zweiten Niveau erlauben, intuitiv zu sehen, ob eine Strategie besser als eine andere ist, und diese auszuwählen. Damit am Ende der Darwinismus wirken kann, muß das Gehirn zwischen verschiedenen Möglichkeiten wählen können und unter verschiedenen neuronalen Verbindungen die selektionieren, die am besten funktionieren. Man muß in bezug auf ein gegebenes Ziel wählen können. Aber wie kann man zu einer Bewertungsfunktion kommen – selbst auf ungenaue und verschwommene Weise, die aber vielleicht in gewisse Computer einbaufähig ist –, die es erlaubt, eine bessere Strategie als eine andere zu wählen?

JPC: Der Ball ist bei Dir.

AC: Wenn man als Prinzip die unabhängige Existenz der mathematischen Wirklichkeit annimmt, was ich von Anfang an getan habe, kann man einige Ideen vorschlagen, wenigstens als Hypothesen, die mit der Erfahrung und der Realität konfrontiert werden müssen. Man kann etwa annehmen, daß die innere Kohärenz der Mathematik ein Führer ist, die sich wie jede Struktur dem Zufälligen widersetzt. So ist es nicht unmöglich, daß wenn das Gehirn eine bildliche Darstellung einer mathematischen Realität zu konstruieren versucht, deren Kohärenz dann die Rolle des Selektionsmechanismus spielt.

JPC: Daraus folgt in keiner Weise, daß die Mathematik vorher existiert. Du sprachst von ihr als Leitbild des Denkens. Die Bewertungsfunktion besteht darin, die Integration in eine kohärente, widerspruchsfreie Struktur zu verifizieren. Diese Prüfung findet in unserem Gehirn statt, wo im Langzeitgedächtnis eine Menge von mathematischen Repräsentationen gespeichert sind. Diese treten in einem gewissen Sinn in Resonanz, wenn das neue Objekt entsteht. Dann kommt eine globale Aktivierung zustande.

AC: Ich meinte eine innere Kohärenz.

JPC: Ja. Ich möchte sagen, daß sie sich gleichzeitig im Inneren des Gehirns und in der Mathematik zeigt, da die Mathematik *im* Gehirn des Mathematikers existiert, besonders in seinem Langzeitgedächtnis. Sie wird durch Merkmale dargestellt, die gesamthaft von einem neuen mathematischen Objekt angesprochen werden. Alles wird dann kohärent aktiviert, wie wenn fast alle Elemente des Puzzles vorhanden sind, aber eines zur Organisation des Ganzen fehlt, und die Figur plötzlich erscheint, wenn man das neue Stück hinzufügt.

AC: Aber kommen wir auf den Gegensatz zwischen der Unordnung auf der einen Seite und der Organisation auf der anderen zurück. Die mathematische Realität ist auf Grund ihrer Struktur und ihrer inneren Harmonie eine unerschöpfliche Quelle von Organisation. Wenn man zufällig Formeln wählt, findet man zwischen ihnen nur dann eine Resonanz, wenn sie zusammen eine gewisse Kohärenz haben. Die Funktion der Mathematik ist es gerade, die Existenz dieser Kohärenz zu zeigen. Man könnte an verschiedene aktive Neuronengruppen denken, die nur dann in Resonanz kommen, wenn sich dieses Kohärenzphänomen einstellt. Diese Idee ist im Augenblick verschwommen, aber sie verdient, präzisiert zu werden.

JPC: Der Weg zu dieser Kohärenz bringt während der Inkubationsperiode eine Variabilität ins Spiel. In dieser Hinsicht funktioniert das Gehirn nicht wie ein Computer oder wie eine schachspielende Maschine. Nicht alle Möglichkeiten werden in Erwägung gezogen und bewertet. Im Gegenteil erstreckt sich die Kombinatorik, wenn sie auftritt, auf eine relativ kleine Anzahl von Denkobjekten.

AC: Sobald es im Gehirn eine minimale Struktur gibt – es braucht nur ein sehr einfacher Mechanismus für mentale Bilder von einer ebenfalls einfachen mathematischen Realität zu sein –, kann man sich unschwer im Inneren des Gehirns einen Evolutionsmechanismus der Schaltkreise vorstellen, der komplexere Strukturen zu erzeugen gestattet. Ich denke zum Beispiel an den Analogieschluß. Mit dieser Art von Schließen kommt man dazu, in einer einfachen syntaktischen Struktur ein ähnliches Modell zu schaffen, dessen Elemente eine andere semantische Interpretation haben. Wenn man dann die Verträglichkeit dieser neuen Struktur mit der mathematischen Realität prüft, kann man das Modell verändern und leistungsfähiger machen. Die Lösung eines Problemes ergibt sich also nicht notwendigerweise aus einer Folge von zufälligen Versuchen. Dank einer Analogie mit einem früher konstruierten Modell braucht man nur einen direkten Zugang auf eine kleinere Anzahl von Lösungsmöglichkeiten zu haben. Ich glaube, daß es den großen Schachspielern mit dieser Intuition gelingt, die Zahl der zu bedenkenden Züge stark einzuschränken, während der Computer selber Millionen von Zügen untersucht.

JPC: Die Psychologen haben das Beispiel der großen Schachmeister untersucht und ihre Strategie analysiert[1]. Es scheint, daß sie in einem gewissen Sinne eine neue Sprache lernen, die eine große Anzahl von möglichen Zügen als einzelne Worte enthält. Ihre Zahl sollte umgefähr sieben- bis zehntausend sein, wie ein Wörterbuch der französischen oder englischen Sprache. Statt systematisch und kombinatorisch die Stellung der Figuren auf dem Schachbrett zu analysieren, gebraucht der Großmeister sein Gedächtnis, um die richtige Strategie auszuarbeiten. Statt ständig neue Strategien zu erfinden, denkt er also vorzugsweise in Bildern und Strategien, die er sich eingeprägt hat.

AC: Der Begriff der Stabilität der Konfigurationen und der Formen scheint mir hier sehr wichtig. Das Gehirn sieht gewisse Formen als ähnlich an, die genau kodiert sehr verschieden sind. Zum Beispiel kann der Großmeister im Schachspiel dank dieses Mechanismus eine kleine Anzahl von „Attraktoren“ entdecken und nach ihnen viele Möglichkeiten klassifizieren, die, obwohl sie in ihrer Position verschieden sind, in seinem Gedächtnis nahe beieinander liegen. Dieser spezifisch mentale Mechanismus, zu dem die Computer keinen Zugang haben, erlaubt ihm daher, sein Problem auf eine kleine Anzahl von Lösungsmöglichkeiten zu beschränken. Die künstliche Intelligenz versucht übrigens heute mit Hilfe der topologischen Dynamik, diesen Prozeß nachzuahmen.

[1] de Groot (1963), siehe auch Hofstadter (1985)

2 Kodierung der stabilen Formen

JPC: Das Langzeitgedächtnis ist also hierarchisch aufgebaut. Es hat nichts von einem alphabetisch geordneten Wörterbuch. Im Gegenteil...

AC: Mir scheint, es ist nach topologischen Prinzipien hierarchisch gegliedert.

JPC: Die Organisation des Langzeitgedächtnisses ist für die Neurobiologen ein fundamentales theoretisches Problem. Man spricht von semantischen Bäumen und hierarchischen Klassen...

AC: Bevor ich mich in einige topologische Erklärungen stürze, muß ich mit einer Warnung beginnen. Einer meiner Kollegen, ein hervorragender Mathematiker, entschied eines Tages, sich mit der Psychoanalyse zu beschäftigen. Er dachte vielleicht, daß die Topologie ein interessantes Werkzeug für die psychoanalytische Forschung sein könnte. Er erzählte mir, daß eines Tages Lacan, der gerade den Begriff des kompakten Raumes gelernt hatte, in seiner Vorlesung behauptete, Don Juan wäre kompakt, indem er zeigte, daß man aus jeder offenen Überdeckung eine endliche Teilüberdeckung auswählen kann. Gewisse Mitglieder der Gruppe von Lacan haben so die mathematische Sprache benutzt, ohne ihren Inhalt zu kennen, um eine psychologische Überlegenheit über andere Kollegen auszuüben, die genausowenig von Mathematik verstanden. Es ist klar, daß die so geschaffene chimärenhafte Welt überhaupt keiner Wirklichkeit entspricht. Wir müssen in unserer Diskussion unbedingt vermeiden, derartige falsche Deutungen entstehen zu lassen. Insbesondere möchte ich nicht behaupten, irgendein neuartiges Verständnis der Gehirnfunktionen zu haben. Ich glaube nur, daß es gut sei, wenn einige elementare topologische Begriffe, die ich im Einzelnen zu erklären versuche, Neurowissenschaftlern wie Dir besser bekannt werden. Doch warum die Topologie? Wie Du es erklärt hast, ist die Ausbildung des Gehirns nicht von einem zum anderen Hirn identisch, nicht mehr als die Perzeption eines Gegenstandes der Außenwelt. Aber die Eigenschaften, über die man sich einig ist, haben einen invarianten Charakter und eine „strukturelle Stabilität“, um Thom zu zitieren, die von der Topologie als theoretischer Rahmen ganz gut erfaßt werden.

JPC: Die mentalen Darstellungen und die Gedächtnisinhalte sind im Gehirn als Formen im Sinne der Gestalttheorie kodiert, trotz einer großen Verschiedenheit der sie speichernden Synapsen. Es gibt daher im Nervensystem einen Implementationsprozeß für perzeptuelle Invarianten. Das ist eines unserer Probleme. Das andere betrifft die Art und Weise, wie diese Repräsentationenen im Gehirn klassifiziert werden. Man muß beide Probleme trennen. Fangen wir mit dem ersten an...

AC: Ich will zuerst versuchen, den wichtigen Begriff der simplizialen Topologie zu erklären, zu der als einfachstes Beispiel der von Dir erwähnte

Begriff des Baumes gehört. Ihr Ziel ist es, topologische Invarianten von sogenannten „simplizialen Komplexen“ zu untersuchen. Ein simplizialer Komplex ist eine endliche Menge von Punkten, die ich „Ecken“ nenne. Du kannst sie Dir als Neurone in einem ziemlich komplizierten Netzwerk vorstellen. Die Struktur dieses Objekts ist durch eine Teilmenge der Menge von Paaren von Ecken gegeben, die ich „Delta 1“ nennen werde. Wir nennen seine Elemente die „Kanten“. Um den Vergleich mit den Neuronen fortzusetzen, kannst Du Dir eine Kante als Verbindung zweier Neurone vorstellen. Aber die Struktur ist damit nicht zu Ende, außer wenn der simpliziale Komplex eindimensional ist. Im allgemeinen muß man für jedes ganzzahlige n kleiner oder gleich der Dimension des Komplexes eine Teilmenge „Delta n“ der Menge aller n-Tupel von Ecken vorgeben. Ist zum Beispiel der simpiziale Komplex zweidimensional, so muß man nicht nur die Kanten sondern auch die Dreiecke angeben. Die einzige Verträglichkeitsbedingung ist, daß die Segmente, die ein Dreieck beranden, Kanten sind. Das bedeutet, daß ein Dreieck ABC nur dann zum Komplex gehört ($ABC \in \Delta^2$), wenn seine drei Kanten zum Komplex gehören ($AB \in \Delta^1, AC \in \Delta^1, BC \in \Delta^1$). Aber die Umkehrung ist nicht wahr: selbst wenn A und B Ecken sind, braucht die sie verbindende Kante nicht notwendigerweise zum Komplex zu gehören. Auf diese Struktur kann man die mächtige Maschinerie der simplizialen Topologie anwenden.

Die simplizialen Komplexe der Dimension 1 sind nicht sehr interessant. So ist die Fundamentalgruppe des zugehörigen topologischen Raumes immer eine freie Gruppe. Ich werde einige Beispiele von höherdimensionalen simplizialen Komplexen geben, ohne ihnen zunächst einmal irgendeine Bedeutung oder Darstellung zu geben. Damit Du sie Dir aber leichter vorstellen kannst, werde ich den Begriff „Neuron“ für die Ecken meines simplizialen Komplexes verwenden, den der „einfachen Verbindungen“ für die Kanten, die ein Neuron mit einem anderen verbindet, und ich werde bei n-Tupeln von Neuronen von mehrfachen Verbindungen sprechen. Mein erstes Beispiel ist ein simplizialer Komplex mit der Topologie einer zweidimensionalen Sphäre. Er besteht aus vier Neuronen A, B, C, D. Alle Paare, wie AB, AC, BD, usw. sind durch Kanten verbunden. Alle Tripel sind durch ein Dreieck verknüpft. Jedoch ist die Dimension zwei, und deshalb gibt es keine kompliziertere Verbindungen als Dreiecke. Ich will jetzt einen anderen simplizialen Komplex beschreiben, der dem vorherigen äquivalent ist, das heißt das gleiche topologische Objekt beschreibt, dessen Zahl von Ecken aber verschieden ist. Man fügt eine Ecke E hinzu. Die Kanten sind die alten und diejenigen, die E mit den Ecken A, B und C verbinden, aber nicht die Kante zwischen E und D. Die Dreiecke sind diejenigen, die auf Grund der vorhandenen Kanten existieren können, außer dem Dreieck ABC (siehe Abb. 22).

Zum Beispiel ist AEB ein Dreieck, nicht aber AED, denn ED ist keine Kante. Der entstandene simpliziale Komplex hat die Dimension zwei, und

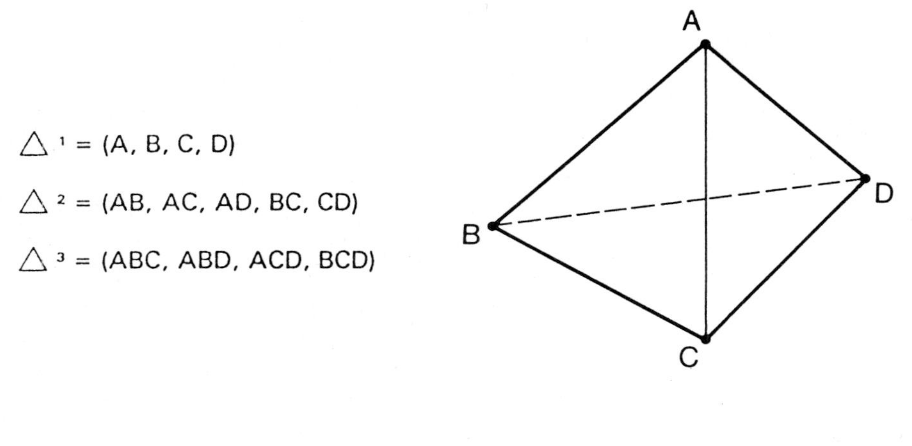

△ 1 = (A, B, C, D, E)

△ 2 = (AB, AC, AD, BC, BD, CD, AE, BE, CE)

△ 3 = (ABE, ACE, BEC, ABD, ACD, BCD)

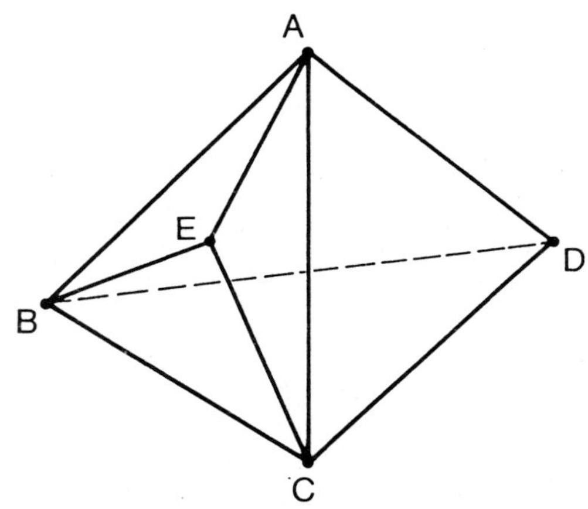

Simplizialer Komplex — Geometrische Realisierung

Abb. 22. Simpliziale Komplexe und ihre geometrische Realisation.

der dazu gehörende topologische Raum ist homöomorph zum topologischen Raum des ersten simplizialen Komplexes. Diese beiden Räume sind homöomorph zur zweidimensionale Kugeloberfläche. Der Übergang vom ersten zum zweiten simplizialen Komplex wird eine „baryzentrische Unterteilung" genannt.

Bei der Anwendung auf Neuronenpopulationen gilt es herauszufinden, ob es neuronale Familien höherer Dimension als eins gibt, und dazu muß man die Existenz von dreifachen Verbindungen, oder von Dreiecken in dem simplizialen Komplex, nachweisen. Dies kann nur mit experimentellen Methoden entschieden werden, oder indem man eine Maschine konstruiert, die – statt nur auf Graphen beruhende Klassifikationsmechanismen zu benutzen – die viel reicheren Möglichkeiten einer höherdimensionalen Topologie auszunützen vermag.

JPC: Ich glaube, daß das eine interessante Idee ist. Man weiß, daß jedes einzelne Neuron im Mittel zehntausend Verbindungen eingeht, die wahrscheinlich an verschiedenen Repräsentationen teilnehmen. Dein Schema erlaubt es, diese Möglichkeiten auszuschöpfen. Betrachten wir zum Beispiel, wie in meinem Gehirn eine spezielle Figur, wie Dein Gesicht, kodiert ist. Hier wird das Problem der Dimensionen kritisch. Wir haben schon zusammen über die mentalen Repräsentationen gesprochen, die wir als physikalische Zustände der Aktivität von bestimmten Neuronenpopulationen definiert haben. Doch dieser Standpunkt wird nicht allgemein geteilt. Barlow[2] hat die alternative Theorie vertreten, nach der im Gehirn gewisse Neurone eine sehr große funktionale Spezifizität besitzen, die ausreicht, um eine so einzigartige Repräsentation wie die der eigenen Großmutter oder eines gelben Volkswagens zu kodieren. Das ist die Theorie der „Grandmother cells" oder der Großmutterneurone. Gewisse experimentelle Daten deuten in diese Richtung. Im infero-temporalen Cortex des Affen[3] kann man von einzelnen Neuronen ableiten, die das Erkennen von Gesichtern und sogar von gewissen Gesichtszügen zu kodieren scheinen (siehe Abb. 23 und 24).

Gewisse Neurone antworten auf das Gesicht von vorne *oder* im Profil, andere auf das Gesicht *mit* den Augen, aber nicht *ohne* sie, oder auf das Gesicht eines der Experimentatoren, aber nicht auf das eines anderen. Einige Neurone sind sogar auf die Blickrichtung des beobachtenden Experimentators empfindlich. Dies gibt Dir ein Gefühl für die außerordentliche funktionelle Spezifizität gewisser Neurone. Aber man darf nicht zu weit gehen, denn wenn es im temporalen Cortex *nur ein einziges Neuron* zur Kodierung jeder dieser Gesichtszüge gäbe, hätte man nur eine ganz geringe Chance, seine Aktivität abzuleiten. Die Tatsache, daß man wiederholbare Messungen durchführen kann, beweist, daß es ganze Neuronenpopulationen mit diesen spezifischen Eigenschaften gibt. Wahrscheinlich sind dies *Ensembles* von hochdifferenzierten Neuronen, die zu der Gesichtererkennung beitragen. Und die Neurone, von denen jedes einzelne so einzigartig auf Gesichtszüge antwortet, sind tatsächlich mit anderen Ensembles von Neuronen aus den sekundären und primären visuellen Arealen verbunden, die ihrerseits von Neuronen in der Retina aktiviert werden. Das Nervensytem ist also gleichzeitig hochgradig hierarchisch und parallel aufgebaut. Daher bin ich nicht sicher, ob Deine Idee aus der simplizialen Topologie in diesem speziellen Fall anwendbar ist.

AC: Ich weiß nicht, ob meine Bemerkungen wirklich viel mit dem Problem des Gedächtnisses zu tun haben.

---

[2] Barlow (1972)
[3] Perrett et al. (1987), Desimone et al. (1984)

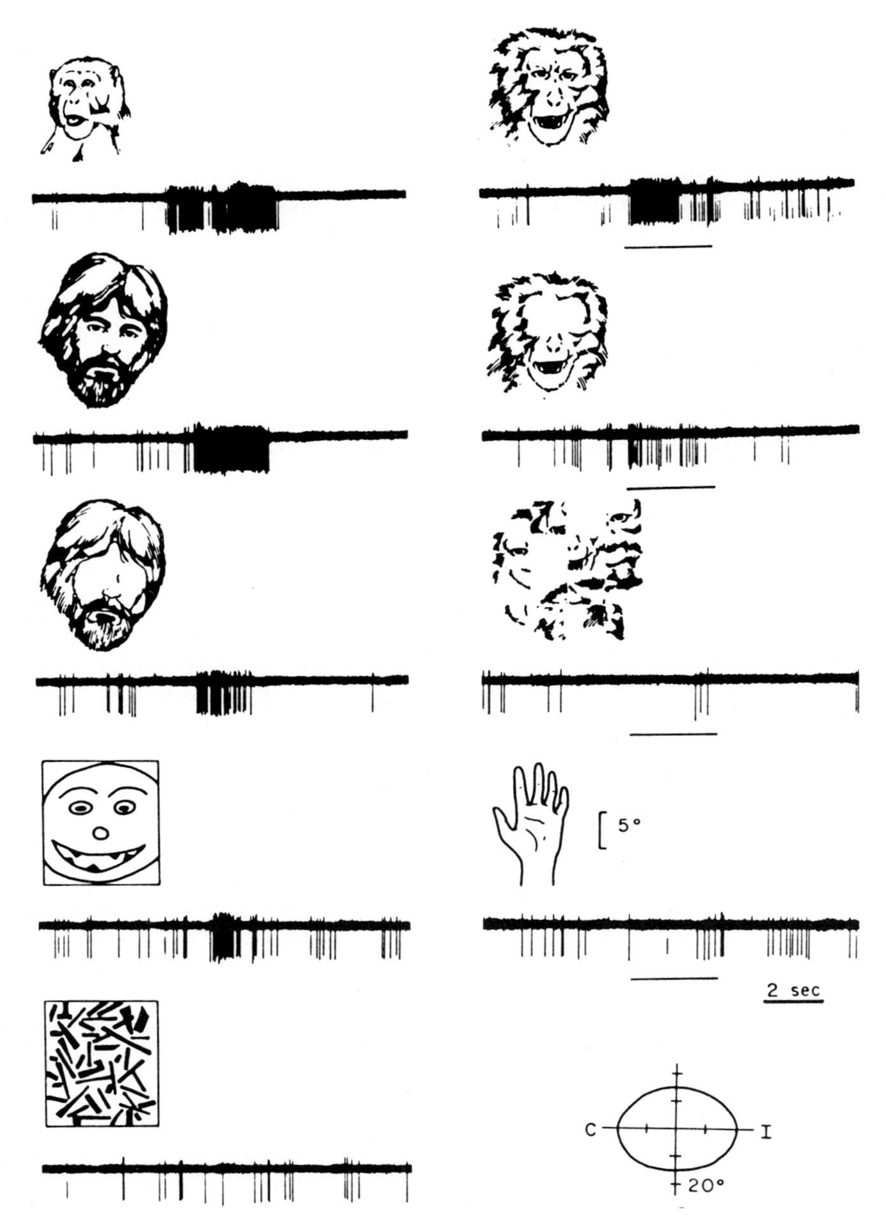

Abb. 23. Spezifizität der Antwort eines einzelnen Neurons im temporalen Cortex des Rhesusaffen auf sehr komplexe Objekte. Das Entladungsmuster wurde mit einer Mikroelektrode beim wachen Affen abgeleitet. Jeder Nervenimpuls ist durch einen vertikalen Strich dargestellt. Die beste Antwort ist auf ein Gesicht von vorne, wenn die Augen sichtbar sind (nach Desimone et al. (1984)).

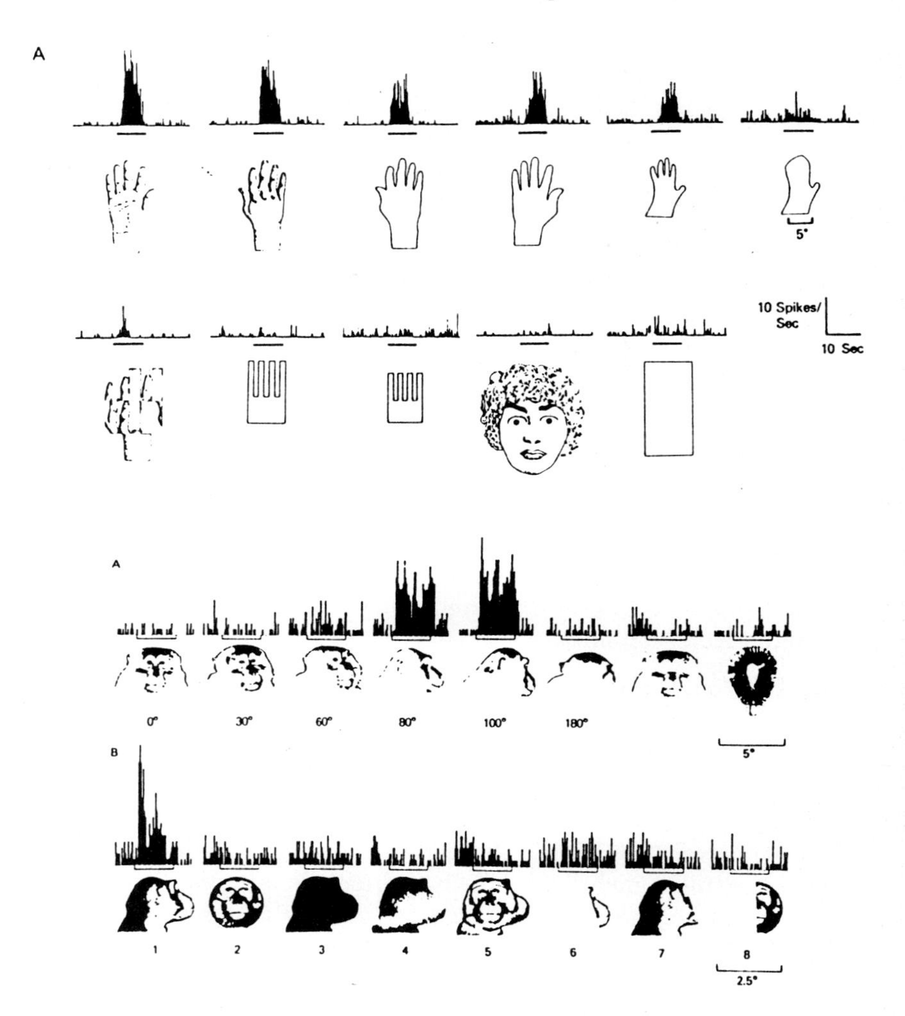

Abb. 24. Spezifizität von zwei weiteren Neuronen im temporalen Cortex. Die mittlere Frequenz der Aktionspotentiale in einem festen Zeitintervall ist oben durch einen Strich variabler Länge gegeben. Die beste Antwort von den in verschiedenen Punkten des Temporalcortex abgeleiteten Neuronen bezieht sich auf eine Hand mit sichtbaren Fingern (1. und 2. Spur oben) und auf ein Gesicht im Profil (3. und 4. Spur oben) (nach Gross et al. (1981) und Desimone et al. (1984)).

JPC: Es handelt sich nicht einfach um die Erinnerung, sondern um die Frage, wie die Information im Nervensystem gespeichert ist. Die Kodierung von mentalen Repräsentationen ist ein Problem der Topologie.

AC: Ja, aber ich bin auf die Topologie aus einem ganz anderen Grund gekommen. Wir sprachen von der großen Verschiedenheit und auch von einer gewissen Invarianz des Hirnaufbaus von einem Individuum zum anderen. Die Topologie ist genau der richtige Rahmen, um solche Tatsachen zu verstehen, denn das gleiche topologische Objekt kann viele verschiedene Realisationen haben. Diese können von vielen verschiedenen simplizialen Komplexen stammen, die alle die gleichen topologischen Eigenschaften haben. So ist die simpliziale Topologie ein ideales Mittel, um zum Beispiel den Begriff der Form zu erfassen, solange man noch nicht die Geometrie quantitativ bestimmen will. Ich möchte Dir die Euler-Poincaré Charakteristik erklären, die das einfachste Beispiel einer Invariante ist, die sich nicht ändert, wenn man einen simplizialen Komplex der Dimension zwei durch einen anderen ersetzt, der das gleiche topologische Objekt beschreibt. Es handelt sich um eine Zahl, die einfach die Zahl der Ecken minus die Zahl der Kanten plus die Zahl der Dreiecke ist. Der Beweis ist nicht schwer, daß, wenn man die oben beschriebene baryzentrische Unterteilung macht, man eine Ecke, drei Kanten und zwei Dreiecke hinzufügt, was die Zahl nicht ändert, die ich eben definiert habe. Wenn man die Euler-Poincaré Charakteristik für die zweidimensionalen Sphäre berechnet, hat man vier Ecken, vier Dreiecke und sechs Kanten. Sie ist daher zwei. Man könnte sich übrigens leicht ein elektrisches System vorstellen, daß diese Zahl für einen gegebenen simplizialen Komplex mißt.

Die Topologie erlaubt eine Anzahl komplizierterer Transformationen als die der baryzentrischen Zerlegungen. Diese verändern das topologische Objekt und erzeugen ein nicht homöomorphes Objekt, ohne jedoch seinen sogenannten „homotopen Typ" zu verändern. Eine wesentliche Invariante eines topologischen Raumes unter Homotopien ist seine „Fundamentalgruppe". Für eine Sphäre ist sie trivial, das heißt sie besteht aus nur einem Element, aber sie ist es nicht mehr sogar für zweidimensionale simpliziale Komplexe, wie der in Abbildung 25. Die Topologie ist das Studium der Invarianten von topologischen Räumen, entweder in bezug auf Homotopien oder auf Homöomorphismen. Es scheint mir nicht unwahrscheinlich, daß das Gehirn auf elementarer Ebene oder vielleicht sogar in einer höchst reichen Form Zugang zu topologischen Strukturen hat, dank der Kombinatorik der simplizialen Komplexe. Die Topologie zeigt, daß die Kombinatorik eines simplizialen Komplexes unglaublich vielseitig sein kann. Und es wäre schade, den Fortschritt der Topologie nicht zur Konstruktion von Gedächtnisspeichern zu verwenden und sich dort auf Baumstrukturen zu beschränken, also auf simpliziale Komplexe der Dimension eins mit einer trivialen Fundamentalgruppe.

Die Definition der Fundamentalgruppe ist leicht verständlich: Nachdem man einen Basispunkt gewählt hat, das heißt eine Ecke als Bezugspunkt, betrachtet man alle Wege, die man den Kanten entlang im „Gitter" durchlaufen kann und die zum Anfangspunkt zurückkommen. Man verknüpft zwei Wege, indem man einen nach dem anderen durchläuft. Die einzige Subtilität besteht darin zu verstehen, wann zwei Wege dasselbe Element der Fundamentalgruppe definieren. Zur Erklärung könnte ich auf dem kombinatorischen Niveau operieren, aber das wäre mühsam. Ich kann auch ein geometrisches Bild geben. Obwohl ein simplizialer Komplex ein kombinatorisches Objekt ist, hat er eine sogenannte geometrische Realisierung. Man bettet die Ecken des simplizialen Komplexes in einen hinreichend hochdimensionalen Raum ein, man verbindet die Ecken am Ende einer Kante durch ein wirkliches Segment, man verbindet die Tripel, die die Ecken eines Dreiecks sind, durch ein echtes Dreieck, dessen Seiten die eben definierten Segmente sind, und so weiter. Die Abbildung hier zeigt die geometrische Realisierung eines simplizialen Komplex der Dimension zwei (siehe Abb. 25).

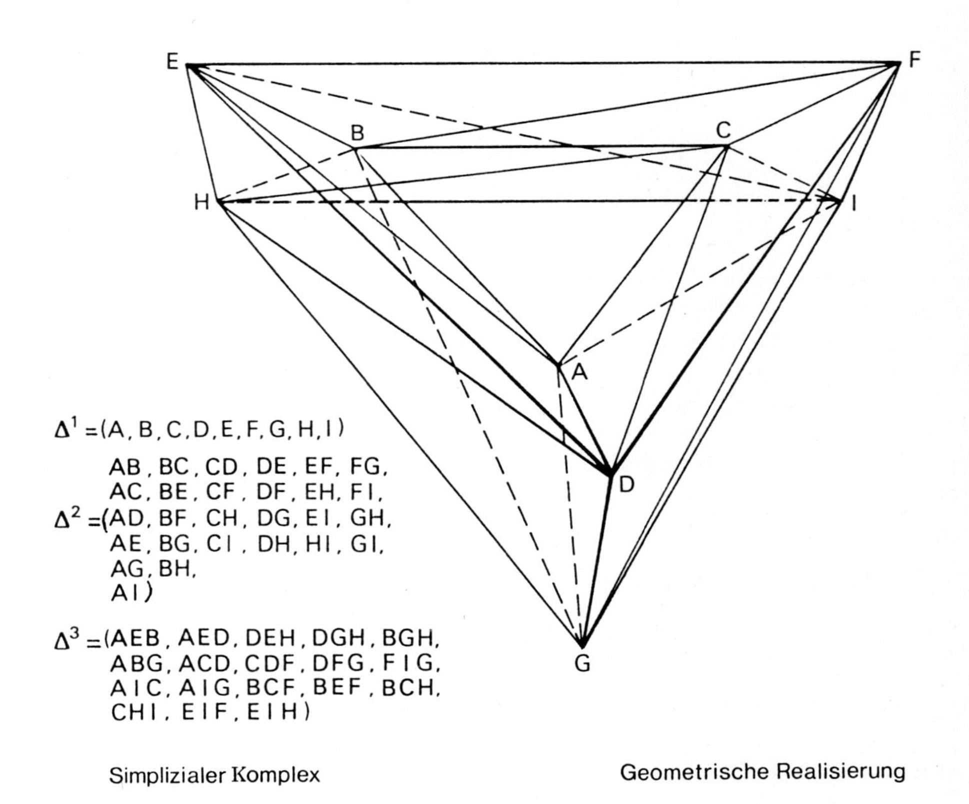

Abb. 25. Geometrische Realisierung eines simplizialen Komplexes der Dimension zwei.

Im allgemeinen ist ein bildliche Darstellung schwierig, da der simpliziale Komplex notwendigerweise in einem sehr hochdimensionalen Raum eingebettet ist. Deshalb kann man ihn nicht direkt als geometrische Figur sehen.

Man ist daher wohl oder übel gezwungen, die Geometrie durch die Kombinatorik zu ersetzen. Aber wenigstens in niedrigerer Dimension kann man leicht erklären, wann zwei Wege dasselbe Element der Fundamentalgruppe bilden, oder gleichbedeutend damit, wann ein Weg als Element der Fundamentalgruppe die Identität definiert. Dies ist der Fall, wenn man den Weg in einen trivialen deformieren kann, ohne ihn zu zerreißen (siehe Abb. 26).

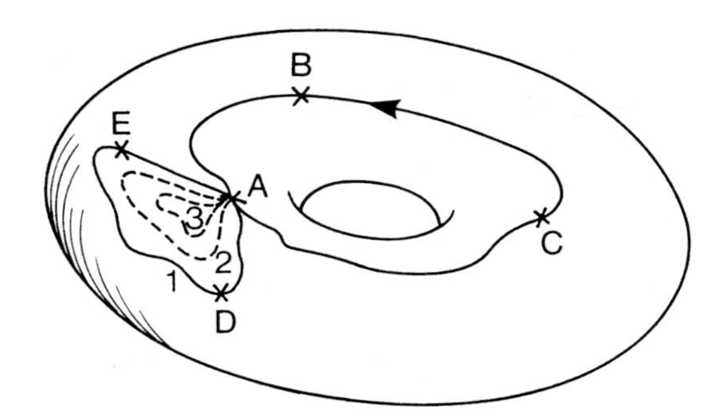

Abb. 26. Die Schleife ACB stellt ein nichttriviales Element der Fundamentalgruppe des simplizialen Komplexes der Abbildung 25 dar. Die Schleife AED bildet das triviale Element, da man sie in den Etappen 1, 2 und 3 der Figur auf einen Punkt zusammenziehen kann.

Man erhält durch diese Konstruktion schon alle interessanten Fundamentalgruppen, ausgehend von simplizialen Komplexen der Dimension zwei. Dies spricht für die unglaubliche Fruchtbarkeit dieser Kombinatorik, sogar für die zweidimensionalen simplizialen Komplexe. Es ist erstaunlich, daß das Gehirn potentiell eine Riesenmenge von solchen kombinatorischen Strukturen realisieren und den Reichtum der Topologie ausnutzen kann. Zum Beispiel ist das Zählen der Löcher in einer Fläche nichts anderes als die Berechnung seiner Euler-Poincaré Charakteristik.

JPC: Kann man auf dieser Grundlage eine Machine konstruieren? Das wäre tatsächlich der beste Beweis...

AC: Die Anzahl der Löcher in einer Fläche zu zählen, das heißt die Euler-Poincaré Charakteristik zu bestimmen, ist sehr einfach. Um die Invariante zu erhalten, müßte die Machine die Anzahl der Ecken zählen. Sie müßte die Anzahl der Kanten abziehen und die der Dreiecke hinzufügen. Das ist also sehr einfach. Ein elektisches System würde genügen.

JPC: Das Gehirn geht nicht so vor. Es zählt nicht.

AC: Aber sehr wohl ein elektrisches System. Stelle Dir ein System vor, wo jede Ecke die gleiche positive elektrische Ladung trägt. Jede Kante würde eine negative Ladung haben. Jedes Dreieck würde eine positive Ladung hinzufügen. Wenn Du jetzt die Gesamtladung mißt, wenn sich das System entlädt, würdest Du eine topologische Invariante erhalten.

JPC: Man müßte es bauen.

AC: Einverstanden. Aber das ist nicht unmöglich. Und übrigens hindert nichts daran, nicht nur elektrische sondern auch chemische Prozesse zu verwenden.

JPC: Sicherlich. Ich hielt mich an elektrische Erscheinungen, weil sie leichter zu messen sind. Die Freisetzung von chemischen Transmittoren zu bestimmen, ist schwieriger, aber mindestens indirekt realisierbar. Aber wir sind noch weit von der Durchführung *in vivo* entfernt. Im Falle des Nervensystems ist es auch schwierig, kleine neuronale Ensembles zu finden, die sich auf globalere und schwieriger erfaßbare Funktionen beziehen. Aber es ist möglich, wie es das Beispiel der Gesichtererkennung im temporalen Cortex zeigt.

AC: Man könnte sich zum Beispiel denken, die Erkennung von Formen, die nicht die Topologie der Dimension zwei überschreiten, allein durch ein System von Punkten (den Neuronen), Kanten und Dreiecken zu verwirklichen, also durch ein System, in dem man nicht mehr als Tripel von Neuronen korreliert anregen muß. Aber offenbar gehört das in das Reich der reinen Spekulation.

JPC: Nein. Dies ist eine einfache Vorhersage zur Prüfung durch die Physiologen! Die Korrelation der Aktivitäten verschiedener Neurone wird schon in mehreren Laboratorien gefunden[4].

Wir haben die Frage der Invarianten und der Repräsentationen behandelt. Kommen wir von dort zur zweiten Frage: Die Organisation des Langzeitgedächtnisses wird oft durch Baumgraphen dargestellt. Wenn Du Dir die Repräsentationen in dieser neuen Topologie vorstellst, wie denkst Du Dir den Zugang zu diesem Gedächtnis und seine Organisation? Aber auch: Wie kann man auf Grund von Analogien schließen? Denn der Analogieschluß könnte einfach darauf beruhen, zwei verschiedene Bäume in Beziehung zueinander.

3 Die Anlage des Langzeitgedächtnisses

AC: Ich weiß, daß für die Beschreibung des Gedächtnisses das verbreitetste Modell die Baumgraphen sind, von denen Du gerade gesprochen hast. Ohne wirklich ein neues Modell vorzuschlagen, kann ich es doch nicht lassen, einen allgemeineren und raffinierteren Begriff als den des Baumgraphen einzuführen: den Begriff des simplizialen Komplexes vom hyperbolischen Typ

[4] Gray et al. (1989)

oder mit negativer Krümmung. Ich habe keine genaue Idee, wie man diese Struktur auf Gedächtnisprozesse anwenden kann. Aber es ist klar, daß der Begriff des Baumes zu einschränkend und zu starr ist, da er einen zwingt, bei der Korrektur eines Fehlers auf genau dem gleichen Weg zurückzulaufen. Die Struktur eines hyperbolischen simplizialen Komplexes ist viel flexibler, ohne die Eigenschaften der Bäume zu verlieren, auf die es in den Gedächtnismodellen ankommt. Während die Baumstruktur eindimensional ist und die Information im Gedächtnis „linear" ordnet, kann diese durch die hyperbolischen simplizialen Komplexe auf viel subtilere Weise organisiert werden. Was ist ein hyperbolischer simplizialer Komplex[5]? Man kann diese Eigenschaft rein kombinatorisch definieren und zum Beispiel sagen, daß es hinreichend für einen zweidimensionalen simplizialen Komplex ist, hyperbolisch zu sein, wenn jede Ecke eines Dreiecks mindestens sieben verschiedenen anderen Dreiecken angehört. Aber man versteht viel besser die Bedeutung dieses Begriffs, wenn man geometrisch denkt und von Geodäten spricht. Zur Erklärung muß ich zuerst auf die nichteuklidischen Geometrien zurückkommen. Im Modell von Poincaré, dem Inneren einer Kreisscheibe in der Ebene, sind die Geodäten die Kreisbögen senkrecht zum Rande des Kreises.

Wählen wir eine solche Geodäte (siehe Abb. 27) und einen Punkt P, der nicht auf ihr liegt. Man kann leicht unendlich viele andere Geodäten konstruieren, die durch P gehen und die erste nicht schneiden. Diese Geometrie, in der die „Geraden" die Geodäten sind, erfüllt nicht die Axiome von Euklid. In diesem Modell ist der Winkel zwischen zwei Geodäten der Winkel zwischen den entsprechenden Kreisen. Man beweist sehr leicht, daß die Summe der Winkel in einem Dreieck immer kleiner als 180 Grad ist, was charakteristisch für einen Raum negativer Krümmung ist. Man kann ebenfalls genau angeben, wie der Abstand zwischen zwei Punkten in dieser Geometrie von Poincaré zu messen ist. Der kürzeste Weg zwischen zwei Punkten A und B ist die Geodäte, das heißt das Stück des Kreises, der durch die beiden Punkte senkrecht zum Rand der Scheibe verläuft. Diese Geometrie hat eine Eigenschaft, die sie einem Baum ähnlich macht und die man nicht in der euklidischen Geometrie findet. Diese Eigenschaft ist genau die Hyperbolizität. Eine einfache Formulierung besagt, daß man, wenn BC ein Segment und A ein nicht auf diesem Segment liegender Punkt ist und man von A nach B gehen will, nur sehr wenig verliert – und auf jeden Fall nicht mehr als eine vorher festgesetzte Größe relativ zum optimalen Weg auf der Geodäten –, wenn man diesen durch den kürzesten Weg von A zum Segment BC ersetzt, gefolgt von einem Weg auf BC (siehe Abb. 28).

Diese Eigenschaft ist offenbar für die Bäume erfüllt. Sie ist falsch für den euklidischen Raum, aber wahr für den hyperbolischen Raum von Poincaré.

---

[5] Gromov (1987)

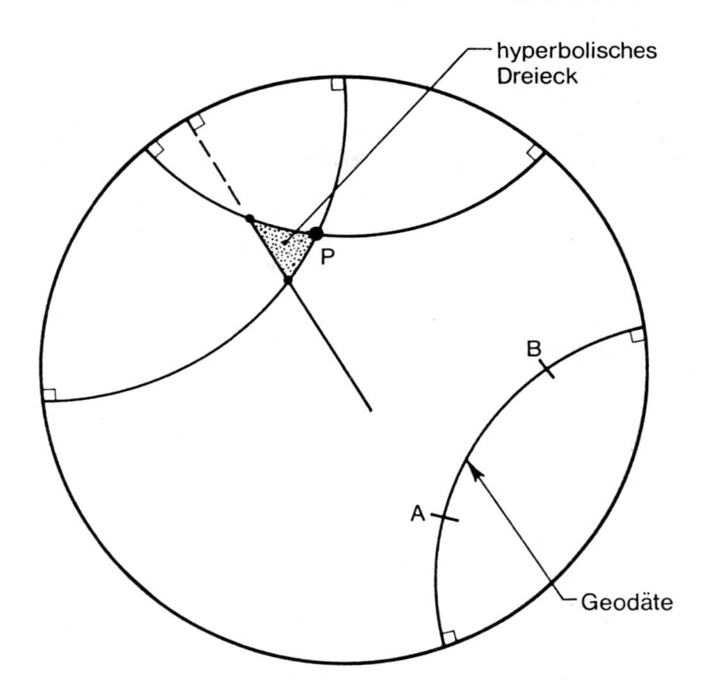

Abb. 27. Hyperbolische Geometrie. In dieser Geometrie sind die „Punkte" die Punkte im Kreisinnern und die „Geraden" die Kreisbögen senkrecht zum Rand des Kreises. Durch den Punkt P, der nicht auf der Geraden AB liegt, laufen unendlich viele „parallele Geraden", die AB nie schneiden.

Ich finde es interessant, daß sie außerdem wahr bleibt für die universelle Überlagerung einer sehr großen Zahl von simplizialen Komplexen, nämlich genau für die hyperbolischen simplizialen Komplexe. Um auf die Organisation des Gedächtnisses zurückzukommen: Wenn man ein Modell konstruiert, wo die Gedächtnisobjekte in einem hyperbolischen Raum lokalisiert sind, so könnte man hier möglicherweise die folgende Operation effizient implementieren: Um die bewußte Aufmerksamkeit von A auf ein Gedächtnisobjekt X zu lenken, das in einem endlichen konvexen Teil P des vorliegenden hyperbolischen Raumes liegt, ist es nicht notwendig, im voraus die genaue Lage von X in P zu kennen, sogar wenn P relativ ausgedehnt ist. Es genügt, sich nach P zu bewegen und, wenn man einmal in P ist, nach X zu gehen. Ein hyperbolischer Raum hat ähnliche Kohärenzeigenschaften wie die Bäume, ohne jedoch eine eindimensionale Struktur mit allen daraus folgenden Nachteilen zu sein.

JPC: Ja, aber es ist ein weiter Weg zwischen dem richtigen Verstehen einer mathematischen Struktur und ihrer Anwendung in der Biologie. Es genügt nicht, über ein formales, sehr allgemeines theoretisches Modell zu

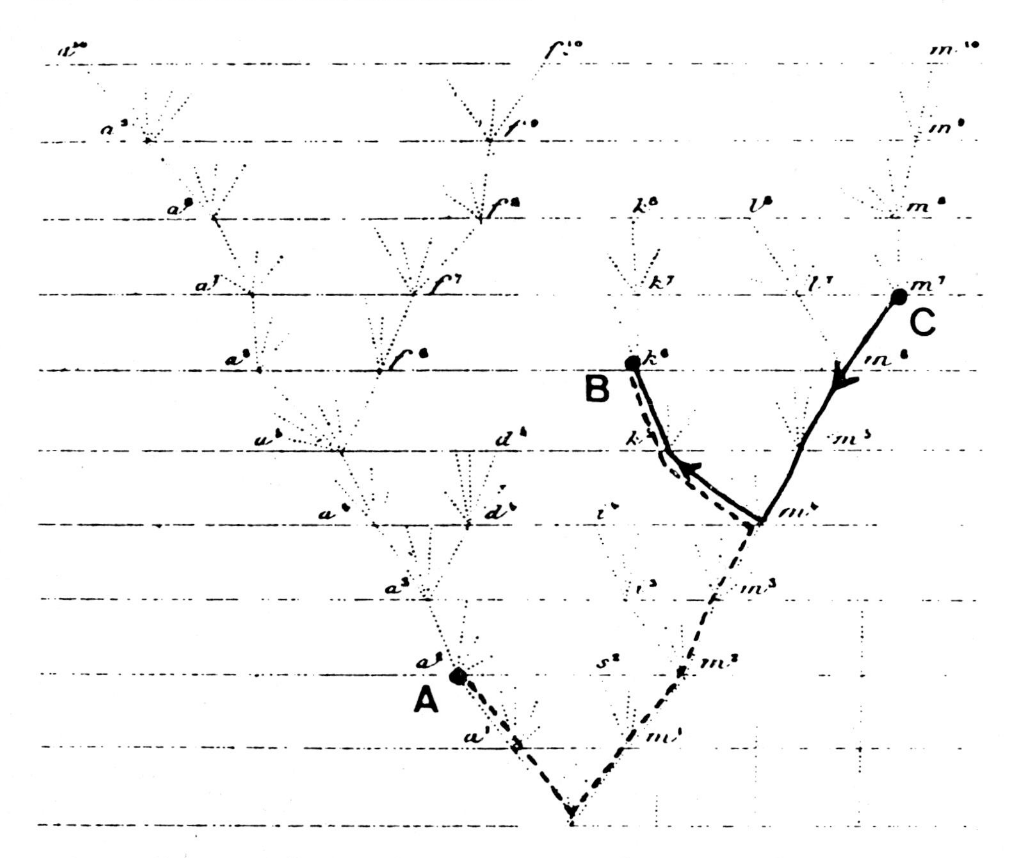

Abb. 28. Baum und Geodäte. Ausgezogene Linie: Geodäte von C nach B; gestrichelte Linie: Geodäte von A nach B (nach Abb. 4 aus Darwin (1859)).

verfügen. Man sollte jetzt untersuchen, ob diese Theorie auf Experimente führt, die man im Laboratorium ausführen kann.

AC: In der Tat arbeitet der Amerikaner W. Thurston seit einigen Jahren daran, mit Hilfe der hyperbolischen Geometrie die Computer zu verbessern.

4 Der Analogieschluß

AC: Achtung! Ich habe noch nicht alle Deine Fragen beantwortet. Du wolltest auch meine Meinung über die Analogieschlüsse haben.

JPC: Ja, die Frage nach den Analogieschlüssen kommt gerade recht.

AC: Ich habe den Eindruck, daß ein Analogieschluß auf zwei Niveaus ausgeführt wird. Einmal geht es um das Erkennen der Analogie. Dies ist wahrscheinlich die schwierigste Stufe, die zur Formerkennung gehört. Ein anderes Niveau möchte ich „Nachbildung, Übersetzung und Verbesserung" nennen. Im ersten Schritt muß man eine Neuronenkonfiguration nachbilden können, oder in mathematischer Sprache einen simplizialen Komplex, der eine gewisse Funktion erfüllt. Nehmen wir an, ein analoges System von Neuronen sei konstruiert. Dann gilt es im zweiten Schritt der Übersetzung das nachgebildete System einzuschalten, indem man die zum ersten System gehörenden Worte durch ihre Übersetzung ersetzt, gestützt auf die Analogie zu dem zweiten Neuronensystem. Nach ausgeführter Übersetzung besteht die dritte Phase in dem Austesten des neuen Neuronensystem, um seine Struktur zu verbessern. Aber ist das Gehirn fähig, eine Kopie herzustellen?

JPC: Vergiß nicht, daß unsere beiden Hemisphären miteinander verbunden sind. Es ist nicht unmöglich, daß gewisse Repräsentationen gleichzeitig in beiden Hemisphären vorhanden sind oder daß eine Übertragung von einer Hemisphäre in die andere stattfindet...

AC: ... Daß man sie sogar zu einen wohldefinierten Zweck erzeugen kann und sie auf die andere Seite hinüberschickt.

JPC: Große Übertragungen von Information geschehen von einer Hemisphäre zur anderen, aber man weiß noch nicht, ob solche Transfers bei Analogieschlüssen vorkommen. Wie Du weißt, sind die beiden Hemisphären nicht vollständig symmetrisch. Man kann sich vorstellen, daß eine von der einen Hemisphäre erzeugte Repräsentation von der anderen verändert wird. Das Verständnis der Zusammenhänge zwischen der rechten und linken Hemisphäre ist ein sehr wichtiges Problem. Bei den niedrigeren Säugetieren, die über keine Sprache verfügen, gibt es nur eine sehr geringe oder gar keine hemisphärische Asymmetrie. Diese scheint mit der Entwicklung der Sprache aufzukommen. Sie erlaubt zudem, beide Hemisphären unabhängig voneinander zu gebrauchen und auf diese Weise „explosionsartig" die Oberfäche des Cortex zu vergrößern, von der weite Teile jetzt nicht mehr redundant verwendet werden. Winzige genetische Veränderungen, die eine leichte Asymmetrie in der Entwicklung erzeugen, könnten plötzlich epigenetisch eine starke Unterdrückung der Redundanz und eine Ausnützung der Möglichkeiten einer Hemisphäre durch die andere und umgekehrt hervorbringen. Dies ist vielleicht der Ursprung des „Phänomens Mensch", der auf Grund von wenigen veränderten Genen und einer wirklich nicht gerade gigantischen Vergrößerung des Gehirns eine völlig neue Leistungsstufe erreicht hat.

5 Verkettungen von Darstellungen und Denkrahmen

JPC: Vielleicht können wir auf die ursprüngliche Idee zurückkommen, nämlich auf den Darwinismus in der Mathematik, auf die Verkettung, um logische Schlußfolgerungen zu ziehen und, vor der Erleuchtung, auf das „Wiederkäuen“ von mathematischen Objekten, die innerhalb eines gestellten Problems einander gegenüberstehen. Wir wollen uns auf zwei Fragen beschränken: Erstens, ob die zeitliche Verkettung von mentalen Repräsentationen zu einer „Aussage“ führt, die selber eine „Wahrheit“ in einer falsifizierbaren Form ausdrückt. Zweitens geht es um die Definition des Begriffs „Denkrahmen“ oder „Absicht“, der grundlegend für das Denken und auch für das mathematische Schaffen ist. Wie soll man eine Absicht in der Mathematik definieren?

AC: Die Wahrscheinlichkeitstheorie enthält als wichtigen Begriff die „Konditionierung“, der hier vielleicht anwendbar ist. Wenn man eine Absicht definieren will, zum Beispiel eine Schachpartie zu gewinnen, dann muß man nach meiner Meinung eine Bewertungsfunktion finden, mit der man abschätzen kann, wie weit man von dem zu erreichenden Ziel entfernt ist. Es ist ein ungelöstes Problem, wie das Gehirn diese Bewertungsfunktion konstruiert. Wir kommen darauf zurück. Im Augenblick wollen wir annehmen, daß wir über eine solche Bewertungsfunktion verfügen, und wir wollen sie gebrauchen, um wie in der Wahrscheinlichkeitstheorie die Systeme zu konditionieren. Hier möchte ich gern das folgende Bild gebrauchen, das auf den von Dir erwähnten Darwinismus Bezug nimmt: Indem wir uns auf innere Entwicklungsmechanismen wie auf die Analogie stützen, wollen wir annehmen, daß das Gehirn schon Tausende von neuronalen Ensembles, von simplizialen Neuronenkomplexen, geschaffen hat, und daß es diese einsetzt, indem es sie mit der Bewertungsfunktion konditioniert. Jedes System erzeugt ein Resultat, und das Gehirn muß unter diesen das Resultat auswählen, das die Bewertungsfunktion optimiert. Ich glaube, daß die Physiker mit der Methode der stationären Phase eine sehr gute Idee haben, die, ohne das Problem zu lösen, wenigstens einen interessanten Mechanismus aufzeigt. Nehmen wir an, daß jedes neuronale Ensemble einen elektischen Strom erzeugt, dessen Phase proportional zum Wert ist, den die Bewertungsfunktion auf diesem System annimmt. Für die Ensembles, die nicht ein Maximum dieser Funktion ergeben, bewirkt die Existenz von kleineren und größeren Werten der Phase für benachbarte Systeme das Verschwinden der Summe der erzeugten Ströme. Für Systeme, in denen die Bewertungsfunktion maximal ist, tritt diese Annullation nicht auf. Sie sind die einzigen, die einen merklichen Beitrag zum Gesamtstrom aller Teilströme leisten. Diese Art von System ist sicherlich nicht wirtschaftlich, und man kann sich viel einfachere Lösungen vorstellen, wenn die Bewertungsfunktion ein für allemal vorgegeben ist, wie in den schachspielenden Computern. Es hat jedoch eine sehr große Anpassungsfähigkeit, was die Physiker ständig im Feynman-Integral ausnützen.

JPC: Man hat daher fast schon einen Selektionsmechanismus.

AC: Ja, aber leider nur, wenn man bereits die Bewertungsfunktion konstruiert hat. Wie kann man zu dieser kommen? Ich gestehe, daß ich keine noch so vage Idee darüber habe.

JPC: Man braucht sie aber trotzdem.

AC: Ich glaube nur, daß diese Funktion mit dem limbischen System verkoppelt ist oder mit anderen Hirnregionen. Sie kann nicht rein im Inneren des Cortex implementiert sein.

JPC: Es ist eine gute Idee, sie sich in einer Schleife vorzustellen.

AC: Ich glaube, daß es eine Beziehung zwischen der Bewertungsfunktion und der Frustration oder dem Vergnügen geben muß, das man spürt, wenn man in der Nähe der Lösung eines Problems ist. Aber ich weiß nicht genau, wie ich sie definieren soll. Wie kann sich das spezifische Ziel, das dem aktiven und gegenwärtigen Denken zu Grunde liegt, in dem Mechanismus destruktiver oder konstruktiver Interferenzen manifestieren?

JPC: Man kann sich vorstellen, daß in dem Moment, wenn das Ziel erreicht ist...

AC: Ja, aber das befriedigt mich nicht, da in der Wahrscheinlichkeitstheorie das zu erreichende Ziel schon die Wahrscheinlichkeit konditioniert, bevor diese destruktiven und konstruktiven Interferenzen auftreten.

JPC: Jetzt haben wir es! Die Berechnung wird in einem Rahmen ausgeführt! Das ist sehr wichtig. Du willst nicht, wie ich, zwischen dem logischen Schließen unterscheiden und...

AC: Ich spreche nicht von der Kreation. Ich bleibe hier auf dem zweiten Niveau.

JPC: Auch auf dem zweiten Niveau spielt das zu erreichende Ziel eine Rolle. Es ist festgelegt. Man könnte es sogar als eine innere „Obsession" ansehen. Das bedeutet, daß ein andauernder Zustand von neuronaler Aktivität...

AC: ... eine Art von Frustration oder Hemmung erzeugen sollte.

JPC: Halt! Man kann sich auch vorstellen, daß ein mit sich selbst rückgekoppelter Schaltkreis das limbische System einbezieht, weil es ein Verlangen gibt. Das Gehirn erzeugt ein hypothetisches Vergnügen, das die Rolle des Führers spielt und den Weg zu einer Lösung freimacht, die eine Quelle von Vergnügen ist oder nicht ist.

AC: Oder umgekehrt, weil es eine Frustration gibt. Man spürt sie sehr oft in der Mathematik. Wenn etwas nicht klappt, dann kommt kein Lustgefühl sondern eine Frustration auf.

JPC: Aus Ärger, das Ziel nicht erreicht zu haben. Das limbische System unterhält „in neuronaler Aktivität" eine Repräsentation, die einen Zusammenhang erzeugt, in dem sich andere mentale Darstellungen anpassen. Diese werden am Ende mit dem Ziel in Resonanz treten, das man sich vornimmt. Sie erzeugen dann ein Gefühl von Vergnügen und von der „Erfüllung" der ursprünglichen Repräsentation. Dies ist eine Metapher, aber auf ähnlichen Grundlagen haben kürzlich Stanislas Dehaene und ich[6] ein Modell für das Lernen von „Regeln" konstruiert, das zu funktionieren scheint.

AC: Ich bin einverstanden, aber Dein Bild berücksichtigt nicht gut die Möglichkeit, die Nähe des Ziels zu messen. Solange es nicht erreicht ist, muß seine „Nähe" erkennbar sein, damit man das Modell anwenden kann. Selbst wenn das Ziel nicht erreicht ist. Dies ist wesentlich für die Anwendung der Konditionierung. Ich glaube gern, daß es einen Mechanismus gibt, mit dem man das Erreichen des Ziels erkennen kann. Dagegen scheint es mir schwieriger, die Entfernung von dem Ziel zu bestimmen, das heißt alles konditionieren zu können...

JPC: Vielleicht verstärkt ein Fortschritt in der Verwirklichung der Absicht diesen fortlaufend durch Summation.

AC: Man berührt hier einen für die mathematische Forschung sehr wichtigen Punkt. Es kommt häufig bei einem Problem vor, daß die Aufgabe erleichtert wird, wenn man weiß, wie weit man von der Lösung entfernt ist. Diese grobe Einsicht von dem zu durchlaufenden Weg hilft, das Problem zu lösen, sogar wenn die untersuchten Fragen sehr seltsam erscheinen können.

6 Die natürliche Auswahl mathematischer Objekte

JPC: Kannst Du andere Bemerkungen über den Darwinismus in der Mathematik machen?

AC: Ich gehe davon aus, daß der Darwinismus bei den zerebralen Funktionen eher auf Mechanismen konstruktiver Interferenz und auf Resonanzen von Gruppen beruht als auf einem Phänomen von natürlicher Auslese und Elimination.

JPC: Ich denke, daß dies eine Form von natürlicher Auslese ist. Aber „natürliche Auslese" muß hier in einem strengen Sinn genommen werden und unseren Kenntnissen über die Struktur und Entwicklung des Gehirns angepaßt sein. Dieser Begriff ist sogar in der Populationsdynamik oft schwer zu präzisieren. Er ist für Populationen definiert, die sich in einer gegebenen geographischen Verteilung fortpflanzen. Der traditionelle Darwinismus enthält, angewandt auf die Entwicklung der Arten, die Begriffe der zeitlichen Dynamik, der Population und der geographischen Verteilung. Auf das Nervensystem kann man den Gesichtspunkt der Vermehrung nicht anwenden. Die Neuronen vermehren sich nicht. Es zählt allein die differentielle

[6] Dehaene und Changeux (1989)

und „kompetitive" Besetzung gewisser Territorien. Deine Formulierung geht ganz in diese Richtung. Die Wirkungen von konstruktiven Interferenzen und von Gruppenresonanzen können daher als dem Gehirn eigene Selektionsmechanismen angesehen werden. Gehen wir also zum dritten Niveau über! Wie siehst Du die Intentionen?

AC: Charakteristisch für dieses Niveau ist neben dem erlebten Vergnügen der plötzliche Eindruck, daß sich brutal ein Nebel hebt. Der bewußte Teil des Denkens hat dann direkt Zugang zu einer Welt, die für ihn frei von aller Fremdartigkeit ist. Keine mühsame Verifikation ist mehr notwendig. Ohne Zweifel erregt dieses für das dritte Niveau charakteristische Gefühl das limbische System.

JPC: Du läßt mich an die mystische Ekstase der heiligen Theresa von Aquila denken.

AC: Die mystische Ekstase sollte sicherlich die gleichen Hirnregionen anregen. Aber aus anderen Gründen, ebenso wie die ästhetische Harmonie.

JPC: Wir berühren hier eine Frage, die mir am Herzen liegt: Wie hängen Wissenschaft und Kunst zusammen? Was ist der Unterschied zwischen einem mathematischen Objekt und einem Kunstwerk?

AC: Es ist nicht unmöglich, daß Künstler, Dichter oder Musiker mit ihren eigenen Mitteln dazu kommen, mit Hilfe der Erleuchtung äußerst stark vertiefte Inhalte auszudrücken, die sie möglicherweise nur einmal in ihrem Leben verspürt haben. In der Tat kann ein Kunstwerk, etwa ein Musikstück, das limbische System auf sehr ähnliche Weise anregen. Aber um auf die Erleuchtung und die Mathematik zurückzukommen: Da es uns einzig vermittels einer Kette von logischen Schlußfolgerungen möglich ist, ein Resultat mitzuteilen, muß man ziemlich schnell vom dritten zum ersten Niveau zurückkommen. Es ist notwendig, den Beweis, den die Erleuchtung uns hat sehen lassen, einer fußgängerischen Nachprüfung zu unterziehen. So ist der Zustand der Ekstase extrem kurz. Nachdem sie abgeklungen ist, kann man den Beweis Schritt für Schritt nachprüfen. Aber in einem gewissen Sinn hat sich dann die rein „mystische" Phase verflüchtigt.

JPC: Wie kommt hier der Darwinismus zu Wirkung?

AC: Ich denke, daß die erste der drei Etappen, von denen Hadamard spricht, nämlich die Vorbereitung, genau die Bewertungsfunktion definieren kann, die im Prinzip den Darwinismus leitet.

JPC: In der Evolution beginnt der Darwinismus bei der Amöbe, um beim Menschen anzukommen. Deswegen ist er interessant. Seine wichtigste Anwendung in der Mathematik ist die „Schöpfung" eines neuen mathematischen Objekts durch Kombination von Bausteinen, die bereits zur anerkannten Mathematik gehören. Dieses Objekt wird, obwohl es neu ist, auf Grund seiner Resonanz mit einem schon existierenden Körper ausgewählt.

AC: Man kann sich das gut so vorstellen.

JPC: Um diese Idee zu stützen, erinnere ich daran, daß nach Dir ein Problem schöpferisch anzugehen heißt, es zuerst zu „erweitern". Was heißt erweitern? Das Problem in den Arbeitsspeicher des Kurzzeitgedächtnisses mathematischer Objekte einzubringen, die keine direkte Verbindung mit dem angestrebten Ziel haben. Das Eindringen von fremden Strukturen, von „Außenseitern", läßt ein neues mathematisches Objekt entstehen. Dies erlaubt dem Mathematiker, seinen bisherigen Rahmen zu sprengen, und öffnet ihm den Zugang zu einer neuen Erkenntnisstufe. Dies ist dann die Folgewirkung der Kombinatorik auf das Geschaffene, die manchmal sehr lange während der Periode der Inkubation wirkt. Der Darwinismus scheint in der Mathematik die „Schöpfung" auf sehr angemessene Weise zu beschreiben. Der Ball ist bei Dir. Welche Selektionsbedingungen erzeugen die Erleuchtung? Ist es die Vereinigung mit all dem, was vorher schon bestand?

AC: Ich weiß nicht, ob man das Bild einer konstruktiven Interferenz behalten kann, so wie ich es vorher gebraucht habe. Wenn sich die Erleuchtung einstellt, dann erstreckt sie sich nicht nur auf das untersuchte, in seiner Neuigkeit erfaßte Objekt, sondern auch auf dessen Kohärenz mit dem, das das Gehirn schon verstanden hat und gut kennt.

JPC: Und die Unterschiede? Man fällt nicht auf eine schon bekannte Struktur zurück. Es handelt sich also nicht einfach um eine Übereinstimmung. Das Objekt ist neu und fügt sich trotzdem in das, was man schon kennt, ein.

AC: Ich weiß nicht, wie ich es ausdrücken soll. Man braucht nicht mehr einen Selektionsmechanismus, der auf das festgelegte Ziel gerichtet ist, sondern ein unmittelbar wirkendes Maß für diese Verträglichkeit, sogar bevor das bewußte Denken ins Spiel kommt. Ein schwierig zu verstehender Mechanismus erlaubt, ohne Zugriff auf das rationale Denken die Resonanz zwischen dem neuen Denkobjekt und den Objekten zu fühlen, die man schon seit langem zu manipulieren gewöhnt ist. All dies ist, gebe ich zu, sehr schwer zu verstehen...

JPC: Ja, aber eine in der Mathematik schöpferische Maschine braucht diese Mechanismen.

AC: Genau. Im anderen Fall wäre es ein traditioneller Computer. Es ist bemerkenswert, daß das Gehirn diese Kohärenz zwischen verschiedenen Objekten wahrnehmen kann und auch die Harmonie eines Objekts, das es vorher nicht gekannt hat. Aber es besteht keineswegs eine Identität. Dort zeigt sich nach meiner Meinung die Kohärenz der mathematischen Welt.

JPC: Sie ist die Kongruenz mit den anderen mathematischen Objekten, die im Langzeitgedächtnis gespeichert sind .

AC: Es scheint mir nur, daß dies der Beweis der Kohärenz der mathematischen Welt unabhängig vom Individuum ist.

JPC: Genau dorthin wollte ich Dich bringen. Diese Kohärenz wirkt in dem Auswahlprozeß zuerst auf Grund von fehlenden Widersprüchen, und es ergibt sich daraus eine neue kohärente Struktur.

AC: Ich bin mir dessen nicht sicher. Ich glaube nur, daß sie sich durch diesen Selektionsprozeß *offenbart*...

JPC: Wir wollen nicht auf diesen Streitpunkt zurückkommen! Ich glaube, daß die Integration eines neuen Objekts in ein Ganzes einen neuen Erkenntnisraum eröffnet. In einem gewissen Sinne bringt die Erleuchtung mehrere Organisationsstufen des Gehirns in Harmonie, wie bei der Betrachtung eines Kunstwerks. Aber wie sollen wir diese Art von ästhetischer Freude definieren, die gewisse Gemälde in uns erwecken?[7] Sie scheint durch vielfache Resonanzen zwischen verschiedenen Schichten erklärbar zu sein, die die Rationalität, das Verständnis und das limbische System miteinander verbinden. Der Eintritt in den Zustand der Resonanz erfolgt, wenn der Betrachter sich vor einer „einzigartigen" Struktur befindet. Man kann deshalb diese Erleuchtung als eine Art zwischenschichtliches mentales Objekt ansehen, das in jeder Hinsicht neuartig ist und voneinander getrennte mentale Objekte in Beziehung setzt.

AC: Ich bin ganz mit Deiner Interpretation einverstanden. Ich hätte sie aber gerne schärfer von Dir gefaßt.

JPC: Diese Metapher läßt sich bis zu einem gewissen Grad in gleicher Weise auf das Kunstwerk wie auf die mathematische Erleuchtung anwenden. Die Illumination wirkt um so stärker, je neuartiger das auftauchende Objekt ist, und dringt in ein schon von latenten Strukturen besetztes Gebiet ein. Du behauptest, daß diese Strukturen da sind, *damit* es kommt...

AC: Ja, aber sie befinden sich nicht im Inneren des Gehirns. Sie gehören zur mathematischen Welt.

JPC: Ob die Mathematik in der Außenwelt existiert oder nicht, sie befindet sich im Gehirn im Augenblick, wo die Erleuchtung stattfindet.

AC: Sicherlich. Ich möchte nur sagen, um auf unsere Diskussion zu Anfang zurückzukommen, daß man nach der persönlichen Erfahrung der Erleuchtung Schwierigkeiten hat, nicht an die Existenz einer vom Gehirn unabhängigen Harmonie zu glauben, die nichts dem individuellen Schöpfungsakt verdankt.

JPC: Das ist subjektiv. Ich glaube nicht, daß man sagen kann, die *Pietá* von Michelangelo habe existiert, bevor Michelangelo sie geschaffen hat. Nehmen wir noch einmal die künstlerische Metapher auf. Man spürt eine „Erleuchtung", wenn man zum ersten Mal das *Jüngste Gericht* sieht. Aber es ist absurd zu sagen, daß dieses Bild existierte, bevor es Michelangelo gemalt hat. Genau so in der Mathematik...

---

[7] Changeux (1988)

AC: Was Du sagst, ist bestimmt wahr. Ich glaube trotzdem, daß es einen grundlegenden Unterschied zwischen der Harmonie gibt, die man vor der *Pietá* von Michelangelo verspürt, und dem tiefen Eindruck, den man hat, wenn man in einer schönen Sommernacht mit Hilfe eines astronomischen Fernrohrs und eines Taschenrechners nachweist, daß die vier Jupitermonde um diesen Planeten nach den Keplerschen Gesetzen kreisen. Ich kann schwer zugeben, daß diese Art kosmischer Harmonie eine Schöpfung des menschlichen Gehirns ist. Ich möchte sogar so weit gehen und das Gegenteil behaupten, daß diese lange vor dem Menschen geschaffene Harmonie wahrscheinlich beigetragen hat, durch die „mysteriöse Tiefe der gestirnten Nächte" die metaphysische Neugier zu erwecken. Aber kommen wir zur Erleuchtung zurück.

JPC: Noch einmal: wir wollen nicht die Existenz von Regelmäßigkeiten in der materiellen Welt mit ihrem Ausdruck in approximativer Form in mathematischen Gleichungen verwechseln, die das menschliche Gehirn geschaffen hat. Um auf theoretischer Ebene weiterzukommen, wäre es interessant – was wohl einer der großen Vorteile des darwinistischen Modells ist –, die Eigenschaften des *Vielfaltsgenerators* und seine Funktionsweise in der Festlegung von Absichten, in dem Abruf von Gedächtnisobjekten aus dem Langzeitspeicher, und vor allen seine *Auswahlkriterien* zu definieren. Wie stellst Du Dir diese Auswahlfunktion vor? Wenn es keine Bewertungsfunktion ist, was kann sie dann sein? Es gibt ja eine Berechnung der Kohärenz, die man prüfen und anerkennen muß. Ist es nicht die Plausibilität einer Hypothese?

AC: Es ist eindrucksvoll, daß diese Berechnung der mathematischen Kohärenz augenblicklich vonstatten geht. Im Bruchteil einer Sekunde erscheint nicht nur die Plausibilität sondern auch die Gewißheit, daß das Gefundene eine angemessene Beschreibung des Gesuchten ist. Dies ist kein Reflex, aber es vollzieht sich mit der gleichen Geschwindigkeit.

JPC: Man findet ähnliches bei der Gesichtererkennung. Nicht bei der eines bekannten Gesichts, sondern bei der eines passenden unbekannten.

AC: Das ist, glaube ich, genau der Unterschied zwischen dem zweiten und dritten Niveau. Das zweite vermag zu erkennen, was ein vorher formuliertes Problem mit strategisch ausgefeilten Methoden löst. Das dritte Niveau kann die Harmonie und die Mächtigkeit eines neuen Objekts erfassen, das nicht notwendigerweise einem spezifischen Problem entspricht.

VI. Die Denkmaschinen

1 Gibt es intelligente Maschinen?

JEAN-PIERRE CHANGEUX: Schon der Titel dieses Gesprächs stellt die zentrale Frage nach der Beziehung des Gehirns zur Maschine und, allgemeiner, der exakten Wissenschaften zum Gehirn und seiner Funktionsweise. Auf dem Gebiet der Denkmaschinen kann man mindestens drei Richtungen unterscheiden.

Die erste, die *künstliche Intelligenz*, stellt sich die Aufgabe, die höheren Hirnfunktionen und die menschliche Intelligenz mit Hilfe eines Computers zu simulieren. Es handelt sich hier in gewissem Sinn darum, das menschliche Gehirn durch eine Maschine zu ersetzen. Zahlreich sind die Erfolge der künstlichen Intelligenz: Roboter, die Autos lackieren, Computer, die Reisen von Raumsonden zum Mars und weiter steuern, Expertensysteme, die über den jüngsten Fortschritt der Medizin Auskunft geben, und so weiter. Jedoch hat die künstliche Intelligenz nicht den Ehrgeiz, die Funktionsweise des menschlichen Gehirns zu verstehen, sondern nur gewisse seiner Funktionen zu „simulieren". Daher ist dieses Vorgehen von Anfang an sehr beschränkt.

Die zweite Methode versucht, das menschliche Gehirn und seine Funktionen zu *modellieren*. Hier handelt es sich um eine tiefer gehende Untersuchung, die auf einen interdisziplinären Beitrag von mathematischer, physikalischer, neurobiologischer und psychologischer Kompetenz angewiesen ist. Diese Modellierung berücksichtigt anatomische und physiologische Daten, Resultate der Molekularbiologie und selbstverständlich die Beobachtung von Verhaltensweisen mit psychologischen und ethologischen Methoden. Hier ist der Fortschritt bisher gering. Man hat jedoch schon recht gute Modelle für elementare Mechanismen entwickelt, wie das Modell der Nervenleitung von Hodgkin und Huxley oder das der allosterischen Übergänge von postsynaptischen Rezeptoren, und auch Modelle für Systeme von nur wenigen Nervenzellen, wie das für den Schwimmrhythmus des Neunauges[1], das Erfassen von visueller Information durch die Retina oder das Lernen des Vogelsanges[2].

[1] Grillner et al. (1991)
[2] Dehaene et al. (1987)

Ich glaube, daß dieser Zugang bei weitem der wichtigste ist. Und wenn wir dieses Thema gemeinsam diskutieren, dann vielleicht deswegen, weil der eine oder der andere von uns auf diesem Gebiet etwas beitragen kann.

Kommen wir zum dritten Vorgehen, der *Konstruktion von neuro-mimetischen Maschinen.* Hier handelt es sich um das folgende Projekt: Wenn man einmal theoretische Modelle von zerebralen Funktionen aufgestellt hat, die an Hand des natürlichen Gehirns und seiner Neuronen entwickelt wurden, gilt es, Systeme mit einer der Natur nachgebildeten neuronalen Architektur zu konstruieren, die sich echt intelligent verhalten.

Dies sind drei Richtungen, die alle noch sehr wenige Ergebnisse aufweisen. Die in der dritten verwendeten Architekturen sind immer stark vereinfacht: einige Neuronenschichten, rudimentäre elementare Prozesse und so weiter.

ALAIN CONNES : Der zweite Weg ist wohl ohne den dritten nicht sinnvoll?

JPC: Ja. Der dritte Weg ist in einem gewissen Sinne eine Verifikation des zweiten. Um zu zeigen, daß ein theoretisches Modell angemessen ist, muß man mit ihm *experimentieren*, indem man eine Maschine baut, die ähnliches leistet wie ein menschliches Gehirn. Man kann deshalb annehmen, daß der dritte Weg den zweiten tatsächlich vervollständigt[3].

Aber jetzt möchte ich gerne mit Dir drei Fragen diskutieren. Die erste bezieht sich auf den Gödelsche Satz, die zweite auf die Turing-Maschine und die letzte auf die Unterschiede und Gemeinsamkeiten zwischen einem menschlichen Gehirn und den Maschinen, die der Mensch heute konstruieren kann.

2 Der Gödelsche Satz

JPC: In der biologischen Literatur wird der Gödelsche Satz häufig angerufen, um den Ehrgeiz der Neurobiologen zu dämpfen und sogar um ihre Methode in Frage zu stellen. Er dient dann zur Unterstützung der These, daß der „menschliche Geist" für immer der exakten Wissenschaft unzugänglich bleiben wird. François Jacob schreibt zum Beispiel: „Man kann sicher sein, daß die Reaktionen, die die Gehirnaktivität charakterisieren, dem Biochemiker ebenso banal vorkommen werden wie die der Verdauung. Aber in physikalischer und chemischer Sprache einen Akt des Bewußtseins, ein Gefühl, eine Entscheidung oder eine Erinnerung zu beschreiben, das ist eine andere Sache. Es gibt keinen Grund dafür, daß man jemals dazu kommt, und zwar nicht nur wegen der Komplexität, sondern auch, da man seit Gödel

---

[3] Mead (1989)

weiß, daß ein logisches System nicht genügend aussagekräftig für seine eigene Beschreibung ist[4]. Das Gegenteil besagt der berühmte Aphorismus von Cabanis: „ Das Gehirn sekretiert das Denken wie die Leber die Galle".

Ich selber teile die Ansicht von François Jacob über die Biochemie des Gehirns und den relativ banalen Charakter der Moleküle, die zur elementaren Struktur und Funktion unseres Gehirns beitragen. Die Resultate, die man seit 1970 gewonnen hat, zeigen es. Aber ich stimme nicht seiner Anwendung des Gödelschen Satzes auf die Neurowissenschaften zu. Sicherlich würde sich ein interessantes methodologisches Problem stellen, wenn der Neurobiologe sein eigenes Gehirn untersuchte, während es sich selber betrachtet. Jedoch sehe ich beim gegenwärtigen Stand der Wissenschaft kein grundlegendes Hindernis, die Hirnfunktionen eines Kollegen oder zum Beispiel von Dir mit Hilfe von nichtinvasiven Abbildungsmethoden zu untersuchen oder, besser, die einer dem Menschen nahe stehenden Art, etwa des Affen, mit den Werkzeugen der experimentellen Neurobiologie. Ein guter Grund dafür ist, daß die Methode der Reduktion oder, besser noch, der Rekonstruktion, die wir in den experimentellen Wissenschaften verwenden, eine Erklärung der Eigenschaften auf einem niedrigeren Niveau anstrebt als auf dem, das man zu erklären sucht. Man stützt sich daher auf die Organisation, auf die Regeln der Wechselwirkung und die Eigenschaften der Elemente, die das niedrigere Niveau ausmachen, um die Eigenschaften des höheren Niveaus zu erklären. Auf diese Weise erforscht der Neurobiologe die neuronalen Grundlagen der höheren Funktionen des menschlichen Gehirns. Und in diesem Stadium ergibt sich nach meiner Sicht kein theoretisches Hindernis. Die größten Schwierigkeiten scheinen mir eher die Komplexität der Organisation des Gehirns, seine Variabilität von einem Individuum zum anderen und die mögliche Beeinflussung der zerebralen Funktionen selbst durch die Beobachtungsmethoden zu sein. Man trifft übrigens dasselbe Problem in der Physik, wo auch die Meßmethoden die beobachteten Objekte stören können.

Kommen wir zum Gödelschen Satz. Man könnte annehmen, daß seine mathematische Übersetzung in dem berühmten philosophischen Paradox enthalten ist: „Alle Kreter sind Lügner", sagt der kretische Denker Epimenides. Es ist unmöglich zu entscheiden, ob diese Aussage wahr oder falsch ist. Man befindet sich also in einem Zustand der Unentscheidbarkeit. Wie formulierst Du den Gödelschen Satz? Wie würdest Du ihn auf die Neurowissenschaften anwenden und im besonderen auf die Modellierung von zerebralen Funktionen eines Gehirns, das Mathematik betreibt?

AC: Nach meinem Wissen gibt es zwei grundlegende Theoreme von Gödel über die Unmöglichkeit, wie es F. Jacob sagte, daß ein logisches System zu seiner eigenen Beschreibung genügt. Das erste besagt, daß es

[4] Jacob (1970) S. 337

auf Grund eines Mechanismus der Selbstreferenz unmöglich ist, die Widerspruchsfreiheit der Mengentheorie zu beweisen. Das gleiche ist übrigens für jede sogar noch primitivere Theorie wahr, falls sie nur gewisse sehr einfache Axiome erfüllt. Hinzu kommt weiter der Unvollständigkeitssatz. Um dieses zweite Resultat zu formulieren, muß ich zunächst klarmachen, was in einem Axiomensystem, wie in dem der Mengentheorie, eine nichtentscheidbare Aussage ist. Ich möchte dazu eine kleine Geschichte erzählen. Während einiger Jahre bin ich jeden Donnerstag zu einem befreundeten Mathematiker gegangen, der einen mathematischen Satz bewiesen zu haben glaubte. Er arbeitete an dem Problem, das nach einem polnischen Mathematiker der Vorkriegszeit benannt ist, nämlich ob die geordnete Menge der reellen Zahlen durch eine gewisse Eigenschaft charakterisiert ist. Über fast dreißig Jahre hat dieses Problem meinen Freund beschäftigt. Und jeden Donnerstag, wenn ich ihn besuchte, schlug er mir eine Lösung vor. Er glaubte, einen Beweis gefunden zu haben, und jedesmal gingen wir auf die gleiche Weise vor. Er legte mir seine Lösung vor, und zwar oft in schriftlicher Form. Ich suchte den Fehler. Manchmal fand ich ihn sofort, manchmal mußten wir in der nächsten Woche wieder darüber sprechen. Und jedesmal begann er von neuem und veränderte seinen Beweis, wieder und wieder. In der Tat wußte ich von Anfang an, daß jeder Beweis unmöglich war. Aber ich wußte auch, daß ich ihm nicht seinen Fehler durch Angabe eines Gegenbeispiels zeigen konnte. Warum? Weil man in den sechziger Jahren bewiesen hat, daß dieses Problem unentscheidbar ist. So ist es manchmal in der Mathematik. In diesem speziellen Fall weiß man, daß, wenn man zu den Axiomen der Mengentheorie ein anderes hinzufügt, zum Beispiel die Gültigkeit der Kontinuumshypothese, man dann die Frage positiv beantworten kann. Wenn man aber ein anderes geeignetes Axiom hinzufügt, kann man die Frage negativ beantworten. In anderen Worten ist die Lage so, daß es einem Mathematiker unmöglich ist, das Resultat zu beweisen, ohne zu den Axiomen der Mengentheorie andere hinzuzufügen. Aber es ist mir ebenfalls unmöglich, ihm ein Gegenbeispiel anzugeben, ohne ein zusätzliches Axiom zu verwenden, gegen das er sich leicht widersetzen kann. Man muß gut verstehen, was die Unentscheidbarkeit bedeutet. Sie hat immer einen Sinn ...

JPC: ... im Rahmen eines vorgegebenen Axiomensystems.

AC: Genau. Eine Aussage ist unentscheidbar, wenn man sowohl ihre Wahrheit als auch ihre Falschheit ohne Widerspruch zu den Axiomen, mit denen man täglich arbeitet, hinzufügen kann, also über einen möglichen Widerspruch der Mengentheorie hinaus.

JPC: Die dem System zugehörigen Axiome reichen also nicht zur Entscheidung aus.

AC: Ja. Wir können jetzt den Unvollständigkeitssatz von Gödel formulieren. Er besagt, daß – welche Axiome man auch immer annimmt, in endlicher Anzahl oder rekursiv definiert –, es immer Fragen gibt, die man nicht beantworten kann, die unentscheidbar bleiben und für die es noch einen Mangel an Information gibt. In anderen Worten ist der genaue Inhalt des Gödelsche Satz, daß es unmöglich ist, eine endliche Anzahl von Axiomen zu wählen, derart daß alle Fragen entscheidbar sind. Das will nicht heißen, daß man nicht eine Frage ausgehend von dem, was man weiß, analysieren kann, aber es bedeutet, daß die Anzahl der interessanten und neuen Fragen unendlich ist, für die man eine Antwort hinzufügen muß. So muß man den Gödelschen Satz verstehen. Ich denke, es wäre falsch, daraus zu schließen, daß die Fähigkeit des menschlichen Geistes beschränkt ist. Das Theorem sagt nur, daß man mit einer endlichen Anzahl von Axiomen keine Antwort auf alles haben kann. Aber wenn eine Frage nicht entscheidbar ist und man dies bewiesen hat, dann kann man ihr eine Antwort geben und weiterschließen.

Dies bedeutet, daß jede neue unentscheidbare Frage Anlaß zu einer Verzweigung gibt, je nachdem ob man die positive oder negative Antwort gewählt hat. Die Welt, in der man sich bewegt, hat viele mögliche Verzweigungen. Das ist absolut alles, was das bedeutet. Jedesmal, wenn man eine Antwort auf eine Frage festgelegt hat, kann man weiterfahren und sich neue Fragen stellen. Alte Fragen werden dann entscheidbar, die es vorher nicht waren. Jede unentscheidbare Frage erzeugt eine Verzweigung und fordert eine Wahl. Zum Beispiel folgt nach dem Theorem von Paul Cohen über die Kontinuumshypothese eine Verzweigung: man wählt entweder, daß es keine Kardinalzahlen zwischen dem Abzählbaren und dem Kontinuum gibt, oder etwa, daß es 36 solche gibt. Die erste Wahl drängt sich aus Einfachheitsgründen auf. Aber es ist sehr wichtig, daß die freie Wahl der Antwort sich auf höchst einfache Fragen bezieht, und es gibt in der Tat viel einfachere Fragen als die des Kontinuums.

JPC: Du siehst kein grundlegendes theoretisches Hindernis...

AC: Ich spreche zur Zeit nur vom Problem der Unentscheidbarkeit. Angesichts von unentscheidbaren Fragen, wie der des Kontinuums, muß man dazu kommen, eine Hypothese zu formulieren, die die Frage entscheidbar macht, und dann ihre Folgen testen und ihre Fähigkeit, auf andere Fragen eine Antwort zu geben. Zum Beispiel kann man unter Benutzung der Kontinuumshypothese zeigen – das ist ein Resultat von G. Mokobodski –, daß man jeder beschränkten Folge $\{a_n\}$ von reellen Zahlen einen Grenzwert $\mathrm{Lim}_w(a_n)$ zuordnen kann, der zwischen dem kleinsten und größten Häufungspunkt der Folge liegt, der meßbar von ihr abhängt und mit dem Integral vertauscht. Dies ist ein sehr nützliches Ergebnis in der Art von Mathematik, mit der ich arbeite. Wenn man eine Hypothese hinzufügt, wie die des Kontinuums, muß man sich offenbar seiner Unabhängigkeit versichern. Das heißt zweierlei: Einerseits darf sie nicht eine Folge der vorher angenommenen Axiome sein – das ist hier das Theorem von P. Cohen über die Kontinuumshypothese – und anderseits darf auch ihre Verneinung nicht aus den Axiomen folgen, was für die Kontinuumshypothese ein Resultat von K. Gödel ist. Tatsächlich beweist man immer diese Aussagen unter der Voraussetzung, daß die Mengentheorie widerspruchsfrei ist. Aber ich halte es nicht für richtig, auf Grund des Unvollständigkeitssatzes unseren Verständnismechanismus einzuschränken. Man muß einfach verstehen, daß man Entscheidungen zu treffen hat und daß man keine rekursive Prozedur angeben kann, um diese ein für allemal zu machen. Dies ist die Bedeutung des Theorems.

JPC: Deine Antwort gibt eine alternative Deutung: Dieses Theorem bezieht sich mehr auf den Erkenntnisprozeß als auf eine logische oder epistemologische Unmöglichkeit. Wir Neurobiologen können also Hoffnung haben. Früher oder später werden wir die Funktionen des Gehirns verstehen!

AC: Der Gödelsche Satz zeigt eine Art von Verständnishorizont auf, der durch die endliche Zahl der bisher getroffenen Entscheidungen bestimmt ist. Je größer diese Zahl ist, desto ferner ist der Horizont. Man kann nicht die statische Vision aufrechterhalten, nach der eine endliche Anzahl von Axiomen für immer Antwort auf alle Fragen gibt. Unser Verstehen ist statt dessen dynamisch. Jedesmal wenn es zunimmt, können wir auf mehr und mehr Fragen Antworten geben, und wir können bei jeder neuen Verzweigung Entscheidungen treffen, die unseren Horizont erweitern. Offenbar ist es eine Illusion zu glauben, daß wir eines Tages alles verstanden haben. Das ist ein allgemeines Problem der Wissenschaft. Aber man darf sich durch die Aussage dieses Theorems nicht abschrecken und entmutigen lassen.

In der Tat zeigt der Gödelsche Satz in seiner tiefsten Formulierung, daß man die Mathematik nicht auf eine formale Sprache reduzieren kann. Zu Anfang dieses Jahrhunderts haben die Mathematiker zu präzisieren versucht, was ein Beweis in der Mathematik ist. Hilbert hat eine künstliche Sprache geschaffen, die auf einem endlichen Alphabet, auf einer endlichen Anzahl von grammatikalischen Regeln, die ohne Doppeldeutigkeit ausdrücken lassen, welche Aussagen kohärent sind, und auf einer endlichen Anzahl von logischen Schlußregeln und von als wahr angenommenen Aussagen oder Axiomen beruht. Von einem solchen System, einer „formalen Sprache", ausgehend erlaubt ein universeller Algorithmus, die Gültigkeit eines in dieser Sprache formulierten Beweises zu entscheiden. Man kann so zu mindestens theoretisch die Liste aller beweisbaren Theoreme in dieser formalen Sprache aufstellen. Hilbert hoffte, die mathematischen Sätze auf Theoreme reduzieren zu können, die in einer geeigneten formalen Sprache beweisbar sind. Der Gödelsche Satz zeigt, daß dies unmöglich ist: *In jedem auch noch so komplexen formalen System gibt es immer eine Aussage über die ganzen positiven Zahlen, die gleichzeitig wahr und in diesem formalen System unentscheidbar ist.* Man hat die negative Seite dieses Satzes stark hervorgehoben, die eine klare Definition eines mathematischen Theorems unmöglich macht. Aber man kann es auch so sehen: Die wahren Aussagen über die ganzen positiven Zahlen lassen sich nicht mit logischen Folgerungen auf ein endliches Axiomensystem zurückführen. Die Menge von Information, die in allen diesen Aussagen enthalten ist, ist also unendlich. Ist das nicht die Charakteristik einer Realität, die unabhängig von jeder menschlichen Schöpfung ist?

Aber kommen wir zum Problem der Introspektion. Seit dem Anfang der Mengentheorie zwangen Paradoxien, wie die von Russel, die logischen Aussagen nach einer Folge von Typen zu hierarchisieren. Ein Paradox tritt auf, sobald man einen Syntaxfehler macht. Wenn zum Beispiel die Menge aller Mengen eine Menge bildete, könnte man als einen Teil von ihr die Menge der Mengen, die sich als Element enthalten, betrachten. Diese hätte als komplementäre Menge die Menge der Mengen, die sich nicht als Element enthalten. Das Paradox ist offenkundig, wenn man sich fragt, ob diese Menge sich selber als Element enthält oder nicht. Um solche Widersprüche auszuschließen, genügt es in der Logik, die Elemente nach einem von dem der Mengen verschiedenen *Typ* zu hierarchisieren. Man beginnt mit den Elementen, die vom Typ 0 sind. Dann kommen die Mengen, die vom Typ 1 sind. Dieser Unterschied zwischen Typen verschiedener Stufe verhindert, sie zu mischen. Es wird so unmöglich, von der Menge aller Mengen zu sprechen, die ein Begriff mit einem syntaktischen Fehler ist. Wenn die Logik hierarchisiert wird, verschwindet dieses Paradox.

JPC: Man muß in einem gewissen Sinn eine Ordnung stiften.

AC: Die Folge von Typen erlaubt eine Hierarchie in den Denkmechanismen: Man sieht die Elemente als einfacher und niedriger als die Mengen an.

JPC: Man kann nicht in beide Richtungen schließen.

AC: Man kann nicht ein Element und eine Menge auf die gleiche Stufe stellen. Insbesondere darf man nicht die Frage nach der Menge der Mengen, die sich selbst als Element enthalten, stellen. Ein gleiches Vorgehen sollte sich auf das Problem der Introspektion des Gehirns, das sich selber versteht, anwenden lassen und so das behauptete Paradox beseitigen.

JPC: Diese Frage ist also unentscheidbar.

AC: Es handelt sich hier nicht um Unentscheidbarkeit. Das Paradox ergibt sich aus einem Syntaxfehler. Man hat verstanden, die Logik der Mengentheorie so zu formulieren, daß dieses Paradox beseitigt wird. Und dies ist von dem Moment an erfüllt, wo die Fragen dieser Hierarchie entsprechend formuliert werden.

JPC: Du machst das Paradox entscheidbar, indem Du ihm Hypothesen hinzufügst.

AC: Es handelt sich um ein Paradox, das einen zwingt, sich einen schärferen Begriff von den logischen Objekten zu geben und eine Hierarchie unter ihnen aufzustellen.

JPC: Gehen wir zur zweiten Frage.

AC: Ja. In welchem Sinn kann der Gödelsche Satz eine Grenze für das Verständnis des Gehirns bedeuten? Die Mathematiker haben durch Analyse des Begriffs der Zufallsfolgen den engen Zusammenhang erkannt, der zwischen dem Gödelschen Satz und der anfangs der Fünfzigerjahre erfundenen Informationstheorie existiert. Dies geht so weit, daß man dieses Theorem als eine Folge der durch die Informationstheorie auferlegten Einschränkungen ansehen kann, die durch die endliche Komplexität eines jeden formalen Systems gegeben ist[5]. So ist von den beiden von F. Jacob vorgebrachten Grenzen, die Komplexität und das Gödelsche Theorem, die zweite eine Folge der ersten. Man kann so eine Parade gegen diese Grenzen formulieren: Um das Paradox der Introspektion zu beseitigen, führt man zunächst eine Hierarchie unter analysierten Gehirnen (Typ 0) und analysierenden Gehirnen (Typ 1) usw. ein. Dann zeigt man, indem man den sich entwickelnden Charakter der menschlichen Maschine, die Möglichkeit, eine sehr große Anzahl von Gehirnen zu koppeln, und die eventuelle Hilfe der Informatik bei der Klassifikation der Resultate berücksichtigt, daß die Komplexität des „analysierenden Gehirns" überhaupt nicht durch die des „analysierten Gehirns" beschränkt ist. Dies beseitigt den ursprünglichen Einwand von F. Jacob.

3 Die Turingsche Denkmaschine

JPC: Kommen wir von hier zur Turingmaschine.

AC: Erkläre Du mir, was das ist.

JPC: Turing war ein außergewöhnlicher Mathematiker. Seine Arbeiten inspirieren noch immer die Biologen. Er war einer der seltenen schöpferischen Mathematiker, der Theorien entwickelte, deren Anwendung für die Biologie entscheidend war. Dies gilt zum Beispiel für seine Theorie der Morphogenese durch Symmetriebrechung. Er konnte auf der Grundlage eines Systems von chemischen Reaktionen zeigen, wie eine Form niedrigerer Symmetrie spontan aus einem System maximaler Symmetrie entsteht. Er hat sich dieses Problem übrigens auf sehr konkrete und amüsante Art gestellt, indem er zu erklären versuchte, wie sich aus einem sphärischen Ei eine Hydra mit einem Mund, umgeben von sechs Fühlern, bilden kann. Sehr konkrete und klare Probleme der Biologie können, wie man sieht, Anlaß zu originellen mathematischen Theorien geben. Aber er war auch einer der ersten,

---

[5] Chaitin (1987)

der die Theorie der informationsverarbeitenden Maschinen, der heutigen Computer, formulierte. Diese Theorie ist immer wieder Inhalt von sehr heftigen Debatten zwischen Psychologen und Neurobiologen und führt auf die Frage, ob man jemals eine Turingmaschine mit der Leistung des menschlichen Gehirns konstruieren kann. Die Turingsche Arbeit beginnt übrigens mit diesem Satz: „Ich schlage vor, über die Frage nachzudenken: Können Maschinen denken?“. Das ist genau die Frage, die wir uns stellen.

Aber zunächst: Was ist eine Turingmaschine?[6] So wie Turing sie in seinem Artikel von 1936 beschreibt, liest und schreibt sie Symbole eines endlichen Alphabets auf ein Band, das den Input der Machine liefert. Das Band speichert die Symbole und dient als Gedächtnis. Aber es ist auch der Träger des Outputs. Die Maschine führt drei Operationen aus: Sie liest die Symbole, ersetzt sie und fügt zu den Symbolen neue hinzu. Das Band hat theoretisch kein Ende und definiert in einem gewissen Sinn das Programm. Als erster unterscheidet Turing das *Programm* oder die „Software“...

AC: Liest die Maschine wieder, was sie geschrieben hat?

JPC: Ja, sie kann es.

AC: Kommt das Band ein einziges Mal vorbei, oder kommt es zurück?

JPC: Es kann unendlich oft vorbeikommen. Es enthält das Programm oder die „Software“, während der Rest der Machine „hart“ ausgeführt ist und die „Hardware“ darstellt. Wir haben also im Prinzip einen Computer vor uns, wie man ihn heute baut.

AC: Ohne den Mechanismus anzugeben, den die Maschine benutzt.

JPC: Das ist das Problem. Diese Maschine ist ein *numerischer* Rechner, der diskrete Größen verarbeitet. Er unterscheidet sich darin von einem *analogen* Computer, der physikalische Größen mißt. Ein digitaler Rechner – das ist ein wesentlicher Punkt in der Turingschen Theorie – kann jede andere Maschine nachahmen, die auf diskontinuierlichen Größen operiert. Sie ist daher ein universeller Computer, da jeder Prozeß auf einem Computer als eine Folge von Anweisungen dargestellt werden kann, die diskrete Elemente zu manipulieren gestatten. Ein beliebiger derartiger Prozeß kann also auf einer Turingmaschine reproduziert werden. Und sogar ein Analogcomputer kann durch einen Digitalrechner simuliert werden.

Es stellt sich die Frage nach der Gültigkeit der sogenannten Thesen von Church und Turing, nach denen das, was von einem menschlichen Wesen berechnet werden kann, ebenfalls von einer Maschine berechnet werden kann und daß das, was eine Maschine kann, auch in einem allgemein oder partiell rekursiven Programm formuliert werden kann, und schließlich daß das, was von einem Menschenhirn berechnet werden kann, ebenfalls von diesem Programm ausgeführt werden kann. Dies führt auf die Aussage, daß man das Gehirn und seine Funktionen mit einer Turingmaschine identifizieren

---
[6] Garney und Johnson (1979)

kann. Die Doktrin des Funktionalismus, die von kognitiven Psychologen wie Johnson-Laird hochgeschätzt wird, postuliert, daß die Psychologie sich auf die Untersuchung von Programmen reduziert und daher von der Neurophysiologie unabhängig ist, da diese nach ihr die Maschine und ihren Kode studiert. Alles was die Psyche angeht, gehört zur *software*, während das Gehirn mit seinen Neuronen und Synapsen die *hardware* bilden. Es bietet daher den Funktionalisten wenig Interessantes. Diese gehen so weit und schließen, daß die physikalische Natur des Gehirns „keine Einschränkung für die Organisation des Denkens“[7] liefert. Nach dieser in den kognitiven Wissenschaften modischen Doktrin ist es unwichtig, ob das Gehirn aus Proteinen oder aus Silizium aufgebaut ist und welche Zahl und Art von Neuronen es hat. Es zählen allein die Algorithmen, die mit den zerebralen Funktionen identisch sind. Sich für die neurobiologischen Grundlagen zu interessieren heißt, seine Zeit zu verlieren!

4 Entspricht die S-Matrix-Theorie in der Physik dem Funktionalismus in der Psychologie?

AC: Man kann eine Parallele zwischen den beiden Einstellungen, die Du gerade einander gegenübergestellt hast, und einer entsprechenden Problematik in der Quantenfeldtheorie ziehen. Diese Theorie versucht, die Wechselwirkungsmechanismen zwischen den Elementarteilchen zu erklären. Dort stehen sich zwei Tendenzen einander gegenüber...

JPC: Kannst Du zuerst erklären, was die Quantenfeldtheorie ist?

AC: Wenn man Quantenmechanik betreibt und versucht, sie mit der speziellen Relativitätstheorie zu verbinden, findet man, daß sich die Teilchen automatisch erzeugen und vernichten. Die Teilchenzahl ist im Gegensatz zu dem, was in der Chemie vorgeht, nicht konstant. Es ist daher selbst bei sehr einfachen Problemen notwendig, nicht isolierte Teilchen, sondern Quantenfelder zu untersuchen, die von unendlich vielen Variablen abhängen. Diese sehr komplexe Theorie hat einen ungeheuren Erfolg gehabt. Aber vor allem ist die Analogie zwischen dem Funktionalismus und der Heisenbergschen S-Matrix-Theorie bemerkenswert. Nach dieser Theorie ist es unwichtig, was sich im Augenblick des Zusammenstoßes der Teilchen abspielt. Es zählt allein die Matrix, die vom Anfangszustand des Systems, zum Beispiel von 15 freien Teilchen, deren Impulse und Massen man kennt, zum Endzustand führt, der ebenfalls durch freie Teilchen beschrieben wird. Diese Matrix ordnet jedem Paar (i, f) von einem Anfangs- und Endzustand eine komplexe Zahl zu. Die Wahrscheinlichkeit für den Übergang von i nach f

[7] Johnson-Laird (1983)

ist das Quadrat des Betrags dieser komplexen Zahl. Die Theorie versucht, die Eigenschaften dieser Matrix zu analysieren, ohne daß man genau den Mechanismus der Wechselwirkungen im Moment der Kollision kennt. Die S-Matrix zu verstehen, bedeutet also nicht, daß man diese Vorgänge versteht, aber daß man über ein adäquates Modell von einem Teil der experimentellen Realität verfügt.

JPC: Das nennt man eine Phänomenologie.

AC: Ja.

JPC: Die Wechselwirkungen finden in einem „schwarzen Kasten" statt, um den man sich nicht kümmert. Die Funktionalisten interessieren sich für das Gehirn auf die gleiche Weise!

AC: Genau. Dieser Zugang bringt eine Reihe von Vereinfachungen und von Komplikationen. Man kann hier die Probleme einfacher formulieren, weil die Einzelheiten des Mechanismus beiseitegelassen werden. Aber die Zahl der möglichen Lösungen für das gestellte Problem ist so groß, daß man sich nicht zurechtfindet. Wie es die Entwicklung der Physik treffend gezeigt hat, genügt diese Theorie allein genommen nicht. Aber sie ist nützlich, wenn man beim Versuch, die grundlegenden Prozesse zu verstehen, nur die Berechnung der S-Matrix als Ziel behält. Man soll also diesen Standpunkt nicht vollständig eliminieren. Die Physik hat gezeigt, daß er im Gegenteil manchmal reiche Einsichten liefert. Heute ist die String-Theorie in Mode. Sie ist genau aus der S-Matrix Theorie entstanden. Veneziano hat eine S-Matrix gefunden, die gewisse wichtige Eigenschaften erfüllt und zu erraten erlaubt, was sich auf dem Niveau der Wechselwirkungen abspielt. Die String-Theorie ist übrigens sehr merkwürdig und könnte wohl von einem Tag zum anderen verschwinden und keine Anwendungen haben. In der Tat hat sie praktisch keinen Kontakt mit den Experimenten.

JPC: Für mich als Neurobiologen sind die funktionalistischen Thesen nützlich, weil sie eine Funktion besser zu definieren erlauben. Im besten Fall geben sie diese in quantitativer Form. Das ist in einer gewissen Art Physiologie. Man bestimmt die Funktion „von außen", ohne auf den „inneren" Mechanismus einzugehen.

AC: Genau. Was man analysiert, sind die Produktionen und Fähigkeiten des „schwarzen Kastens".

JPC: Für mich ist dieser Zugang für die funktionelle Definition des Problems wichtig. Das vorgeschlagene neuronale Modell muß diese Funktionen berücksichtigen. Ich bin daher ganz mit Dir einverstanden. Ich bestreite nicht das Interesse an einer experimentellen Methode, die die Funktionen quantifiziert. Aber ich bin gegen die exklusive Einstellung, nach der die Beschreibung der Funktion eine ausreichende „Erklärung" darstellt. Man berührt hier ein Problem, das mehr Aufmerksamkeit verdient.

Wenn die Thesen der Funktionalisten richtig wären, würde sich eine Hirnfunktion mit einem, oder vielleicht mit mehreren, mathematischen Algorithmen identifizieren. Aber kann man die äußere Realität mit der mathematischen Idealität gleichsetzen? Du selbst bist gegen diese These, da Du denkst, daß die mathematischen Modelle, die die Physik gebraucht, keine vollständige Darstellung der physikalischen Realität liefern und sie nicht ausschöpfen. Der Funktionalismus scheint mir eher eine Methode der Definition von Hirnfunktionen zu sein als eine Philosophie. Seine Verteidiger treffen auf ein ernstes epistomenologisches Hindernis: Kann ein mathematischer Algorithmus mit einer physikalischen Eigenschaft des Gehirns identifiziert werden?

AC: Es ist klar, daß auch in der Physik die Beschränkung auf die S-Matrix ein Rückschritt relativ zur Quantenfeldtheorie bedeutet. Aber die Funktionalisten können bestimmt einen wichtigen Beitrag leisten, wenn es darum geht, genau anzugeben, welche experimentellen Ergebnisse reproduzierbar sind und für welche Größen man sich interessieren soll.

JPC: Genau. Aber sie gehen zu weit. Sie denken zum Beispiel, daß die Beschreibung einer Überlegung oder die Konstruktion eines Satzes durch einen Computeralgorithmus und seine Simulation durch eine Turingmaschine genügen, um zu verstehen, wie das Denken funktioniert.

AC: Wir haben schon die Antwort. Man muß sich auf die drei Niveaus beziehen, von denen wir schon gesprochen haben. Die Fähigkeit, einen Satz zu wiederholen, gehört zum ersten Niveau. Der Wiederholungsmechanismus ist im voraus gegeben. Aber bei Fehlern die Strategie wechseln zu können, ist etwas ganz anderes. Diese Art von Mechanismus erhebt sich klarerweise über das erste Niveau. Wenn man glaubt, das Gehirn verstanden zu haben, weil man das erste Niveau begreift, begeht man offenbar einen ernsten Fehler. Selbst auf dem ersten Niveau löst die Turingmaschine nichts, denn sie legt sich keine Rechenschaft über die Komplexität des Algorithmus[8] ab.

JPC: Also begraben wir den Funktionalismus!

AC: Nicht vollständig. Er nützt vielleicht zur Präzisierung der interessanten Größen in einer Untersuchung. Eine Theorie in funktioneller Form zu bewerten, kann interessant sein. Aber man kann sich nicht mit einem funktionalistischen Vorgehen zufrieden geben.

JPC: Das wäre die Verteidigung eines sehr konservativen Standpunkts. Die Geschichte hat in der Tat gezeigt, daß die Untersuchung der einer Fragestellung zugrunde liegenden Niveaus, das Eindringen in den „schwarzen Kasten“ und seine Zerlegung, um einen physiologischen Prozeß zu reduzieren und dann zu rekonstruieren, systematisch zum Fortschritt unserer Kenntnisse auf allen Gebieten geführt hat.

AC: Das ist auch in der Quantenfeldtheorie wahr.

[8] Chaitin (1987)

5 Ist das menschliche Gehirn ein Computer?

JPC: Es freut mich, unsere vollständige Übereinstimmung in dieser Frage feststellen zu können. Kommen wir jetzt zu unserem letzten Punkt: Was ist der Unterschied zwischen dem menschlichen Gehirn und den heutigen „Denkmaschinen"? Die Computer, über die wir verfügen, sind für eine gewisse Klasse von Operationen sehr leistungsfähig. Zum Beispiel rechnen sie extrem schnell. Sie führen zehnstellige Multiplikationen in wenigen Sekunden oder sogar in Sekundenbruchteilen aus. Aber sie sind offensichtlich auf anderen Gebieten sehr beschränkt. Ein Computer wird enorme Schwierigkeiten haben, eine Mohnblume in einem Wald oder einen Schmetterling im Dschungel zu erkennen, während der Mensch es sofort kann. Man betont ebenfalls oft, daß die Maschinen ohne „Gefühl" und ohne „Körper" sind. Aber vor allem sind sie ohne Voraussicht und Absicht und können ihr Programm nicht ohne einen äußeren „Herrn" konstruieren. Ihre selbstorganisatorischen Fähigkeiten sind sehr beschränkt, ja fast nicht vorhanden. Ich hätte gerne gewußt, was Du als Schachspieler von einer Maschine denkst, die ebenso gut oder sogar besser als ein Mensch spielt.

Den heute benutzten Computern fehlen, scheint mir, zwei Eigenschaften des menschlichen Gehirns. Man muß zunächst bemerken, daß im Gehirn das Programm und die Maschine – um das Modell von Turing zu gebrauchen – seit den frühesten Stadien der Entwicklung sehr eng mit der Architektur der neuronalen Konnektivität verbunden sind. Es ist schwierig, wenn nicht unmöglich, ein Programm unabhängig von der Verbindungsstruktur der zerebralen Maschine zu definieren. Die sinnlichen Erfahrungen lagern sich während der Entwicklung ständig im Langzeitgedächtnis ab. Die „hardware" wird Schritt für Schritt durch die genetischen Anlagen des Individuums und auch durch die dauernde Wechselwirkung mit der Außenwelt aufgebaut. Aber vor allem – und das ist ein zentrales Thema unseres Dialogs –, verhält sich das Gehirn wie eine evolutive Maschine. Es entwickelt sich nach dem darwinistischen Modell gleichzeitig auf verschiedenen Niveaus und über verschiedene Zeitskalen. Das unterscheidet meiner Meinung nach das Gehirn von den heute konstruierten Maschinen. Dazu kommt sicherlich die Intentionalität als eine mit der Evolution gekoppelte und selten erörterte Eigenschaft, da sie für die höchste Organisationsstufe relevant ist. Was unterscheidet nach Deiner Meinung das menschliche Gehirn von den heute konstruierten Maschinen? Und wie kann man einen Computer entwerfen, der dem menschlichen Gehirn nahe kommt?

AC: Wir wollen zuerst die schachspielenden Computer untersuchen. Hier ist die Absicht sehr einfach: Die Partie zu gewinnen. Das ist sehr leicht zu formulieren. Eine Bewertungsfunktion zu definieren, die bestimmt, wie nahe man dem gesetzten Ziel während des Spiels ist, ist relativ einfach. Man kann also eine Maschine bauen, die eine durch diese klare Absicht bestimmte

Bewertungsfunktion benutzt. Im Falle des Gehirns dagegen ändert sich die Absicht je nach den Problemen, die sich ergeben. So muß das Gehirn selber die für jede vorgegebene Absicht geeignete Bewertungsfunktion erschaffen. Genauer muß es abschätzen können, ob eine Bewertungsfunktion einer vorgegebenen Intention angemessen ist. Es muß also – ich weiß nicht wie – eine Bewertungsfunktion von Bewertungsfunktionen besitzen!

JPC: Dies kann man nach Granger die strategische Vernunft nennen.

AC: Ja, aber ich wollte eine Hierarchie aufstellen. Auf der einen Seite haben wir die Evaluationsfunktionen. Eine Bewertungsfunktion kann mit einem Ziel identifiziert werden. Sich eine Absicht zu geben, bedeutet ungefähr, sich eine Bewertungsfunktion zu geben. Sicherlich sind nicht alle Evaluationsfunktionen gut, denn einige entsprechen widersprüchlichen Absichten, während andere keinem Vorhaben angemessen sind. Aber man kann mehr oder weniger eine Intention als eine kohärente Bewertungsfunktion definieren. In einer gegebenen Situation muß das Gehirn selber diese Art von Evaluationsfunktion aufstellen. Es muß sie daher erschaffen können oder sie wenigstens aus schon vorhandenen Funktionen auswählen können. Und um das zu tun, muß es eine ein für allemal gegebene Evaluationsfunktion besitzen, mit der es erkennen kann, ob die von ihm erschaffene Bewertungsfunktion dem verfolgten Ziel angepaßt ist.

JPC: Dieser Mechanismus braucht ein Gedächtnis.

AC: In der Tat, ein Gedächtnis und die gemachten Erfahrungen. Das Gehirn kann sich auf Analogien stützen, um die gegenwärtige Situation mit den von früher bekannten zu vergleichen.

JPC: Es gibt einerseits ein genetisches Gedächtnis. Der menschliche Organismus, so wie er heute ist, beruht auf vielen Generationen von Organismen, die schon vorher ähnliche Erfahrungen durchlebt haben. Die Antwort auf ein neu sich stellendes Problem ist daher in das genetische Gedächtnis eingeschrieben. Andererseits ist das Gehirn für die äußere Realität offen und kann vor allem aus dem Langzeitgedächtnis schöpfen, das sich mit den Erfahrungen nach der Geburt gefüllt hat.

AC: Auf dem zweiten Niveau stellt sich die grundlegende Frage: Welcher Mechanismus kann es dem Gehirn erlauben, eine seinem Ziel angepaßte Bewertungsfunktion zu wählen? Nach welchen Kriterien erfolgt diese Wahl? Solange dieses Phänomen nicht verstanden ist, ist man sehr weit vom zweiten Niveau, wie im Falle der heute existierenden Maschinen.

JPC: Das heißt, sie gehören auch nicht dem dritten Niveau an.

AC: Sie stehen nur auf dem ersten Niveau. Sie erlauben nur, extrem komplizierte Additionen und Multiplikationen auszuführen oder Schach zu spielen. Dagegen ist die Bewertungsfunktion und auch das Ziel immer im voraus gegeben. Keine Maschine ist heute fähig, selber die Evaluationsfunktion zu konstruieren, die dem ihr gestellten Ziel angepaßt ist.

JPC: Die heutigen Computer sind nicht einmal fähig, Absichten zu haben.

AC: Nein, denn sie stehen nicht in evolutiver Wechselwirkung mit der physikalischen Welt. Trotz ihres Gedächtnisses haben sie keine andere Vergangenheit als die, die wir ihnen geben. Sie entwickeln sich nicht. Es ist sicher, daß Gefühle zu einem solchen Mechanismus gehören. Wenn man sich ein Ziel setzt, so nur, um sich Vergnügen zu verschaffen, es sei denn man ist ein Masochist!

JPC: Diese Fähigkeit, Vergnügen zu suchen, ist selbst von unserer evolutiven Vergangenheit bestimmt. Wenn wir uns in unserem Streben nach Vergnügen selber zerstörten, wären wir sicherlich nicht mehr da!

AC: Sicherlich. Aber ich denke, daß der Mechanismus, mit dem man bestimmen kann, ob die Evaluationsfunktion dem Vorhaben angepaßt ist, die Affektivität voraussetzt. Diese ist tatsächlich notwendig, um das Vergangene richtig einzuschätzen. Die Anpassung der Bewertungsfunktion an das Ziel läßt sich nur mit dem dadurch erzeugten Vergnügen oder Mißvergnügen messen. Stellen wir uns zum Beispiel einen Schachspieler vor, der obwohl er wie ein Computer rechnen kann, eine schlechte Bewertungsfunktion gewählt hat. Es ist sehr klar, daß er enorm frustriert sein wird, wenn er feststellt, daß er alle seine gespielten Partien verliert. Die Wahl einer schlechten Bewertungsfunktion wird ihm nur Mißvergnügen bereiten. Aber dieses erlebt er nur am Ende des Spiels und nicht vorher. Seine nicht angepaßte Evaluationsfunktion hindert ihn daran, beim Spiel zu verstehen, daß seine Stellung schlecht ist und er am Verlieren ist. Jedoch wird er am Schlußresultat die Unangemessenheit seiner Bewertungsfunktion erkennen.

JPC: Vergessen wir nicht, daß dieses innere Bewertungssystem, Vergnügen und Mißvergnügen, selber durch die evolutive Vergangenheit der Art vorherbestimmt ist (siehe Abb. 29). Diese Affekte zeigen sich schon in ihren Antworten auf Signale der Außen- und Innenwelt.

AC: Gegenwärtig brauchen alle Maschinen ein vorgegebenes Ziel. Auf Grund dieser Tatsache bleiben sie auf dem ersten Niveau.

JPC: Aber wie kann man dann Maschinen konstruieren, die das zweite Niveau erreichen?

6 Eine fühlende und selbstkritische Maschine

AC: Ich kann nur versuchen, das Problem genau zu umreißen. Eine derartige Maschine sollte in evolutiver Wechselwirkung mit der Außenwelt stehen. Sie sollte automatisch eine Bewertungsfunktion für ein von außen gegebenes Ziel erzeugen können. Sie sollte daher ihre benutzte Strategie selber bewerten können und zu einer geeigneten Evaluationsfunktion kommen, um zum

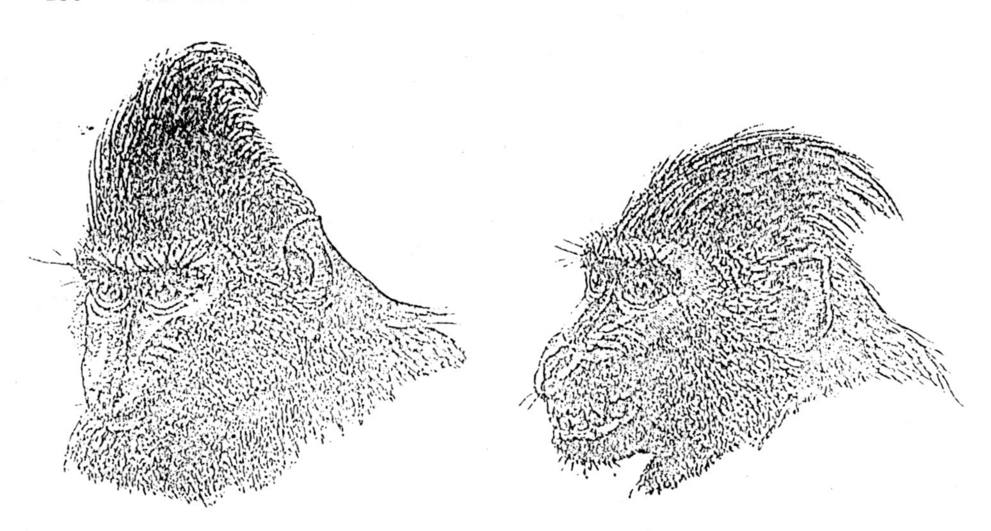

Abb. 29. Formen des Gefühlsausdrucks beim Affen. Die erlebten und ausgedrückten Emotionen haben beim Menschen eine entwicklungsgeschichtliche Vergangenheit. Charles Darwin hat in seinem Werk *Expression of Emotions in Man and Animals* die Äußerung von Emotionen im Gesicht des Menschen im Detail analysiert und gezeigt, daß viele Ausdrücke schon in Tieren, besonders bei den Affen, erkennbar sind (aus der französischen Übersetzung von Darwin (1872)).

Beispiel einen guten Schachspieler abzugeben, wenn sie über ein genügend großes Gedächtnis und Rechenpotential verfügt.

JPC: Aber kann man das implementieren? Das Problem ist schon lange bekannt. Warum gibt es nicht diese Maschinen? Ist das Hindernis theoretisch oder praktisch?

AC: Ich weiß es nicht. Für mich ist die Affektivität der einzige Mechanismus, der dem Menschen den Zugang zu diesem zweiten Niveau erlaubt.

JPC: Man könnte sich eine Maschine vorstellen, deren Vergnügen ein Maß für eine variable Größe ist, mit einer Schwelle und einem mittleren Niveau, so daß die Maschine optimal...

AC: Nehmen wir wieder das Beispiel des Schachspiels. Angenommen die Maschine besitzt keine Bewertungsfunktion, die ihr erlaubt, gut Schach zu spielen. Sie kann alle Züge ausführen, kennt die Spielregeln und hat eine große Rechenleistung, aber keinen Siegeswillen. Wie kann man ihr diesen beibringen? Bei jedem Zug bewertet ein guter Computer seine Position, markiert sie auf einer Skala und wählt unter allen möglichen Zügen den aus, der den Wert der Evaluationsfunktion maximalisiert. Die Maschine, die wir entwickeln wollen, hat keine solche Evaluationsfunktion. Man muß einen Mechanismus finden, der ihr diese erzeugt. Man muß es gewissermaßen einrichten, daß sie am Ende des Spiels, wenn sie verliert oder sich in einer schlechten Stellung sieht, Schmerz empfindet...

JPC: Wenn sie Schmerz empfindet, hast Du das Problem bereits gelöst.

AC: Noch nicht. Sie reagiert nur auf das Endergebnis des Spiels.

JPC: Aber wenn Du schon das Leiden am Verlieren in die Maschine einprogrammiert hast, hast Du die Antwort.

AC: Nein, denn sie leidet nur am Ende der Partie.

JPC: Du hast schon einen Teil der Antwort.

AC: Einen kleinen Teil, da die Evaluation nur am Ende stattfindet. Das ist alles.

JPC: Es genügt daher, daß die Maschine ein wenig Gedächtnis hat, daß sie „versteht", was sie zum Erreichen ihres Ziels zu tun hat, und daß sie dann die notwendigen Strategien entwickelt. Sie braucht also Erfahrungen. Zu sagen, daß die Maschine bei einer Niederlage leidet, scheint mir schon einen Teil des Problems zu lösen.

AC: Wenn die Maschine bei jedem schlechten Spiel leidet, hätten wir gewonnen und die Bewertungsfunktion gefunden.

JPC: Ich glaube, daß dies nach einer gewissen Zahl von Versuchen möglich sein könnte.

AC: Du willst sagen, daß sie nach und nach ihre Bewertungsfunktion konstruieren könnte, indem sie einzeln die Züge, die sie gemacht hat, mit dem Ergebnis jeder Partie korreliert. Das scheint mir vernünftig.

JPC: Du hast etwas sehr wichtiges gesagt: Deine Maschine würde bei einer Niederlage leiden.

AC: Das ist ein Anfang. Der am Ende gespürte Schmerz ist der Weg zu einer Bewertung. Die so geschaffene Evaluationsfunktion würde den gespielten Partien im Falle eines Sieges ein positives Resultat zuordnen und ein negatives bei einer Niederlage. Die Maschine könnte übrigens ebenfalls die von anderen Spielern gespielten Partien memorisieren und nur ihre Endresultate bewerten. Aber man muß gut verstehen, daß eine Schachpartie auf lokaler Ebene gespielt wird. Wenn eine Partie vierzig Züge für jeden Spieler ausmacht, sollte die Maschine nicht erst beim letzten zu denken anfangen. Sie muß über lokale Konfigurationen nachdenken. Wenn wir uns ein bestimmtes Ziel stecken, warten wir nicht auf das Ende unserer Aktionen, um die Entfernung zu bestimmen, die uns noch von diesem Ziel trennt. Wir müssen ununterbrochen wach bleiben. In dem Maße, wie wir vorrücken, optimieren wir lokal unser Verhalten in Funktion der vergangenen Ereignisse. Unsere Maschine wäre dumm, wenn sie sich darauf beschränken würde zu sagen: „Ich verliere, ich gewinne, ich verliere, ich gewinne", ohne lokale Folgerungen zu ziehen. Nach meiner Meinung ist also das Reflektieren ein Mechanismus, der es erlaubt, globale Ergebnisse memorisierter Partien zusammenzutragen, um eine lokale Evaluationsfunktion zu erzeugen. In dem Maße, wie die Züge Gestalt annehmen, bezieht sich das Gedächtnis auf verlorene oder gewonnene Partien: so entsteht die Bewertungsfunktion. Wenn es uns gelingt, eine Maschine mit diesem Mechanismus zu konstruieren, könnten wir die Spielregeln ändern und sie von neuen spielen lassen, um zu schauen, ob sie sich anpaßt. Das wäre ein gutes Kriterium.

JPC: Diese Maschine würde einen Hypothesengenerator besitzen.

AC: Bestimmt. Aber dieser Generator existiert schon in den heutigen Computern.

JPC: Was fehlt ihnen dann?

AC: Die Bewertungsfunktion!

JPC: Gehe tiefer auf die Frage der Implementation einer Evaluationsfunktion ein. Das ist sehr wichtig.

AC: Ich werde Dir einen theoretischen Vorschlag machen, der unglücklicherweise sehr wenig ökonomisch ist. Doch wird er zeigen, daß es Lösungen gibt. Nehmen wir an, der Computer habe in seinem Gedächtnis eine Million Schachpartien und für jede als einzige Evaluation vom Spiel jedes Spielers das Endresultat der Partie. Diese primitive Bewertungsfunktion würde nur die Aussage „X hat verloren" oder „X hat gewonnen" am Ende der Partie generieren. Sie ist dumm aus dem einfachen Grunde, daß sie nicht lokal ist. Ich werde jetzt eine Evaluationsfunktion auf der *Menge aller lokalen Evaluationsfunktionen* definieren. Sie bestände aus dem Vergleich des Resultats der Partie mit der Bewertung, die die betrachtete lokale Evaluationsfunktion während der Partie jedem Spieler gibt. Wenn es eine Korrelation zwischen dem Endergebnis der Partie und der Bewertung der lokalen Evaluationsfunktion gibt, so ist diese gut. Andernfalls muß sie verworfen werden. Da unser Computer eine sehr große Zahl von Partien im Gedächtnis hat, verschwindet der grobe Charakter dieser Abschätzung und erlaubt, jede lokale Evaluationsfunktion zu bewerten. So hat man eine universelle Evaluationsfunktion definiert, die das Nachdenken zu lokalisieren gestattet.

JPC: Wir sind sehr nahe am Bewußtsein.

AC: Nein, nicht am Bewußtsein, denn wir sind auf dem zweiten Niveau. Wir nähern uns dem Nachdenken.

JPC: Dem bewußten Nachdenken.

AC: Wir wären nicht weit von einem neuen Modell eines anpassungsfähigen Computers, wenn es nicht das Problem der Komplexität gäbe, das den Bau von Maschinen verhindert. Denn die Komplexität dieses Algorithmus ist von exponentiellem Wachstum.

JPC: Und das dritte Niveau?

AC: Nun, da...

JPC: Der Begriff einer Evaluationsfunktion von Evaluationsfunktionen ist interessant.

AC: Diese ist absolut notwendig.

JPC: Man kann ebenfalls das Bewußtsein als eine Art von Perzeption des Perzipierten ansehen.

AC: Was willst Du damit sagen? Ich selber stellte mich nur auf das Niveau des Nachdenkens.

JPC: Ja, aber auf das Nachdenken über das Nachdenken. Ist das nicht schon ein Bewußtseinsakt?

AC: Nein. Für mich beruht das Nachdenken bereits auf einer Evaluationsfunktion auf den lokalen Evaluationsfunktionen.

JPC: Und Du siehst keinen weiteren Grad?

AC: Nein. Zu einer Menge von möglichen Zielen muß man seine eigene Bewertungsfunktion konstruieren können. Man braucht deshalb eine Evaluationsfunktion von lokalen Evaluationsfunktionen, die von dem Vergleich der Erfahrung mit dem Endergebnis ausgeht. Dies illustriert ein sehr wichtiges Prinzip, das der Lokalität...

JPC: Ich bin ganz einverstanden. Auch der Neurobiologe interessiert sich für die lokale Aktivität von Neuronen.

AC: Auf dem zweiten Niveau ist das Nachdenken lokal. Und es ist wahr, daß es das bewußte Denken ist, das nachdenkt. Aber auf dem dritten Niveau ist der Mechanismus nicht mehr der gleiche.

JPC: Was willst Du sagen?

AC: Auf dem zweiten Niveau kann man eine Strategie an ein festes Ziel anpassen. Auf dem dritten Niveau, dem der echten Kreativität, ist das Ziel selbst nicht bekannt. Typisch für die Kreativität ist das Fehlen eines vorangehenden Zieles.

JPC: Ich bin nicht ganz dieser Meinung. Der schöpferische Geist wählt nur zwischen verschiedenen möglichen Zielen. Das ist ein höheres Intentionsniveau.

AC: Oft kommt es vor, daß man, wenn man ein Ziel zu erreichen sucht, etwas anderes entdeckt. Das wesentliche ist dann, die Neuartigkeit und die innere Harmonie des Gefundenen zu erkennen. Es handelt sich dann nicht mehr um ein Nachdenken, sondern fast um die Schöpfung eines neuen Ziels.

JPC: Eine zufällige, aber nicht absichtliche Kreation!

AC: Sicherlich. Was ich vorhin vorgebracht habe, ist nicht auf das dritte Niveau anwendbar. Ich nahm an, das Ziel wäre klar definiert. Die Maschine würde ein gewisses Vergnügen beim Gewinnen und ein Mißvergnügen beim Verlieren verspüren. Ich habe dann gezeigt, wie man die Auswahlfunktion an ein wohldefiniertes Ziel anpassen kann. Aber es ist wahr, daß auf dem dritten Niveau, obwohl ein Ziel im voraus gegeben sein kann, die Anstrengung, dorthin zu kommen, plötzlich auf das Erkennen einer Harmonie führt, die ihrerseits dann das Ziel harmonisch verändert.

JPC: Der Zufall spielt eine viel wichtigere Rolle.

AC: Ich bin davon nicht ganz überzeugt. Verzweigungen treten selbstverständlich auf, aber das dritte Niveau zeichnet sich vor allem durch das Erkennen einer Harmonie aus...

JPC: Ja, aber trotzdem muß schon etwas vorhanden sein. Es gibt also nach Inkubation und lateralem Wandern eine Erzeugung von...

AC: Nach meiner Meinung kommt etwas anderes hinzu, das Erkennen einer Harmonie. Das gehört nicht zum zweiten Niveau.

JPC: Das ist ein höheres Niveau.

AC: Das Niveau des Nachdenkens ist überschritten. Die Harmonie wird wahrgenommen, aber durch einen Mechanismus, der nicht mehr in den Bereich der Überlegung gehört.

JPC: In gewissem Sinne ein Integrationsmechanismus. Das ist der Stein, der uns fehlt, um das Gebäude zu vollenden...

AC: Zum Beispiel. Es könnte aber auch ein Prozeß sein, der ein Ensemble von Neuronensystemen zur Resonanz bringt.

JPC: Im ästhetischen Vergnügen kann man von einer Harmonisierung oder Resonanz der Aktivität des Frontalcortex mit dem limbischen System sprechen...

AC: Vielleicht...

JPC: Das Vergnügen selbst ist auch in der Erleuchtung sehr wichtig.

AC: Ja. Während der Denkmechanismus das Vergnügen oder Mißvergnügen nur im Endzustand berücksichtigt, um eine Auswahlfunktion zu erzeugen, vollzieht sich diesmal alles anders.

JPC: Man könnte sich dennoch eine solche Maschine vorstellen.

AC: Ich weiß es nicht. Wir kommen auf unser ursprüngliches Problem zurück: Gibt es eine vorherbestimmte Harmonie, für die der Mensch empfindlich ist, da er in dieser harmonischen Welt lebt, oder erzeugt er selber die Harmonie? Entdecken wir die harmonische Realität... oder erschaffen wir eher die Harmonie der Wirklichkeit?

JPC: Wir kommen auf unsere Ausgangsfrage zurück. Aber jetzt stellst Du den Sachverhalt in der Form einer Alternative dar! Entweder gibt es in der Welt eine vorbestimmte Harmonie, und wir leben daher in einem platonischen Universum. Oder wir versuchen nur, die harmonische Resonanz der Außenwelt mit der inneren Welt zu fördern, die wir aufbauen wollen.

VII. Fragen zur Ethik

1 Auf der Suche nach natürlichen Grundlagen der Ethik

„Soweit eine Sache mit unserer Natur übereinstimmt, ist sie notwendigerweise für uns gut" (Spinoza, *Ethik*, 31)

JEAN-PIERRE CHANGEUX: Die Entwicklung der wissenschaftlichen Erkenntnisse in der Biologie und in der Mathematik führt auf neue ethische Fragen. Die Tageszeitungen diskutieren den Gegensatz zwischen Wissenschaft und Moral. Seltener fragt man sich nach den Grundlagen der moralischen Urteile.

Zuerst: Was ist Ethik? Seit Kant neigen die Philosophen dazu, Ethik und Moral zu trennen, um der ersteren einen bevorzugten Status einzuräumen. Die Moral bezieht sich auf das Verhalten von einzelnen. Sie vereint die Vorschriften, die zu jedem Zeitpunkt der Geschichte einer Gesellschaft das Verhalten regeln. Die Ethik selber hat eine allgemeinere Gültigkeit. Man sieht sie als eine Disziplin an, deren Ziel es ist, die Grundlagen der Verhaltensregeln aufzustellen und in einem gewissen Sinne eine *rationale Theorie des Guten und Bösen*[1] zu konstruieren.

Ethische Fragen berühren direkt den Neurobiologen. Zunächst in seiner täglichen Arbeit. Wenn man das menschliche Gehirn erforschen will, ist nicht alles möglich. Strenge Grenzen schränken die möglichen Experimente ein. Diese Fragen werden im Kreise von ethischen Kommissionen behandelt, denen wissenschaftliche Persönlichkeiten und Vertreter von verschiedenen geistigen Richtungen, besonders der großen Religionen, angehören. Die Empfehlungen dieses „moralischen Richteramts" geben manchmal zu Gesetzen Anlaß, die im allgemeinen gut befolgt werden. Juristisch schwer zu fassende Begriffe wie der eines Lebewesens (ist der menschliche Spermatozoid ein Lebewesen?), der des Hirntodes (zeigt ein flaches Elektroenzephalogramm den Tod an?) oder der der menschlichen Person (hätte der

[1] Edelman und Hermitte (1988)

Homo erectus, wenn er noch lebte, die gleichen Rechte wie der *Homo sapiens*?) geben Anlaß zu Auseinandersetzungen. Ein neuer Dialog entsteht hier zwischen den Humanwissenschaften und den biologischen Wissenschaften.

Alle diese Diskussionen führen unvermeidlich auf die Frage nach den Grundlagen der moralischen Vorschriften. Handelt es sich um eine Form von dogmatischer Übereinstimmung, die auf einigen allen Religionen gemeinsamen metaphysischen Prinzipien beruht, um eine Art von „Abkommen" zwischen religiösen Autoritäten? Oder ist es im Gegenteil der Ausdruck des gesunden Menschenverstandes, eines allgemeinen Bedürfnisses, nach dem Willen einer Mehrheit und jenseits von jedem expliziten Bezug auf die Metaphysik? Kann man sich vorstellen, daß das Suchen nach Objektivität, das diese Debatten begleitet, die Ethik auf die Ebene der Wissenschaft heben kann?

Ich, der ich in der Schule von André Lwoff, Jacques Monod und François Jacob geformt bin, kann diesen Fragen nicht unbeteiligt gegenüberstehen. Selbst wenn einige die Idee zurückweisen, daß die Ethik *ausschließlich* auf objektiven Kenntnissen beruht, scheint mir heute der Bezug auf Objektivität unerläßlich zum Aufbau einer Ethik. Man muß daher als Ausgangspunkt für alle derartigen Überlegungen die Ergebnisse der Anthropologie, der Religionsgeschichte, der Rechtswissenschaften, der kognitiven Psychologie und auch der Neurowissenschaften heranziehen. Es läßt sich rechtfertigen, hier auch als Wissenschaftler zu handeln, testbare und eventuell revidierbare Modelle der Ethik zu entwickeln und sich immer wieder auf die Ergebnisse der Wissenschaft zu beziehen. Diese Diskussionsgrundlage ist sicherer als jedes metaphysische Postulat oder als ein Glaubenssystem, das in ständigem Konflikt mit dem gesunden Menschenverstand und mit den elementarsten Tatsachen der Physik steht.

Ich gehe sogar so weit, die Ansicht von Jacques Monod zu teilen: Das unablässige Streben nach Wahrheit, die erste treibende Kraft der Wissenschaft, stellt *de facto* eine Ethik dar. Und vielleicht die angesehenste im Laufe der Geschichte, selbst wenn manchmal das Verhalten von einigen Wissenschaftlern gegen sie verstößt. Aber viele Philosophen haben bereits die Schwierigkeit eines solchen Vorgehens betont. Die freie Untersuchung erfordert eine vertiefte Forschungsanstrengung. Einmal mehr eine echte Askese! Haben wir den Mut und die notwendige Kraft dazu? Die Ausgangspunkte sind oft widersprüchlich, und zahlreiche Motive kommen ins Spiel: Es ist eine sehr schwierige Aufgabe, die objektiven Grundlagen der Moral zu erforschen und moralische Regeln auf der Basis eines Nachdenkens über die Ergebnisse der modernen Wissenschaften aufzubauen. Es ist daher leichter, sich auf transzendente *a priori* Prinzipien zu beziehen, als auf die Resultate der Wissenschaft, die manchmal selber vergänglich sind. Genaue Regeln für das Verhaltens aufzustellen, zieht uns in ein Universum von Kenntnissen und Überlegungen, die täglich schwieriger zu meistern sind. Wird uns die Anwendung der Mathematik in Gestalt der Informatik – mit ihren riesigen Datenbasen – bei diesem Vorgehen helfen? Müssen wir früher oder später die Computer beauftragen, ethische Fragen zu entscheiden[2]? Dies ist eine Frage, die auch die Mathematiker interessiert.

Wie es auch sei, man muß die Ethik wie die Mathematik untersuchen. Du und ich sind Vertreter der Tierart *Homo sapiens sapiens*. Wir haben ein Gehirn, das die Annahme oder die Ablehnung von moralischen Regeln bestimmt. Aber es konstruiert diese auch in einer gegebenen sozialen Umgebung zu einem bestimmten Zeitpunkt der menschlichen Kulturgeschichte. Jeder Wissenschaftler, der sich nicht der bequemen geistigen Spaltung des Gläubigen unterwerfen will, der mit sich selbst kohärent bleiben will und der sich zwingt, auf jeden Bezug auf die Metaphysik zu verzichten, sollte über die *natürlichen* Grundlagen der Ethik nachdenken. Dabei geht es eigentlich nur darum, das Vorgehen des Zeitalters der Vernunft[3] und der Französischen Revolution wieder aufzunehmen, mit dem beträchtlichen Gewinn, den uns die modernen Erkenntnisse der Neurobiologie, der kognitiven Wissenschaften und der sozialen Anthropologie bringen.

Der sehr angesehene Molekularbiologe Gunther Stent hat schon 1977 eine Dahlem-Konferenz mit dem Titel *Morality as a biological phenomenon* organisiert, mit dem Ziel, die ideologischen Voraussetzungen der damals entstehenden Soziobiologie anzugreifen, ohne aber gleichzeitig die Suche nach den biologischen Grundlagen der Moral aufzugeben. Ganz im Gegenteil. Diese Grundlagenfrage geht tatsächlich wie so oft auf die griechische Antike zurück, wo sich schon zwei Thesen einander gegenüberstanden, ähnlich wie die über die Grundlagen der Mathematik. Die von Plato vertretene idealistische These ist einfach: Das moralische Verhalten muß im Einklang mit den Prinzipien der Ideenwelt stehen. Nun enthält diese, wie wir es lange erörtert haben, auch die mathematischen Gesetze des Universums und der Erkenntnis. Im Gegensatz dazu interessieren sich Demokrit, Epikur und später Lucretius für den Menschen als eine Tierart: Für sie besteht die Weisheit darin, sich von jedem metaphysischen Vorurteil zu befreien, das für das menschliche Unglück verantwortlich ist. Dies sind also zwei entgegengesetzte Standpunkte, die schwer miteinander vereinbar sind.

Es ist klar, daß ich in diesem „Dialog aus der Entfernung“ eine naturwissenschaftliche Einstellung ohne Bezug auf irgendeine Metaphysik einnehme. Ich bin fern davon, ein kohärentes System konstruiert zu haben. Ich möchte Dir nur einige vorläufige Gedanken skizzenhaft mitteilen und wage es, sie Dir nur in allgemeinen Umrissen zu entwickeln. Ich hoffe, daß Du mich nicht dafür zur Verantwortung ziehst.

[2] Dennett (1987)
[3] Diderot (1775)

Hier ist das erste Problem, über das wir zusammen nachdenken sollten: Haben die moralischen Regeln eine universale Existenz oder nicht? Wenn man den platonischen Standpunkt annimmt, muß es eine ethische Universalität geben, ebenso wie es eine mathematische Universalität gibt. Du solltest daher in der Moral wie in der Mathematik ein Platoniker sein.

Nun sind aber, wie es die Anthropologie zeigt, die Kulturen außerordentlich verschieden. Von einer Kultur zur anderen gibt es wichtige Unterschiede in der Denkweise, in der sozialen Organisation und daher in den ethischen Urteilen. Es gibt den „kulturell anderen", der unverständlich bleibt, oder zu mindesten schwer für jemanden zu ergründen ist, der nicht zur gleichen Kultur gehört. Die in der jüngsten Vergangenheit zwischen Sunniten und Schiiten (Iran-Irak), Protestanten und Katholiken (Irland), Juden und Moslems (Israel), Hindus und Buddhisten (Sri-Lanka), usw. ausgetragenen Konflikte sind Zeugen dieser gegenseitigen kulturellen Undurchlässigkeit, die Religionen am Leben hält, die selber kaum ihren Namen verdienen, da sie mehr trennen als „verbinden"[4]. Dieser *moralische Relativismus* oder vielmehr diese *Relativität* der moralischen Werte geht mit der Verschiedenheit der Sprachen, der kulturellen Repräsentationen, der Glaubenssysteme und des Rechts Hand in Hand. In dem Maße, wie die Vorschriften und die moralischen Normen von einer Gemeinschaft zur anderen verschieden sind, scheint es schwer, ein zuverlässiges Kriterium zu definieren, mit dem man von außen die ethische Überlegenheit des einen oder anderen Glaubenssystems oder Verhaltens bestimmen kann. Jede Kultur vertritt verbissen, daß ihre Moral die am besten begründete von allen ist. Jede ist davon überzeugt, daß ihre Moral die „natürlichste" ist. Das ist ein Konzert der Verblendung und der gegenseitigen Intoleranz, wo jeder davon überzeugt ist, in der Wahrheit zu sein. Die Japaner, die unsere wichtigsten wissenschaftlichen und wirtschaftlichen Partner geworden sind, leben seit einem Jahrtausend mit einer Ethik, deren historische Grundlagen total verschieden von dem in Westen vorherrschenden Judeo-Christianismus sind. Warum sollte ihre Moral niedriger oder höher als unsere stehen? Die soziale Anthropologie stellt den Naturwissenschaftler vor eine extrem schwierige Aufgabe, da sie leichter die Verschiedenheit als die Universalität der moralischen Regeln herausstellt. Es scheint daher sehr schwierig zu sein, auf Grund der Analyse der in der Vergangenheit oder heute in den vielen kulturellen Gemeinschaften existierenden Regeln eine genau umschriebene „moralische Universalität" herauszuschälen.

[4] lateinisch: relegere = sammeln, religare = binden

2 Soziales Leben und Frontallappen

JPC: Die wichtigste „Universalität", die jedoch mit Sicherheit besteht, ist die Existenz der Moral selber und des ethischen Denkens jenseits von aller Verschiedenheit der Kulturen. Dies ist, wie es uns Kant lehrt, die Universalität der *ethischen Forderung* (siehe Abb. 30). Man kann deshalb unter diesem Begriff die Gesamtheit der Beziehungsregeln zwischen einzelnen Mitgliedern einer sozialen Gruppe zusammenfassen. Die Ethik ist daher die Folge der Existenz eines sozialen Gebildes. Das ist schon ein erster Punkt. Der Naturwissenschaftler wird die moralischen Werte und die Ethik mit Lebensformen in einer Gemeinschaft verknüpfen, selbst wenn diese nicht die menschliche ist.

In der Tat sind die sozialen Bindungen bei einigen Tierarten, wie zum Beispiel bei den Insekten, viel stärker als beim Menschen. Bekanntlich stellen bei der Hausbiene die Arbeiter zwangsläufig die Ernäherung der für die Fortpflanzung verantwortlichen Königin sicher, sind aber selber steril. Gewisse Wespenarten konstruieren gemeinsame Bauten von einer extremen Komplexität, mit einer im Vergleich zum Menschen wesentlich besseren Koordination und Wirksamkeit. Bei den Säugetieren und beim Menschen überlagern sich den sozialen Verhaltensweisen sogenannte *antisoziale* Formen, wie die Familienstruktur, das Territorialverhalten oder die Aggression innerhalb der Art. Diese widersetzen sich den allgemeineren Interessen für das Überleben der Art. So zeigen beim Menschen die Ausdrucksformen der sozialen Bindung einzigartige Züge, weil er unter allen lebenden Tierarten die am höchsten entwickelten kognitiven Fähigkeiten besitzt. Beim *Homo sapiens* kommt es zu einer Verbindung vom Sozialen und Rationalen und zur Suche, beide miteinander zu *versöhnen.*

Unter diesen Bedingungen wird die Ethik in die rationale Ordnung der Beziehungen zum anderen einbezogen, die sich für jeden einzelnen im Inneren einer sozialen Gruppe ergibt. Sie definiert eine Anzahl von Maximen, die nach den Forderungen der Vernunft die Zusammenarbeit der Mitglieder einer Gemeinschaft regeln. Die Ethik bezieht sich daher zunächst auf die Modalitäten des *Verkehrs* zwischen Mitgliedern der sozialen Gruppe, und zwar nicht nur auf das Erkennen der Handlungen des Sprechers, sondern auch auf das seiner *Absichten.* Dieses Modell des Verkehrs wird von Grice[5] und von Sperber und Wilson[6] als „inferentiell" bezeichnet. Unter den vielfachen „Metamorphosen" der verschiedenen Moralitäten bringt uns die Suche nach ihren allgemeinen Grundlagen dazu, gewisse charakteristische kognitive Eigenschaften der menschlichen Art zu betrachten. Zuerst die, daß man sich den anderen mit seinen Gefühlszuständen, seinen Absichten und seinen

---

[5] Grice (1986)
[6] Sperber und Wilson (1986)

Abb. 30. Die Freiheit und die Gleichheit vereint durch die Natur. Anonymer Stich aus dem Ende des 18. Jahrhunderts, der allegorisch die natürlichen Grundlagen der beiden Grundprinzipien der Erklärung der Menschenrechte illustriert. Links die Gleichheit mit dem Winkelmaß als Zeichen und rechts die Freiheit mit der phrygischen Kappe. Die Natur ist als sitzende Göttin mit vielen Brüsten dargestellt, der Kopf mit Türmen bedeckt, die Gestalt mit Füllhörnern gegürtet und mit einem Rock bekleidet, der mit den Zeichen des Tierkreises verziert ist. Sie macht eine Geste der Einheit über den beiden allegorischen Frauengestalten, die sich die Hand schütteln. (Musée Carnavalet, Photo Bulloz)

Projekten während einiger Zeit vorstellen kann und vor allem, daß man ihn reflexiv als ein anderes Ich darstellt, das Mitglied der gleichen sozialen Gruppe ist. Diese kognitiven Fähigkeiten weisen auf eine Entwicklung einer Theorie der mentalen Zustände des anderen hin[7], das heißt einer Theorie der Theorien als Gerüst für die Zukunft. Sie erlauben auch, daß man sich die Organisation der sozialen Gruppe und die Möglichkeit vorstellt, in ihrem Inneren individuelle „mentale Zustände" zu verwirklichen.

Diese Fähigkeiten stützen sich auf „neuronale Architekturen", die ähnliche Organisationsstufen bilden wie die, die Du in der Praxis des Mathematikers als zweites und drittes Niveau bezeichnet hast. Heute kennen wir die Wichtigkeit des Frontallappens in den meisten mit ihnen zusammenhängenden Fällen. Die klinischen Untersuchungen über die Läsionen des Frontalcortex zeigen in der Tat Störungen des Sozialverhaltens oder des „moralischen Sinns". Harlow hat schon 1869 in seiner Beschreibung des Falles von Phineas Gage – einem jungen Arbeiter, der am Frontallappen durch eine Bergarbeiterstange verletzt worden war – bemerkt, daß „das Gleichgewicht, sozusagen die Balance zwischen seinen intellektuellen Fähigkeiten und seinen instinktiven Neigungen, zerstört zu sein scheint. Er ist nervös, respektslos und flucht oft auf gröbste Weise, was früher nicht seine Gewohnheit war; er ist selten höflich mit seinen Kollegen; er erträgt mit Ungeduld Hindernisse und hört nicht auf den Rat der anderen, wenn sie gegen seine Vorstellungen sind...". Luria[8] beschreibt ebenfalls den Fall eines Patienten, der vor dem Gemälde von Klodt *Der letzte Frühling*, das ein sterbendes junges Mädchen in einem Sessel sitzend darstellt, die Szene auf Grund des weißen Kleides des Mädchens als Hochzeit interpretiert. Der frontale Kranke versteht nicht mehr die gefühlsmäßigen Elemente des Bildes und reiht sie nicht richtig in ihren sozialen Zusammenhang ein. Es ist deshalb nicht zufällig, wenn Luria den Frontalcortex als „Organ der Zivilisation" bezeichnet.

Die Rolle des Frontalcortex unterscheidet sich von der der anderen Hirnregionen, wie des Temporalcortex. Geschwind und Bear und Fedio[9] haben einen merkwürdigen Fall einer Epilepsie des Temporallappens beschrieben, den man auch bei Gazzaniga[10] wiederfindet, die eine Verstärkung von religiösen Überzeugungen (mit seltsamen und unerwarteten Übergängen von einem Glaubenssystem zum anderen) zusammen mit einem großen Bedürfnis zu schreiben (Hypergraphie) und einen Geschmack für eigenartige sexuelle Praktiken hervorrief. Der Frontalcortex steht in ständiger Wechselwirkung mit den anderen Arealen der Großhirnrinde. Es gibt nicht *ein* zerebrales „Zentrum" der Ethik, sondern hierarchisierte und parallele neuronale

---

[7] Diese Fähigkeit scheint schon beim Schimpansen vorhanden zu sein; siehe: Premack und Woodruff (1978)

[8] Luria (1978) S. 333

[9] Geschwind (1977), Bear und Fedio (1977)

[10] Gazzaniga (1985)

Verbände tragen zu den „kognitiven“ Funktionen bei, die der Ausarbeitung der Ethik dienen. Diese neuronalen Anlagen der Ethik sind insgesamt gemeinsame Eigenschaften der menschlichen Spezies. Sie gehören zu den charakteristischen Zügen, die den Menschen von anderen Tierarten unterscheiden. Sie sind daher den genetischen Determinanten, die die „menschliche Natur“ bestimmen, unterworfen. Was in der Ethik universell ist und was zu einer Definition der „Rechte der menschlichen Spezies“ führen kann, dessen Ursprung muß man in dem Ausdruck des gemeinsamen genetischen Erbes des Menschen suchen.

3 Das prosoziale Verhalten des Kindes und die kulturelle Prägung

JPC: Diese genetischen Determinanten werden Schritt für Schritt während der embryonalen und fötalen Entwicklung ausgedrückt, wenn die großen Linien der zerebralen Architektur und insbesondere die Vorherrschaft des Frontalcortex festgelegt werden. Seit seiner Geburt steht das Kind mit dem „anderen“ in Wechselwirkung. „Prosoziale“ Verhaltensweisen[11] entwickeln sich, die seine harmonische Wechselwirkung mit den anderen Personen seiner Umgebung sichern. Nach drei Monaten nimmt es den Verkehr mit seiner Mutter und Vater auf. Nach einem Jahr lernt das Kind, mit anderen zu teilen. Spontan zeigt und bietet[12] es Objekte anderen Personen an, um mit ihnen in Beziehung zu treten. Nach elf Monaten kümmert es sich um andere. Es gibt seiner Puppe imaginäre Nahrung zu essen und zu trinken. Nach zwei bis drei Jahren beginnt es, Gespräche zu führen. Es zeigt auch sehr früh Gefühle von Freundschaft und Liebe, die es mit Lächeln und Küssen ausdrückt. Es hat Interesse für den anderen, aber manchmal Furcht vor dem Fremden. Schließlich äußert sich nach acht Jahren die Sympathie oder die Fähigkeit, „sich in die Haut des anderen zu versetzen“. Sehr früh zeigt sich die Gabe, an den Gefühlen des anderen Anteil zu nehmen. Sie ist die Grundlage der Vorstellung des anderen als ein ihm selber gleiches Wesen, die ich schon erwähnt habe, wo der andere nicht nur als ein Individuum, sondern als ein fühlendes Wesen gesehen wird.

Die Sympathie äußert sich zwischen 19 und 36 Monaten als ein Verhalten mit dem Ziel, das Mißbehagen des anderen zu mildern. Es kommen die Begriffe für Gehorsam und bewußte Verantwortung auf. Nach neun bis zwölf Monaten beginnt das Kind, den Anordnungen seiner Mutter zu gehorchen, und nach 17 Monaten gibt es sich selber Befehle. Das junge Kind wird

[11] Rheingold und Hay (1978)
[12] Montagner (1988)

zunehmend fähiger mitzuhelfen und zusammenzuarbeiten. Es unternimmt mit einem anderen zusammen Handlungen mit einem gemeinsamen Ziel. Das prosoziale Verhalten folgt also einer fortschreitenden Entwicklung, die höchst wahrscheinlich eine große Anzahl angeborener Formen enthält.

Jedoch deutet schon seit der Geburt die Wechselwirkung des Kindes mit der physikalischen und sozialen Umgebung die Individualität des Erwachsenen an, die mindestens so stark wie eine genetische Andersartigkeit ist. Hubel und Wiesel[13] haben gezeigt, daß wenn man eine Katze oder einen Affen in einer Umgebung mit senkrechten, abwechselnd hellen und dunklen Streifen (oder mit einem zugedeckten Auge) aufzieht, die funktionelle Spezifizität der Neurone im visuellen Cortex klar verändert wird. Und diese Ergebnisse gelten wahrscheinlich auch in anderen Hirnregionen, besonders im Frontalcortex[14]. Beim Embryo sollte die spontane neuronale Aktivität eine wichtige Rolle in der Epigenese des Nervensystems spielen. Die Entwicklung der kognitiven Fähigkeiten und der Gefühlszustände des Einzelnen ist wahrscheinlich einer wichtigen Epigenese durch Selektion unterworfen. Die Glaubenssysteme und moralischen Regeln befestigen sich gleichzeitig mit dem Erwerb der Muttersprache, vielleicht unter analogen Bedingungen. Das Gehirn des Kindes wird von moralischen Regeln und von der Sprache „imprägniert", die zur familiären und kulturellen Umgebung gehören, in der es erzogen wird. Diese drückt ihm auf *autoritäre*, ja sogar totalitäre Weise eine spezielle kulturelle Zugehörigkeit auf, die es während Jahrzehnten prägt und von der es sich danach schwer oder sogar überhaupt nicht freimacht. Es ist klar, daß die neurokognitiven Grundlagen der Befestigung der Glaubenssysteme weitgehend unbekannt sind. Aber sie bilden eine faszinierende Fragestellung für die Forschung.

Es scheint mir deshalb wichtig, die Regelmäßigkeiten herauszuarbeiten, die auf dem menschlichen genetischen Erbe beruhen und als eine Art von „generativer Grammatik" der Ethik die wichtigsten Stufen des prosozialen Verhaltens festlegen. Man muß sie dann von den Regeln unterscheiden, die zu einer gegebenen Kultur gehören und zu ihrer Einzigartigkeit beitragen. Aber diese Unterscheidung ist wegen der außerordentlich engen Verbindung dieser beiden Komponenten während der einander folgenden Entwicklungsstufen sehr schwierig. Dennoch erlaubt der Freiraum der Variabilität neuronaler Verbindungen, die von der Macht der Gene auf Grund der beim Wachstum und der Stabilisation von synaptischen Verbindungen wirkenden Prozesse befreit sind, einer bestimmten Moralität, sich in einem gegebenen Zeitpunkt ihrer Geschichte in ein bestimmtes soziales Milieu einzufügen.

[13] Hubel und Wiesel (1977)
[14] Goldman-Rakic (1987)

4 Die Funktionen der Moral

JPC: Die Faktoren, die die Einrichtung einer Moral in einer tierischen Gemeinschaft bestimmen, haben zu einander widersprechenden Theorien geführt. Die sehr umstrittenen Thesen gewisser Soziobiologen, wie E.O. Wilson, gründen sich auf Forschungen an Insekten, Wespen oder Bienen, deren soziales Verhalten einem sehr strengen genetischen Determinismus unterworfen ist. Der Genetiker Hamilton hat 1964 theoretisch gezeigt, daß ein Gen, das ein selbstmörderisches Verhalten eines Subjekts bestimmt, sich in der Population verbreiten und in ihr ein „altruistisches" Verhalten einführen kann, wenn der Selbstmord fünf Brüder oder Schwestern oder zehn ihrer Kinder rettet. Daher stammt die Idee, es sei die Funktion der Moral, nicht nur das Überleben der Art zu sichern, sondern auch der Fortpflanzung der Gene zu dienen, die die sozialen Verhaltensweisen bestimmen, insbesondere das prosoziale Verhalten des Kindes. Aber diese theoretischen Ideen werden übergangslos von den Insekten auf den Menschen verallgemeinert. Man liest zum Beispiel in den Werken von E.O. Wilson, daß „das Gehirn keine andere Daseinsberechtigung habe, als das Überleben und die Vermehrung der Gene sicherzustellen, die seine Bildung organisieren" oder daß „die Heiratsregeln Strategien für die Übertragung von Genen seien"[15]. Man zitiert häufig zur Unterstützung dieser Thesen verschiedene Verbote von Ehen zwischen religiösen Gruppen oder auch das den katholischen Priestern auferlegte Zölibat, zum Nutzen von moralischen Doktrinen, die, indem sie sich kontrazeptiven Methoden und dem Schwangerschaftsunterbruch widersetzen, zu mehr Kindern führen und so die Gene derer fortpflanzen, die diese Doktrin annehmen! Es ist nicht ausgeschlossen, daß solche Mechanismen bei der Evolution der Insekten mit ihrem so streng determinierten Verhalten eine Rolle gespielt haben. Aber selbst in diesem Fall ist der Beweis nicht vollständig geführt. Sie können vielleicht auch bei der Entwicklung der Menschheit mitgewirkt haben. Diese stellt in der Tat für die Populationsgenetiker ein schwieriges Problem[16] dar. Die spektakuläre Zunahme der zerebralen Komplexität, die man in der Entwicklung vom *Australopithecus* zum *Homo sapiens* findet, ist in wenigen Millionen Jahren, und sogar in noch kürzerer Zeit, auf Grund von noch vollständig unbekannten genetischen Mechanismen zustandegekommen.

Persönlich habe ich immer eine sehr kritische Einstellung zu den Thesen eingenommen, die eine allzu vereinfachte Beziehung zwischen den Genen und dem sozialen Verhalten annehmen, die die Epigenese umgehen und die vor allem vergessen, daß beim Menschen einer der wichtigsten Züge der Ethik die Versöhnung des sozialen Verhaltens mit der Vernunft ist, die

---

[15] Wilson (1978) S. 29
[16] siehe Changeux (1984)

bei den Insekten nicht entwickelt ist! Zudem gibt es Beispiele von moralischen Regeln und Ritualen, die entgegengesetzt zu den bisher besprochenen Folgerungen wirken. Eines der spektakulärsten Beispiele ist die Praxis der Menschenfresserei, die in Neu-Guinea die von einem Slow-Virus hervorgerufene Kuru-Krankheit überträgt, die beim Erwachsenen sehr ernste zerebrale Schäden zur Folge hat. Allgemeiner gibt es viele Beispiele von Kulturen, deren moralische Regeln als genetisch neutral angesehen werden. Dies geht übrigens in die Richtung der Vielfalt der Religionen und moralischen Vorschriften. Es gibt in den heutigen Gesellschaften nur eine sehr indirekte und fast nicht vorhandene Beziehung zwischen den einer Kultur eigenen moralischen Regeln und der darwinistischen Fähigkeit, die diese Regeln bestimmenden Gene zu übertragen. Die klarste Funktion der Moral ist „epigenetisch".

Selbst wenn die Funktion der Moral auf der genetischen Ebene neutral und in ihren Vorschriften willkürlich ist, könnte man denken, daß sie auf sozialem Niveau die Wechselwirkungen zwischen Individuen regelt und dadurch zum Überleben der Art beiträgt. Aber diese Regelung bezieht sich zuerst auf die viel eingeschränktere kulturelle Gemeinschaft, der das Individuum angehört. Durch Anwendung von allgemeineren ethischen Mechanismen könnte die Moral die inferentielle Kommunikation zwischen Individuen einer bestimmten kulturellen Gruppe vereinfachen. Sie könnte eine Zeitersparnis bei der Umsetzung von Absichten in Aktionen bringen. Indem sie eine Reihe von Zwischenschritten des Denkens unterdrückt, die ein System von Rechten und Pflichten geworden sind, könnte sie „Konzentrate von Rationalität" anbieten, die die „Last des Denkens" verkleinern und *fix und fertige* Antworten für künftiges Verhalten geben.

5 Für eine natürliche, rationale und revidierbare Moral

JPC: Wenn einmal die Idee einer neurokognitiven Grundlage der Ethik, ihre Universalität für die Art und die offensichtliche Relativität der Moral verschiedener Kulturen anerkannt sind, dann stellt sich die Frage, welche Prinzipien in der Praxis die Entwicklung von moralischen Regel fördern. Wie soll man konkret das Gute vom Bösen unterscheiden? Der amerikanische Philosoph Nagel[17] hat die verschiedenen ethischen Theorien in zwei verschiedene Klassen unterteilt: Die Theorien vom *deduktiven* oder auch vom „autoritaristischen"[18]Typ, die auf *a priori* gegebenen oder evidenten

[17] Nagel (1978)
[18] Jacob (1989), S. 25–58

Axiomen von Gut und Böse begründet sind, und die Theorien vom *induktiven* Typ, deren Imperativ es ist, jedes metaphysische oder ideologische *A priori* zurückzuweisen. Nach Nagel ist der Prototyp einer deduktiven Theorie in der Kantschen Handlungsregel zusammengefaßt: „Handle so, daß die Maxime Deines Willens jederzeit zugleich als Prinzip einer allgemeinen Gesetzgebung gelten könne". Ebenso gilt dies für die *utilitaristischen* Thesen, wie die von Bentham, die als Grundlage der Moral die Nützlichkeit ansehen, das heißt „das Prinzip des größten Glücks, nach dem alle Handlungen gut sind, wenn sie dazu dienen, das Glück (das Vergnügen oder das Fehlen von Schmerzen) zu vergrößern, und schlecht, wenn sie beitragen, das Gegenteil zu bewirken". Obwohl die utilitaristischen ebenso wie die universalistischen Ideologien auf den ersten Blick gerechtfertigt erscheinen, stehen sie oft in der Praxis im Widerspruch zu ihren Prinzipien. Der moralische Universalismus scheitert an der Verschiedenheit der Kulturen und der Utilitarismus am Konflikt zwischen dem Glück des Individuums und dem der Gemeinschaft. Die deduktiven moralischen Theorien führen zum Fanatismus, zum absoluten Dogmatismus und zu einem grenzenlosen Autoritätsanspruch. Sie bringen das Individuum dazu, sich vor theoretischen Postulaten aufzugeben, die behaupten, das „Glück" der Menschheit zu verteidigen!

Bei Spinoza (*Ethik, 27*) heißt es: „Nur das ist uns als unbedingt gut oder böse bekannt, das uns dazu bringt, *die Dinge wirklich zu verstehen* oder aber uns von ihnen wegführt". Das Interesse verschiebt sich von den deduktiven zu den induktiven Theorien. Nach ihnen werden die ethischen Prinzipien auf der Grundlage ihrer Plausibilität und ihrer Fähigkeit, mehr ins einzelne gehende Urteile zu erklären, angenommen oder abgeändert. Sie berücksichtigen also die kulturelle Entwicklung der Gesellschaft, die wissenschaftlichen Kenntnisse, die Technik und die Kultur. Ich möchte selbstverständlich einen induktiven Standpunkt einnehmen. Dieser scheint mir als Wissenschaftler am annehmbarsten, da er die Möglichkeit einer Veränderung der moralischen Normen anerkennt, die von neuen praktischen Problemen und dem Fortschritt der Kenntnisse abhängt. Dieser Standpunkt nähert sich dem der Rechtstheorie von Rawls[19], die in Frankreich bekannt zu werden beginnt. Sehr schematisch dargestellt verteidigt Rawls die sogenannte Methode des *reflexiven Gleichgewichts*. Die Gerichtsurteile entwickeln sich und sind Prüfungen *a posteriori* unterworfen, um die größte innere Kohärenz und Objektivität zu erreichen. Jedes Urteil erzeugt einen Druck von Kritiken und von Gründen zur Änderung der Prinzipien. Wenn das soziale System Neuverteilungen gestattet und wenn es das durch soziale oder natürliche Umstände hervorgerufene Unglück beseitigt, dann ergibt sich daraus eine Ethik, die auf der Kritik der moralischen Normen und ihrer ständigen Revision zur Freisetzung von neuen Verhaltensweisen beruht. Mich persönlich

[19] Rawls (1971)

zieht diese Philosophie an, weil man für sie „neurale“ Grundlagen entdecken kann und weil sie, indem sie sich in ihrem Vorgehen der Wissenschaft nähert, uns vor einer Form von Totalitarismus schützt, die die letzte Konsequenz deduktiver ethischer Theorien ist. Es ist eine Philosophie ohne Anmaßung, eine „Ethik der kleinen Schritte“, die fortlaufend die aufkommenden Probleme löst und sich nicht auf *a priori* Postulate stützt, die vollständig unanwendbar sind.

Unter diesen Umständen gilt es nicht mehr, die Wissenschaft den Imperativen der Glaubenssysteme, dem Autoritarismus der offenbarten Dogmen oder einer x-beliebigen Ideologie zu unterwerfen, sondern eine *Kritik* der *Religionen*, der *Ideologien* und der *moralischen Normen* zu entwickeln, geleitet von der sich entfaltenden Wissenschaft, um daraus neue Verhaltensregeln abzuleiten, die objektiver gerechtfertigt werden können[20]. Ich glaube persönlich, daß das inferentielle Modell – der Übermittlung, des Erkennens von Intentionen mit einer Evaluation ihrer rationalen Kohärenz, und der Entwicklung eines *reflexiven Gleichgewichts* im Inneren einer sozialen Gruppe – eine dynamische Ethik und eine „offene Moral“ zu erzeugen erlaubt, die auf natürlichen „neurokognitiven“ Grundlagen ohne jeden Rückgriff auf metaphysische Voraussetzungen beruht.

6 Die „Erweiterung der Sympathie“ und die ästhetische Funktion

JPC: Zuallererst hat die Wissenschaft die Aufgabe, immer das Irrationale zu vertreiben, um zu objektiven Erkenntnissen zu kommen. Sie erarbeitet Repräsentationen in Übereinstimmung mit den beobachteten Tatsachen. Selbst wenn es ernstzunehmende Grenzen für diese Suche nach Objektivität gibt, haben diese weniger schwere Folgen als die Subjektivität der Glaubenssysteme. Trotz des nichtverifizierbaren Charakters ihres Inhalts und ihrer physikalischen und historischen Unglaubwürdigkeit halten sich die Glaubenssysteme und breiten sich sogar aus. Ihr „fundamentalistischer“ Charakter verschärft sich. Dies ist ein Paradox in einer Welt, wo die objektiven Kenntnisse ständig zunehmen! Die soziale Anthropologie und die Religionsgeschichte betonen die evolutive Dimension der Glaubenssysteme, trotz ihres dogmatischen und „nicht revidierbaren“ Charakters. Den Religionen und Ideologien folgen oft abrupt und konfliktgeladen andere Re-

[20] Der letzte Artikel des zweiten Entwurfs der *Menschenrechtserklärung von Sieyès* vom Juli 1789 formuliert schon klar diesen Vorschlag: „Art. 42. Ein Volk hat immer das Recht, seine Verfassung zu *revidieren* und zu *reformieren*. Es ist sogar gut, feste Zeitpunkte für diese Revision zu bestimmen, einerlei ob sie notwendig ist.“

ligionen und andere Ideologien. Die moralischen Vorschriften und das auf diesen Glaubenssystemen gegründete Recht sind zweifellos, wie es schon Epikur bemerkte, *Kontrakte*, aber ihre Folgen sind von zweifelhaftem Wert. Die Glaubenssysteme bilden die wesentlichen Grundlagen der rassistischen Vorurteile[21]. Sie erzeugen zwischen ethnischen Gruppen Antagonismen, die ebenso wirksam und sogar schwerwiegender sind als die Unterschiede in der Hautfarbe oder Form der Augen. Sie werden von den politischen Mächten zu ideologischen Zwecken ausgenützt. Warum überdauern sie mit soviel Kraft? Unter den öffentlichen „kulturellen Repräsentationen" kann man die Glaubenssysteme als eine besondere Kategorie von mentalen Repräsentation ansehen, als einen bestimmten Aktivitätszustand von Nervenzellen, den das Subjekt gerne in den Wechselwirkungen mit seinen Artgenossen gebraucht. Diese wären eine Art von Repräsentation zweiter Art, die im Inneren des Gehirns auf physikalischer, materieller und biologischer Basis konstruiert wäre. Diese Repräsentationen sind, wie wir es schon oben diskutiert haben, von den wissenschaftlichen Repräsentationen verschieden. Sie zielen nicht auf einen experimentellen Test und auf eine Bestätigung und widersprechen im allgemeinen dem elementarsten gesunden Menschenverstand. Dennoch können sie sich von einem Gehirn zum anderen fortpflanzen und es mit dem epidemischen Charakter[22] einer Virusinfektion „infizieren"! Dieser invasive Charakter und dieser Kampf der Glaubenssyteme untereinander erinnert an den darwinistischen „Struggle for life". Aber er hat nicht die notwendigen Folgen auf genetischem Niveau, wie ich es schon ausgeführt habe. Außerdem bewegt er sich auf einem Organisationsniveau und auf einer Zeitskala, die von der der Evolution der Organismen verschieden ist. Nach unserem heutigen Wissen können die Bedingungen für „Selektion" und „Stabilisation" von Glaubenssytemen in einem kulturellen Milieu nur als Hypothesen formuliert werden. Wir wollen einige davon erwähnen.

Unter ihnen sollte man ihre „Ersatz"-Funktion für wissenschaftliche Erkärungen erwähnen, zu einem Zeitpunkt der Wissenschaftgeschichte, wo objektive Erkenntnisse noch nicht verfügbar waren, oder bei erschwertem Zugang zu diesen Kenntnissen in einem bestimmten sozialen Milieu, auf Grund einer unzureichenden Erziehung oder ungenügender Information. Die verschiedenen Mythen über den Ursprung der materiellen Welt, der Tierarten und des Menschen zeugen von dieser Verweigerung des Unerkennbaren, das Vorspiel eines ersten klassifizierenden „in Ordnung Bringens" des Universums ist, „eine furchtsame und stammelnde Form der Wissenschaft"[23]. Dieser Ersatz für die Kausalität hat in bestimmten Zeiten der Geschichte und auch heute noch, wenn Kenntnisse nicht leicht einsehbar sind, genügt,

[21] Taguieff (1988)
[22] Sperber (1984)
[23] Lévi-Strauss (1962) S. 16, S.21

um beunruhigende Wissenslücken zu schließen. Es in rationaler Kritik auszubilden und ihm sehr früh zu helfen, sich wissenschaftliche Erkenntnisse anzueignen, gibt dem Kind wichtige selektive Vorteile in diesem unablässigen Kampf der Glaubenssysteme untereinander und des Glaubens gegen die Wissenschaft.

Aber Glaubenssysteme und Ideologien können ebenfalls dadurch stabilisiert werden, daß sie von verschiedenen Formen der Macht an der Spitze von menschlichen Gemeinschaften, die sich zwischen das Individuum und die Art einschieben, benutzt werden. Es scheint, daß während der Differenzierung der ersten Mitglieder der Gattung *Homo habilis* in den Ebenen Afrikas[24] die menschliche Bevölkerung einige hundertausend Individuen zählte, die über Tausende von Quadratkilometern verteilt waren. Wir haben uns weit davon entfernt, und das enorme Anwachsen der Bevölkerung seit dem Ursprung des Menschen hat zu einer Spaltung der Gesellschaft in soziale Gruppen mit verschiedenen Kulturen geführt. Diese *Segregation der Kulturen* tritt schon beim *Homo erectus* auf, zur Zeit der Zähmung des Feuers vor 400 000 Jahren. Die kulturell verschiedenen Gruppen sammelten sich um Institutionen und Mächte, die ihre Identität wenigstens teilweise auf Glaubenssystemen begründeten. Diese Form der Institutionalisierung der Weltanschauung und der Ideologien bleibt noch heutzutage wirksam. Unter diesen Bedingungen weitet sich die Kritik an den Glaubenssystemen auf die noch schwierigere der Institutionen aus. Sokrates bezahlte sie mit seinem Leben. Die Frage wird viel direkter eine politische: Sie zielt auf die Beziehungen der Wissenschaft zur Macht. Jedoch sind diese Beziehungen, wie die zwischen der Moral, dem Recht und der Politik, insgesamt *widersprüchlich.* Der Mord an Individuen *in* dem Staat wird verurteilt, aber glorifiziert *zwischen* Staaten. In gewissen Staaten gibt es die Todesstrafe für Gotteslästerung, nicht aber für Polygamie. Die Moral der Staaten steht oft im Widerspruch mit der Moral der Bürger und der Art. Und die Menschenrechte bilden ein erstes Bollwerk gegen die Staaten, die Glaubenssysteme und die Ideologien. Die Verteidigung einer revidierbaren und widerspruchsfreien Moral wird zum politischen Kampf.

Die Kritik an den Glaubenssystemen und Ideologien, die durch die Überprüfung der moralischen Normen auf wissenschaftlicher Grundlage wieder aufgenommen wird, genügt sicherlich nicht, um eine Moral zu konstruieren, die sich auf den „neurokognitiven" Fakten mit der Strenge der wissenschaftlichen Methode gründet. Die Verteidigung der „menschlichen Person" oder der des „Individuums" scheint in Anbetracht der Größe des Problems ziemlich ungenügend zu sein und findet sich öfter *gegen* die Wissenschaft gerichtet, anstatt sich auf sie zu stützen. Der schottische Philosoph der Aufklärung Adam Smith, der vor allem wegen seiner Arbeiten zur Ökono-

[24] de Lumley (1984)

mie bekannt ist, war einer der ersten, der sich von Epikur inspirieren ließ und für die Moral eine rein natürliche Erklärung gab und sie so säkularisierte. In seiner *Theorie der moralischen Gefühle* von 1759 sieht Smith die Sympathie als den wichtigsten Faktor an, die uns „veranlaßt, daß wir der Wirkung bewußt werden, die eine Handlung auf uns gehabt hat, die in uns die Zustimmung oder Ablehnung der Gefühle aufkommen läßt, die diese Handlung hervorgerufen haben". Für Smith ist die Sympathie nicht, wie oben ausgeführt, eine „Fähigkeit", sondern ein Produkt des sozialen Lebens, das sich langsam in der Menschheit entwickelt hat. Charles Darwin nimmt in der *Abkunft des Menschen* diese These wieder auf und findet, daß die Sympathie „ein wesentlicher Teil des *sozialen* Instinkts" ist, der von der Liebe verschieden ist, die der Mensch mit anderen Tierarten teilt, die angeboren ist und von der natürlichen Auswahl erzeugt wird. Aber der Mensch ist „ein moralisches Wesen, das seine vergangenen und zukünftigen Handlungen und Motive vergleichen kann und sie gutheißen oder mißbilligen kann"[25]. „In dem Maße, wie der Mensch in seiner Zivilisation Fortschritte macht und die kleinen Stämme sich zu größeren Gemeinschaften vereinigen, zeigt die einfache Vernunft jedem einzelnen, daß er seine sozialen Instinkte und seine Sympathie auf alle Mitglieder der gleichen Nation *ausdehnen* muß... auf alle Menschen aller Nationen und aller Rassen"[26]... „auf Kranke, auf Idioten und andere nutzlose Mitglieder der Gesellschaft"[27]. Wie es Patrick Tort[28] betont, zeigt diese These von der „Erweiterung der Sympathie" Darwins Unschuld an den rassistischen Schriften und an den elitären Positionen, die nach ihm einige seiner Zeitgenossen, wie T.H. Huxley[29], eingenommen haben. Um die Jahrhundertwende hat Kropotkine in einem begeisternden Werk *Die gegenseitige Hilfe, ein Faktor der Evolution* die Position Darwins eingenommen, sie weiterentwickelt und mit vielen Beobachtungen aus der Tierwelt und aus „primitiven" menschlichen Gesellschaften und ihrer Geschichte bereichert. Für ihn spielt „in der Evolution der organisierten Welt die gegenseitige Unterstützung von Individuen eine viel wichtigere Rolle als ihr Kampf gegeneinander"[30]. „Je mehr sich die Individuen vereinigen, je mehr sie sich unterstützen, desto größer sind für die Art die Chancen für das Überleben und für den Fortschritt in der intellektuellen Entwicklung". Kropotkine betrachtet die gegenseitige Hilfe als „einen Instinkt für Solidarität und menschliche Geselligkeit"[31], auf dem sich die „höheren moralischen Gefühle", nämlich „Gerechtigkeit und Moral", gründen und die

[25] Darwin (1871) S. 119
[26] Darwin (1871) S. 132
[27] Darwin (1871) S. 134
[28] Tort (1983)
[29] Huxley (1888)
[30] Kropotkine (1909) S. 9
[31] Kropotkine (1909) S. 12

„das Individuum dazu bringen, die Rechte jedes anderen Individuums als seinem eigenen *gleich* anzusehen"[32].

Die jüngsten Entwicklungen der kognitiven Wissenschaften ändern in keiner Weise die Wichtigkeit der Position von Darwin und Kropotkine. Ich habe erwähnt, daß die Sympathie und ein hilfreiches und kooperatives Handeln im „prosozialen Verhalten" des Kindes während einer bestimmten Entwicklungsphase erstmals erscheinen. Man kann also eine Logik des „Guten und Bösen" in Betracht ziehen, die als gut zurückbehält, was die „Sympathie erweitert" und die gegenseitige Hilfe fördert, und als schlecht, was sie beschränkt und sie erschwert. Es handelt sich nicht um ein Suchen nach einer beliebigen Universalität, Nützlichkeit oder Gegenseitigkeit. Doch die Wahlmöglichkeiten sind beschränkt und führen zu einer ununterbrochenen Revision der Normen, wie es Rawls fordert. Dies erlaubt, diejenigen Entscheidungen anzunehmen und mit Hilfe der Vernunft zu *selektionieren*, die zumindest lokal die gegenseitige Hilfe gegen individuelle oder kollektive Kämpfe begünstigen und die natürliche Neigung zur Sympathie fördern, zur Entwicklung der menschlichen Gesellschaft. Die Sympathie, die zweifellos für die Bildung der ersten sozialen Gruppen des *Homo sapiens* wichtig war, hilft heute in ihrer „Erweiterung", eine „Moral der Art" zu begründen, die die Abkapselung in verschiedene kulturelle Gruppen verhindert. So kann sich die erhoffte *Versöhnung* zwischen dem Sozialen und dem Rationalen verwirklichen.

Diese Säkularisation der Moral durch den Evolutionsprozeß bringt einen *Raum von Veränderlichkeit*[33] zur Geltung, der sie ihrem „angemaßten heiligen Ursprung" (Spencer) und dem traditionalistischen Autoritätsanspruch der Dogmen und Ideologien entkommen läßt. Wir haben schon gemeinsam bei der Schöpfung von mathematischen Objekten das Eingreifen eines „Diversitätsgenerators" auf dem zweiten und dritten Organisationsniveau der zerebralen Prozesse diskutiert. Dieser Generator könnte selbstverständlich auch auf dem Niveau der Produktion von mentalen Repräsentationen moralischer Vorschriften wirken, die für ein soziales oder individuelles Verhalten wichtig sind. Diese darwinistischen Variationen von sozialen Repräsentationen können später von einem Gehirn zum anderen fortgepflanzt oder unterdrückt werden, auf dem Niveau einer Gemeinschaft selektioniert werden und endlich durch den Gesetzgeber festgehalten werden, zum Beispiel auf der Grundlage der Erweiterung der Sympathie oder der gegenseitigen Hilfe. Dies erinnert mich an einen Satz des *Differentialistischen Manifests* von Henri Lefebvre: Kann man das „Recht auf Verschiedenheit" fordern? Ich antworte selbstverständlich bejahend, wobei ich präzisiere: Recht auf Verschiedenheit, das heißt, die Variabilität mit ihrer *aleatorischen* Kom-

[32] Kropotkine (1909) S. 13
[33] Lévi-Strauss (1952)

ponente anzunehmen. Denn es kann auf allen Organisationsstufen, die ich diskutiert habe, keine Evolution ohne Variabilität geben, nicht nur auf dem Niveau der Gene und der Verbindungen in einem sich entwickelnden Gehirn. Ich möchte sogar behaupten, daß es keine „Revolution“ ohne vorherige Variation geben kann, einerlei ob diese sich auf die Körperform oder die Leistungen des Gehirns bezieht, einschließlich der Modelle menschlicher Gesellschaften, die es erzeugt. Jeden Veränderungsprozeß durch eine „Diktatur“ zu blockieren, hemmt nach meiner Meinung die dem menschlichen Gehirn eigenen vorausdenkenden Funktionen. Dies würde seine Fähigkeit unterdrücken, die Erfahrungen aus seiner kulturellen Umgebung zu integrieren, was für die Erzeugung von Modellen und neuen Ideen notwendig ist und zu seiner evolutiven Dynamik beiträgt. Es ist daher gerechtfertigt, eine *aleatorische Variation* in jeder natürlichen Ethik, die evolutionär sein will, anzunehmen. Ist dies nicht eine der dynamischsten Definitionen der *Freiheit*: das Recht auf Phantasie?

Genügen die rationale Kritik der Glaubenssysteme und Ideologien, die Erweiterung der Sympathie und das Recht auf Phantasie, um eine von jeder Irrationalität befreite Ethik aufzubauen? Nichts ist weniger sicher. Denn zum Glauben gehören oft Gefühlszustände, die die Mitglieder einer sozialen Gruppe untereinander „verbinden“. Das Brechen dieser „Bindung“ erzeugt ein Gefühl von Verlassenheit. Die neuronalen Grundlagen und die Pharmakologie dieser grundlegenden Emotionen der sozialen Wechselwirkung sind in Tiermodellen untersucht worden[34]. Der Trennungsschrei und der Notschrei, der durch die Isolierung des Kleinen oder des Erwachsenen ausgelöst wird, wird durch Morphium beruhigt und verstärkt durch Pharmaka, die die Wirkung von Opiaten selektiv blockieren[35]. Aber die Riten und Glaubenssysteme können, wie Lévi-Strauss es uns zeigt, in Erscheinung treten „wie ebensoviele Ausdrucksformen eines Glaubensbekenntnisses für die Geburt einer Wissenschaft“[36], wie eine erste „Ordnung“, die „einen außergewöhnlichen ästhetischen Wert hat“[37]. Diese den Menschen und Tieren[38] gemeinsame Freude, die Objekte der sie umgebenden Welt zu klassifizieren, findet sich auf einem höheren Niveau in der mathematischen Schöpfung wieder, wie Du es mehrfach betont hast, und allgemein im wissenschaftlichen Schaffen. Die wissenschaftliche Erkenntnis ist von einem Vergnügen begleitet, das mit dem des Glaubens in einen echten Wettstreit treten kann.

Aber spielt nicht die Kunst voll und ganz diese Rolle? Wenn sie als Gefährtin des Glaubens und der Ideologien gedient hat, kann sie dann nicht

[34] Mac Lean (1987)
[35] Es ist nicht zufällig, daß der Konsum dieser Droge sich unter Bedingungen entwickelt, wo die soziale Intergration ungenügend ist.
[36] Lévi-Stauss (1962) S. 19
[37] Lévi-Stauss (1962) S. 21
[38] Humphrey (1980)

an Stelle der Religion eine vereinigende Rolle spielen, als eine universelle „kommunikationelle Vernunft“[39], die die Verschiedenheit der Kulturen überwindet und die Sympathie durch ein echtes gemeinschaftliches Vergnügen festigt, das diese Verschiedenheit in ein größeres Ganzes einbezieht, statt aus ihr einen trennenden Faktor zu machen, wie die von Natur aus intoleranten Religionen? Diese ästhetische Utopie hat Schiller in seiner Schrift *Briefe über die ästhetische Erziehung des Menschen* (1795) „mit dem Bau einer wahren politischen Freiheit“ bezeichnet. Denn nach ihm „eint nur die ästhetische Verbindung die Gesellschaft“. Die Kunst spielt die Rolle eines Katalysators, „Harmonie in die Gesellschaft“ zu bringen durch die „Versöhnung der Gesetze der Vernunft mit den Interessen der Sinne“. Ich habe schon ausführlich plausible neurale und kulturelle Grundlagen des ästhetischen Vergnügens und der Kunst diskutiert[40]. Ich nehme mir daher mit Schiller die Freiheit, von einem „universellen ästhetischen Zustand“ zu träumen, der den Menschen von den Waffen und dem Irrationalen befreit. Aber es ist so, wie Spinoza am Ende seiner *Ethik* schrieb: „Alles, was schön ist, ist ebenso schwierig wie selten“. Das sind einige etwas rasch formulierte und ungeordnete Gedanken eines Neurobiologen über die Ethik. Was denkt der Mathematiker darüber?

7 Ethik und Mathematik

ALAIN CONNES: Ich werde mit der Antwort auf Deine Fragen beginnen. Du sagst: „Wenn man den platonischen Standpunkt annimmt, muß es eine ethische Universalität geben, ebenso wie es eine mathematische Universalität gibt. Du solltest daher in der Moral wie in der Mathematik ein Platoniker sein“.

Ich möchte dies verneinen. Mein „Glaube“ an die Existenz einer rohen mathematischen Realität, der unerschöpflichen Quelle von Information, wie ich es im Kapitel VI im Zusammenhang mit dem Gödelschen Satz erklärt habe, beruht auf einer langen persönlichen Erfahrung, und nicht auf der Lektüre von Plato, dessen Ideen ich nicht notwendigerweise teile.

Ich glaube nicht an eine universelle Ethik, und es scheint mir, daß die Mathematik uns keine besondere Kompetenz gibt, um in allgemeinen Worten über die Ethik zu sprechen. Die Idee einer mathematischen Ethik macht keinen Sinn. Daher stimme ich vollständig Deiner Kritik an den deduktiven ethischen Theorien zu, die auf *a priori* Annahmen beruhen und in der Tat ideologisch sind. Sie zeigt sich besonders treffend in dem folgenden, den Mathematikern wohlbekannten Beispiel. Die verschlüsselte Kryptographie

[39] Habermas (1985)
[40] Changeux (1988)

erlaubt, ausgehend von gewissen tiefen mathematischen Theorien, wie der Zahlentheorie, nicht aufbrechbare Kodes zu erzeugen, die von Geheimdiensten mißbraucht werden können. Der Mathematiker kann sich deshalb nicht in seinen Elfenbeinturm zurückziehen und behaupten, daß die Reinheit seiner Forschung verhindert, daß sie jemals Anlaß zu solchen Anwendungen gibt.

Eine deduktive ethische Theorie, die fordern würde, daß die reine Mathematik keine Anwendung außerhalb des zivilen Bereichs haben dürfe, würde in eine Sackgasse führen. Wenn ein Mathematiker ihr treu bleiben wollte, müßte er aufhören zu arbeiten, oder dürfte mindestens seine Ergebnisse nicht publizieren. Er würde dann mit der *de facto* Ethik in Widerspruch geraten, die nach J. Monod in dem „unablässigen Streben nach Wahrheit" besteht.

Mit ein wenig Abstand bemerkt man tatsächlich, daß diese verschlüsselten Kryptogramme auch für die Gesellschaft sehr nützlich sind. Sie werden notwendig, um den Einzelnen gegen die Indiskretionen der Informatik zu schützen, insbesondere gegen den Gebrauch und die Verfälschung privater Informationen, wie bei vertraulichen medizinischen Auskünften. Man kann sogar voraussehen, daß in Zukunft die Unterschrift des Einzelnen mathematischer Natur sein wird, um sie unverletzbar zu machen.

Der Mathematiker muß daher wie jeder andere Wissenschaftler in jedem einzelnen Fall gegenüber den möglichen Anwendungen seiner Disziplin wachsam bleiben, ohne jedoch eine deduktive Ethik anzunehmen, die ihn neutralisieren würde. Dies sind in wenigen Worten zusammengefaßt die Überlegungen, die ich mir über die Ethik erlaube. Ich bin weder für einen Elfenbeinturm noch für eine deduktive Ethik, sondern für ein wissenschaftliches Verantwortungsbewußtsein. Was mir vor allem wirklich wichtig ist, ist andere teilhaben zu lassen an dem Wesentlichen der mathematische Forschung, an dem Sinn, den man der „Suche nach dem Wahren" geben kann, und an der Freude, die man bei der Hingabe an sie erfahren kann. Meine Ausführungen während dieser Gespäche hatten kein anderes Ziel.

Glossar

Abzählbar: Eine Menge X heißt abzählbar, wenn X die gleiche Kardinalität wie eine Teilmenge der Menge der ganzen Zahlen hat.

Algebra: Eine Algebra ist eine Menge X mit einem Additionsgesetz und einem Multiplikationsgesetz, die die üblichen Regeln der Addition und Multiplikation von Zahlen, außer der Kommutativität $xy = yx$ des Produkts, erfüllen.

Algebraische Erweiterung: Für einen Körper K ist die algebraische Erweiterung ein Körper L, der K enthält und der eine endliche Dimension als Vektorraum über K hat.

Algorithmus: Eine endliche Prozedur, die es erlaubt, mit einer endlichen Anzahl von Operationen für alle Anfangswerte ein Resultat zu erhalten.

Allgemeine Relativitätstheorie: Klassische Feldtheorie der Gravitation, die von A. Einstein aufgestellt wurde. Hier bestimmen sich die Verteilung von Massen und Energie und die Krümmung der Geometrie der Raum-Zeit gegenseitig.

Allosterisch: Wechselwirkung zwischen zwei spezifischen und topographisch getrennten Untereinheiten eines Proteins, die eine sehr effiziente Regelung der enzymatischen Funktion erlaubt.

Alzheimersche Krankheit: Degenerative Krankheit des Nervensystems, die zu einem frühzeitigen Gedächtnisverlust und Abbau der allgemeinen geistigen Fähigkeiten führt.

Aminosäure: Kleines organisches Molekül mit einer Amin- und einer Säuregruppe am gleichen Kohlenstoffatom. In der Biologie kommen 21 (gewöhnlich 20) natürliche Aminosäuren als Bausteine der Proteine vor, und diese sind im genetischen Kode durch Tripletts von 4 verschiedenen Nukleinsäuren dargestellt. Zu den Aminosäuren gehören wichtige Neurotransmittoren, wie z.B. Aspartat, Glutamat und Glycin.

Anomales magnetisches Moment: Korrektur des magnetischen Moments des Elektrons auf Grund der Quantenelektrodynamik.

Asymptotische Freiheit: Eine Quantenfeldtheorie heißt asymptotisch frei, wenn die effektive Wechselwirkung bei sehr hohen Energien oder, äquivalent, bei sehr kleinen Abständen verschwindet. Die asymptotische Freiheit der Theorie der starken Wechselwirkungen gilt als erwiesen.

Auswahlaxiom: Dieses Axiom der Mengentheorie besagt, daß jede Menge X eine „Auswahlfunktion" hat. Eine Auswahlfunktion f wählt aus jeder nichtleeren Teilmenge von X ein Element aus (d.h. f ist eine Abbildung, die jeder nichtleeren Teilmenge Y von X ein Element von Y zuordnet: $f(Y) \in Y$).

Avogadrosche Zahl: Zahl der Moleküle in einem Mol (Molekulargewicht in Gramm), etwa 6.02×10^{23}. Die Kenntnis dieser Zahl ist in der statistischen Mechanik wichtig, um aus den mechanischen Kräften zwischen Gasmolekülen deren Thermodynamik vorherzusagen.

Axon : Verzweigter Fortsatz eines Neurons zur Fortleitung der Nervenerregung. Die Propagation des Aktionspotential im Axon wird durch die Hodgkin-Huxley-Gleichung beschrieben.

Bellsche Ungleichungen : Diese Ungleichungen erlauben es, die Hypothese von verborgenen Variablen in der Quantenmechanik zu testen. Die Experimente[1] haben die Vorhersagen der Quantenmechanik bestätigt.

Bijektion : Man nennt Bijektion von einer Menge X auf eine Menge Y eine Abbildung f, die jedem Element x von X ein Element $f(x)$ von Y zuordnet, derart daß es für jedes Element y von Y ein und nur ein Element x von X gibt mit $f(x) = y$.

Brownsche Bewegung : Ein in der Mathematik von N. Wiener eingeführter Zufallsprozeß, der die von dem Botaniker R. Brown beobachtete zufällige Bewegung von kolloidalen Teilchen modelliert.

Chromodynamik : Quantisierte Eichfeldtheorie, die die starken Wechselwirkungen beschreibt. Diese ist analog zur Quantenelektrodynamik nach dem Prinzip der Eichinvarianz konstruiert ist, wobei die den Elektronen entsprechenden „Quarks“ drei verschiedene „Farben“ haben. Die Quarks treten in der S-Matrix nicht auf, da nur „farblose“ Teilchen sich der gegenseitigen Wechselwirkung können.

Corticales Areal : Begrenztes „Feld“ der Großhirnrinde, das durch seine zelluläre Architektur und Funktion ausgezeichnet ist. Zu jedem Areal gehört als Eingang ein wohlbestimmter Teil des Thalamus, zum Beispiel das Corpus geniculatum laterale als Relais zwischen der Retina und dem primären visuellen Areal. In vielen sensorischen Arealen existieren „perzeptuelle Karten“, das heißt zweidimensionale Darstellungen von sensorischen Merkmalen, und in gewissen motorischen Arealen „motorische Repräsentationen“, die komplexe Bewegungen organisieren.

Dendrit : Baumartig verzweigter und mit Synapsen bedeckter Fortsatz eines Neurons, der die Eingangssignale integriert und zum Zellkörper und Axon weiterleitet. Neben diesem klassischen Informationsfluß gibt es auch direkte dendrodendritische Wechselwirkungen zwischen Neuronen.

Desoxyribonukleinsäure : Als materieller Träger der Vererbung besteht die Desoxyribonukleinsäure (DNA) aus einer linearen Kette von Nukleotiden, die selber aus einer organischen Base, einem Zucker (Desoxyribose) und einem Phosphat bestehen. Zwei komplementäre DNA-Ketten bilden eine Doppelhelix, die in einem menschlichen Chromosomen eine Länge von etwa 10^7 Basenpaaren hat. Die DNA wirkt auf die Zelle meist indirekt über die Synthese von Proteinen.

Diskret : Ein topologischer Raum heißt diskret, wenn jeder Teil A von X gleichzeitig offen und abgeschlossen ist.

Eichfeldtheorie : Feldtheorie mit einer Lagrangefunktion , bei der die Freiheit in der Wahl der zu den Feldstärken gehörenden Potentiale zu einer unendlichdimensionalen Invarianzgruppe führt. Die wichtigsten Beispiele von Eichfeldtheorien sind die Elektrodynamik und die Chromodynamik.

---

[1] Aspect et al. (1982)

Einfache Gruppe: Ein Homomorphismus ϕ einer Gruppe Γ_1 in eine Gruppe Γ_2 ist eine Abbildung ϕ von Γ_1 in Γ_2, die das Kompositionsgesetz respektiert, das heißt $\phi(g_1 g_2) = \phi(g_1)\phi(g_2)$ für alle $g_1, g_2 \in \Gamma_1$. Eine Gruppe Γ ist einfach, wenn jeder Homomorphismus ϕ von Γ in eine beliebige Gruppe Γ_2 entweder konstant (d.h. $\phi(g) = e$ für jedes $g \in \Gamma$; e: Identität) oder injektiv ist (d.h. $\phi(g) = e$ nur für $g = e$).

Endlich: Eine Menge X heißt endlich, wenn es eine natürliche Zahl n und eine Bijektion von X auf die Menge $\{1, \ldots n\}$ der natürlichen Zahlen kleiner oder gleich n gibt. Die Zahl n heißt die Kardinalität von X .

Euler-Poincaré-Charakteristik: Invariante eines topologischen Raums, die sich sehr einfach für einen zweidimensionalen simplizialen Komplex als die Zahl der Ecken minus die Zahl der Kanten plus die Zahl der Flächen berechnet.

Faktor: Ein Faktor ist eine selbstadjungierte, schwach abgeschlossene Algebra von Operatoren im Hilbert-Raum, deren Zentrum nur aus Skalaren besteht. Die Faktoren sind nach Murray und von Neumann in Typen I, II und III klassifiziert.

Feynman-Integral: Formales Objekt, mit dem man auf einfache Weise die störungstheoretischen Rechnungen in der Quantenfeldtheorie manipulieren kann. In der konstruktiven Quantenfeldtheorie[2] wird gezeigt, wie man diese formale Operation als eine echte Integration in einem unendlichdimensionalen Raum interpretieren kann.

Formale Potenzreihe: Ausdruck in Form einer unendlichen Summe, ohne Konvergenz zu fordern. Alle elementaren algebraischen Operationen, die in den Rechnungen nur endlich viele Terme der Summe verknüpfen, werden wie in konvergenten Reihen ausgeführt.

Formalismus: Betrachtungsweise der Mathematik, die sie als eine formale Sprache und eine Folge von logischen Deduktionen ansieht.

Frontaler Cortex: Er liegt am vordersten Pol der Großhirnrinde und wird oft „präfrontaler" Cortex genannt, um ihn von den weiter rückwärtigen prämotorischen Arealen zu unterscheiden. Er ist (siehe Abb. 21) eng und reziprok mit dem limbischen System, den Basalganglien und vielen assoziativen corticalen Arealen verbunden, aber nicht direkt mit den primären sensorischen oder motorischen Arealen.

Fuchssche Funktionen: Die Fuchsschen Funktionen sind in einer Halbebene definierte holomorphe Funktionen, die bezüglich gewisser diskreter Gruppen von Isometrien der Poincaréschen Halbebene periodisch sind.

Fundamentalgruppe: Gruppe, die von H. Poincaré jedem hinreichend regulären topologischen Raum zugeordnet ist und die die Klassifikation der Überlagerungen des topologischen Raumes liefert (d.h. der Abbildungen $\pi : Y \to X$, die lokale Homöomorphismen sind). Ein Element dieser Gruppe ist eine Homotopieklasse von Wegen in X.

Gen: DNA-Segment mit fester Funktion. Strukturgene kodieren Proteine und Regulationsgene die Aktivierung von Strukturgenen. Die Menge der DNA einer Zelle bildet das Genom, das beim Menschen in 46 Chromosomen verpackt ist.

[2] Glimm and Jaffe (1987)

Geodäte: Extremaler, zum Beispiel kürzester Weg von einem Punkt zu einem anderen in einem Riemannschen Raum. Dieser ist ein metrischer Raum, in dem die Bogenlänge lokal als Quadratwurzel eines quadratischen Ausdrucks von Differentialen berechnet wird.

Großhirnrinde: Phylogenetisch neuester Teil des Zentralnervensystems, auch Neocortex genannt. Er wird auf Grund von strukturellen und funktionellen Merkmalen[3] in verschiedene „Lappen" oder „Rindenfelder" und feiner in corticale Areale unterteilt, die heute intensiv erforscht werden.

Gruppe: Eine Gruppe Γ ist eine Menge mit einer Abbildung $(g_1, g_2) \to g_1 g_2$ von $\Gamma \times \Gamma$ nach Γ, die Kompositionsgesetz genannt wird und die folgenden Regeln erfüllt: (1) Für alle $g_1, g_2, g_3 \in \Gamma$ gilt $g_1(g_2 g_3) = (g_1 g_2) g_3$ (Assoziativität); (2) Für jedes Paar a, b von Elementen in Γ gibt es eindeutig bestimmte Elemente $x, y \in \Gamma$ derart, daß $ax = b$ und $ya = b$ erfüllt sind.

Heisenbergsche Unschärferelation: Die Unschärferelation von Heisenberg gibt eine absolute Schranke dafür, wie klein man gleichzeitig die Unschärfe (d.h. das Schwankungsquadrat) von zwei quantenmechanischen Observablen in dem gleichen Zustand machen kann. So ist zum Beispiel das Produkt der Unschärfen von Position und Impuls stets größer als eine Konstante von der Größe des Planckschen Wirkungsquantums (oder des Spins des Elektrons).

Homöomorph: Eine Abbildung f von einem topologischen Raum X in einen topologischen Raum Y ist homöomorph, wenn f eineindeutig ist und f und f^{-1} stetig sind.

Homotopie: Seien X und Y topologische Räume und f_0 und f_1 stetige Abbildungen von X in Y. Dann heißen f_0 und f_1 homotop, wenn es eine stetige Abbildung von X in das Produkt von Y mit dem Intervall $[0,1]$ gibt, die in 0 evaluiert f_0 und in 1 evaluiert f_1 gibt.

Index eines Unterfaktors: Ein Faktor ist vom Typ II_1, wenn er eine endliche Spur besitzt und unendliche Dimension hat. Man kann dann seine Spur benutzen, um den Index (im Sinne von V. Jones) eines Unterfaktors zu definieren.

Infero-temporaler Cortex: Der schläfenseitig angeordnete Temporallappen enthält neben auditorischen Projektionsgebieten im unteren und hinteren Teil komplexe visuelle Felder, in denen Neurone hochspezifisch auf Charakteristika von Gesichtern antworten und visuelle Gedächtnisfunktionen zeigen.

Informationstheorie: Theorie, mit der man auf quantitative Weise die optimale Übermittlung von Signalen durch einen Kanal (z.B. eine Telefonleitung) analysieren kann.

Injektiv: Eine Abbildung f von einer Menge X in eine Menge Y ist injektiv, wenn das Bild von f von je zwei verschiedenen Elementen in X verschiedene Elemente in Y gibt.

Ion: In wäßriger Lösung spalten sich Salze in positive ($Na^+, K^+, Ca^{++} \ldots$) und negative Ionen ($Cl^- \ldots$), die sich in einem elektrischen Potential in entgegengesetzter Richtung bewegen. Konzentrationsdifferenzen von durch eine Membran getrennte Ionen wirken wie eine Batterie und ermöglichen die Generation des Aktionspotentials.

---

[3] Creutzfeldt (1983)

Kardinalzahl: Zwei Mengen X und Y haben die gleiche Kardinalität, wenn es eine Bijektion von X auf Y gibt. Eine Kardinalzahl ist eine Äquivalenzklasse von Mengen mit der gleichen Kardinalität. Das Auswahlaxiom impliziert, daß die Menge der Kardinalzahlen wohlgeordnet ist.

Klassische Feldtheorie: In der klassischen relativistischen Physik ist ein Feld eine skalare oder vektorielle Größe $\Psi(x)$, deren Wert von einem Punkt x der Raum-Zeit abhängt. Die Bewegungsgleichungen werden aus der Lagrangefunktion durch das „Prinzip der extremalen Wirkung" bestimmt.

Klonierung: Asexuelle Vermehrung eines Organismus. Alle Klone haben daher das identische genetische Material.

Knotentheorie: Theorie der Einbettung eines Kreises in den 3-dimensionalen euklidischen Raum. Eine einfache geschlossene Kurve auf der 3-dimensionalen Einheitskugel im 4-dimensionalen Raum S^3 heißt ein Knoten. Zwei Knoten, die sich nur durch einen Homöomorphismus des S^3 unterscheiden, heißen äquivalent.

Körper: Ein Körper ist eine assoziative Algebra, in der jedes von Null verschiedene Element x ein Inverses x^{-1} hat. Ein endlicher Körper ist eine endliche Menge mit der Struktur eines Körpers. Jeder endliche Körper ist kommutativ, das heißt es gilt $xy = yx$ für alle x, y.

Kompakt: Die kompakten Räume sind spezielle topologische Räume, die durch eine Endlichkeitseigenschaft ausgezeichnet sind, die sie den endlichen Mengen ähnlich macht: Für jeden gegebenen Approximationsgrad (technisch: jede offene Überdeckung) scheint ein kompakter Raum endlich zu sein (technisch: existiert eine endliche offene feinere Überdeckung).

Komplexität: Begriff, der mit der Rechenzeit einer algorithmischen Prozedur eng zusammenhängt.

Konditionierung: Begriff der Wahrscheinlichkeitstheorie, der die Änderung der Wahrscheinlichkeit in Abhängigkeit von einer partiellen Information über den Ausgang der zufälligen Ereignisse ausdrückt.

Konstruktivismus: Betrachtungsweise der Mathematik, in der man nur die mathematischen Objekte zuläßt, die man auf effiziente Weise konstruieren kann.

Krümmung: Geometrischer Begriff, der für eine in den Raum eingebettete Fläche den Radius der Kugel angibt, auf die diese Fläche abgebildet werden kann, ohne das Längenelement in der Umgebung eines Punktes zu verändern.

Lagrangefunktion: Lokale Funktion der Felder und ihrer partiellen Ableitungen. Aus dieser werden die Bewegungsgleichung der klassischen Felder durch das Hamiltonsche Prinzip der extremalen Wirkung und in der Quantenfeldtheorie die Korrelationsfunktionen durch ein Feynman-Integral bestimmt.

Lebesgue: Der französische Mathematiker H. Lebesgue hat die moderne Theorie der Integration von Funktionen entwickelt.

Liesche Gruppe: Die Lieschen Gruppen sind eine wichtige Klasse von topologischen Gruppen (d.h. von topologischen Räumen mit einer passenden Gruppenstruktur), deren Untersuchung mit den Lieschen Algebren verknüpft ist. Diese algebraische Struktur erlaubt ihre Klassifikation.

Limbisches System: Es gehört zum phylogenetisch ältesten Teil der Hirnrinde, das im Gegensatz zum Neocortex keine direkten sensorischen Eingänge hat. Hier werden viszerale und emotionelle Prozesse des Organismus gesteuert. Dem limbischen System wird meist der olfaktorische Cortex, der Hippocampus, die

Mandelkerne (Nuclei amygdalae) und der Hypothalamus zugeordnet, wobei der letztere wichtige hormonale Funktionen kontrolliert.

Lokalität : Physikalisches Prinzip, nach dem die Wechselwirkung immer durch Felder übertragen wird, deren Dynamik durch eine Lagrangefunktion bestimmt wird.

Lokalkompakt : Ein topologischer Raum X ist lokalkompakt, wenn es für jedes Element von X eine offene Teilmenge von X gibt, die diesen Punkt enthält und deren Abschließung kompakt ist.

Maß : Ein Maß μ auf einem lokalkompakten Raum X ist eine stetige Linearform auf dem Raum der reellen stetigen Funktionen auf X. Ein Maß ist positiv, wenn $\mu(f) \geq 0$ für jede positive Funktion f. Eine Teil A eines lokalkompakten topologischen Raums X mit einem positiven Maß μ ist meßbar, wenn man für jedes $\varepsilon > 0$ zwei kompakte Mengen $K_1 \subset A$ und $K_2 \subset A^c$ (die zu A komplementäre Menge) finden kann, so daß das Maß des Komplements von $K_1 \cup K_2$ kleiner als ε ist.

Membran : Die Wand einer Nervenzelle besteht aus einer ionenundurchlässigen Lipidmoleküldoppelschicht. In die Membran sind Rezeptor-, Pump- und Kanalproteine eingebettet, die für die neuronale Informationsverarbeitung sehr wichtig sind. Bei der Ausbreitung des Nervenimpulses ändert sich vorübergehend die Leitfähigkeit der Ionenkanäle.

Monstrum : Name der sporadischen endlichen Gruppe M (siehe Abb. 2) mit der größten Ordnung.

Motorischer Cortex : Corticales Areal am Rand der großen Zentralfurche. Hier gibt es Repräsentationen von motorischen „Synergien", die über schnelle direkte Verbindung die Schaltkreise im Rückenmark ansteuern können. Ausfall dieser Kontrolle führt beim Menschen zu Lähmungen und zu permanenten Störungen der feinen Manipulation.

Mutation : Verhältnismäßig seltener Kopierfehler in der Nukleotid-Sequenz eines DNA-Moleküls, der in den zukünftigen Generationen wiederholt wird, wenn nicht die Zelle z.B. wegen eines unwirksam gewordenen Enzyms zugrunde geht.

Neuron : In einem Netzwerk auf elektrische und chemische Informationsverarbeitung spezialisierte Nervenzelle. Neuronen zeigen eine große morphologische und funktionelle Verschiedenheit. Im Zentralnervensystem eines erwachsenen Säugetiers werden keine neuen Neurone gebildet.

Neurotransmitter : Kleines organisches Molekül (z.B. eine Aminosäure oder ein Peptid), das zur Signalübertragung an einer chemischen Synapse beiträgt.

Nichteuklidische Geometrie : Geometrie, die die Euklidschen Axiome mit Ausnahme des fünften über die Eindeutigkeit von Parallelen erfüllt (siehe Abb. 27).

Ordnung einer Gruppe : Eine Gruppe Γ ist endlich, wenn die zugrunde liegende Menge endlich ist. Die Ordnung einer endlichen Gruppe ist die Anzahl ihrer Elemente.

Parietaler Cortex : Er liegt auf der hinteren Mitte der Großhirnrinde zwischen dem visuellen und motorischen Cortex. In diesem Assoziationsfeld werden komplexe raum-zeitliche Transformationen ausgeführt, die weder rein sensorischer noch rein motorischer Natur sind.

Partielle Differentialgleichung: Gleichungen zwischen einer oder mehreren Funktionen mehrerer Veränderlicher, die nur endlich viele partielle Ableitungen dieser Funktionen im gleichen Punkt enthalten.

Paulisches Ausschließungsprinzip: Prinzip der Quantenphysik, nach dem der gleiche Quantenzustand von nicht mehr als einem Fermion besetzt sein kann. Wichtig für die Atomphysik ist, daß das Elektron ein Fermion ist.

Peadisch: Name des lokalkompakten Körpers, den man aus den rationalen Zahlen durch Vervollständigung erhält, mit der Metrik, nach der zwei Rationalzahlen x, y um so näher sind je größer die Potenz von p ist, durch die die Differenz $x - y$ teilbar ist. Dabei ist p eine den (auch p-adisch genannten) Körper charakterisierende Primzahl. Im Vergleich zur Addition zweier Dualzahlen, z.B.

$$10.0101101000100\ldots + 1.1001001100110\ldots = 11.1110110101010\ldots$$

erhält man die Addition zweier 2-adischen Zahlen durch „Rechnen von rechts nach links“:

$$\ldots 0010001011010.01 + \ldots 0110011001001.1 = \ldots 1000100100011.11$$

Periodisches System: Im Schalenmodell der Quantentheorie lassen sich gewisse chemische Eigenschaften der Elemente, deren Periodizität erstmalig von Mendelejew gefunden wurde, recht einfach mit Hilfe des Pauli-Prinzips begründen.

Phänotyp: Observable Eigenschaften des erwachsenen Organismus auf Grund genetischer Determination (Genotyp) und Umwelteinflüssen.

Protein: Organisches Makromolekül, das aus bis zu Tausenden von Aminosäuren durch Verkettung der Amin- und Säuregruppe polymerisiert ist (siehe Abb.11). Die Proteine haben in der Zelle vielfältige Funktionen: Als Enzyme zur Katalyse und in der Zellmembran als Kanalmoleküle und als Rezeptoren für chemische Signale, die als Antwort auf spezifische Moleküle im Außenraum intrazelluläre Prozesse einleiten können. Dies erklärt ihre Bedeutung im Nervensystem. Kurze Aminosäureketten heißen Peptide und sind im Nervensystem als Hormone und Neuromodulatoren wichtig.

Quantenfeldtheorie: In einer lokalen relativistischen Quantenfeldtheorie ist das Feld $\Psi(x)$ nur nach Mittelung über x ein Operator. Daher sind nichtlineare Funktionen von Ψ und seinen Ableitungen, die in der Lagrange-Funktion auftreten und die S-Matrix bestimmen, erst nach Renormierung wohldefiniert. Diese ist für die physikalischen Theorie der schwachen, elektromagnetischen und starken Wechselwirkungen durch Festlegung von endlich vielen meßbaren Parametern möglich.

Quantengravitation: Name einer noch nicht vollendeten physikalischen Theorie, die die allgemeine Relativitätstheorie quantisiert. Die heutige Theorie ist nicht renormierbar und macht keine observablen physikalischen Vorhersagen.

Quasikristall: Während eine kristalline Struktur auf Grund ihrer Periodizität keine Symmetrie der Ordnung 5 in der Ebene erlaubt, gibt es quasiperiodische Strukturen, die mit dieser Symmetrie verträglich sind.

Rekombination: Austausch von DNA-Sequenzen.

Renormierung: Prozedur der Quantenfeldtheorie zur Beseitigung der Divergenzen in der Störungstheorie, ohne die Grundprinzipien der Theorie (relativistischen Invarianz, Lokalität usw.) auf dem Niveau einer formalen Potenzreihe zu verletzen.

Retina: Schicht von Photorezeptoren, Interneuronen und Ganglionzellen, die die Transformation der in das Auge einfallenden Lichtintensität in Nervenimpulse bewirkt. Diese werden von den Ganglienzellen über den Sehnerven in verschiedene Hirngebiete zu Weiterverarbeitung geleitet.

Ritz-Rydberg Prinzip: Das Kombinationsprinzip von Ritz und Rydberg besagt, daß die Summe von gewissen Eigenfrequenzen wieder eine spektroskopisch meßbare Eigenfrequenz ist.

Rückenmark: In Segmenten sind hier sensorische Eingänge aus der Körperperipherie und motorische Ausgänge zur Skelettmuskulatur, sowie verschiedenartige Populationen von Interneuronen, angeordnet. Im Rückenmark werden sowohl Reflexe als auch feste Verhaltensmuster organisiert, die aber beim Affen und Menschen zunehmend unter corticaler und subcorticaler Kontrolle stehen.

Schrödinger-Gleichung: Partielle Differentialgleichung, die in der Quantenmechanik die Evolution der Wellenfunktion eines Systems in der Zeit beschreibt.

Selbstreferenzmechanismus: Beweisform, die ein Paradoxon, wie das des lügenden Kreters, formalisiert.

Sequenzierung: Bestimmung der Aminosäuresequenz eines Proteins oder der entsprechenden DNA-Sequenz in dem Gen des Proteins.

Simplizialer Komplex: Ein simplizialer Komplex ist eine kombinatorische Größe, der auf natürliche Weise ein topologischer Raum zugeordnet ist.

Simpliziale Topologie: Ein (endlicher) simplizialer Komplex besteht aus einer (endlichen) Menge X und einer Teilmenge Σ der Menge der endlichen Teilmengen von X derart, daß: (1) wenn $s \in \Sigma$ und $t \subset s$, dann gilt $t \in \Sigma$, wenn t nicht leer ist; (2) jede einelementige Teilmenge von X gehört zu Σ. Zu einem simplizialen Komplex gehört ein topologischer Raum, der seine „geometrische Realisierung“ oder der „assoziierte Polyeder“ heißt. Die simpliziale Topologie ist die topologische Untersuchung der Polyeder.

S-Matrix: Operator in der Quantentheorie, dessen Matrixelemente die Übergangsamplituden zwischen einlaufenden und auslaufenden Streuzuständen angeben, deren Absolutquadrate die entsprechenden Übergangswahrscheinlichkeiten sind.

Soma: Zellkörper eines Neurons mit verschiedenartigen biosynthetischen Anlagen. In vielen Neuronen wird am Axonhügel die gewogene Eingangsaktivität, falls diese eine Schwelle überschreitet, in ein über den Axon fortgeleitetes Aktionspotential „integriert“.

Spur: Wenn A eine Algebra über einem Körper K ist, so ist eine Spur auf A eine lineare Abbildung τ von A nach K mit $\tau(ab) = \tau(ba)$ für jedes Paar a, b von Elementen von A.

Stationäre Phase: Methode der Wellenoptik und Quantenmechanik, mit der der Hauptbeitrag eines oszillierenden Integrals durch die Extremalwerte der Phase bestimmt werden.

Statistische Mechanik: Meist versteht man darunter die auf der Wahrscheinlichkeitstheorie basierende Untersuchung der Gleichgewichtszustände von großen Systemen der klassischen Mechanik als Zustände maximaler Entropie bei festgelegten Zustandvariablen wie Energie, Volumen usw. Diese von dem amerikanischen mathematischen Physiker W. Gibbs im 19. Jahrhundert entwickelte Theorie bleibt auch in der Quantentheorie sinnvoll.

Stern-Gerlach Experiment: Aufspaltung eines Strahls von Silberatomen in einem inhomogenen Magnetfeld auf Grund der Wechselwirkung des Spins eines

„Leuchtelektrons". Die Komponente des Spins in Richtung des Feldgradienten wird dadurch gemessen.

Synapse: Exzitatorische oder inhibitorische Verbindung zwischen zwei Neuronen. In einer chemischen Synapse löst das ankommende elektische Signal die Ausschüttung eines Neurotransmitters aus, das auf der postsynaptischen Seite auf Rezeptoren von Kanalproteinen wirkt und über den Ionenstrom wieder ein elektrisches Signal erzeugt. An einer chemischen Synapse können eine Vielzahl von modulatorischen Prozessen wirken. Viel starrer ist die direkte Kopplung zweier Neurone durch eine elektrische Synapse.

Topologischer Raum: Eine Menge T von Teilmengen einer Menge X definiert eine Topologie auf X, wenn X und die leere Menge zu T gehören und ebenso der endliche Durchschnitt und beliebige Vereinigungen von Mengen in T. Eine Menge X mit einer Topologie T ist ein topologischer Raum, und die Elemente von T sind seine offenen Mengen.

Überdeckung: Eine Familie von Teilmengen $A_i \subset X$ einer Menge X ist eine Überdeckung von X, wenn jedes Element von X wenigstens in einem der A_i enthalten ist. Wenn die A_i offene Mengen in einem topologischen Raum sind, so heißt die Überdeckung offen, und endlich, wenn die Menge der Indizes i endlich ist.

Ultrapotenz: Mengentheoretische Produktoperation[4], mit der man Kompaktheitsaussagen in der Logik und Mathematik beweisen kann.

Unterfaktor: Involutive Unteralgebra eines Faktors, die selber ein Faktor ist.

Verborgene Variable: Hypothese, um die experimentellen Resultate der Quantenmechanik im Rahmen einer klassischen Wahrscheinlichkeitstheorie zu erklären.

Visueller Cortex: Der primäre visuelle Cortex liegt am hinteren (occipitalen) Pol der Großhirnrinde. Hier kommt erstmalig die Information von beiden Augen zusammen. Binocularität, Orientierung und Farbkontrast sind die wichtigsten Merkmale, die in der Karte des gegenseitigen Gesichtsfeldes neuronal repräsentiert sind.

Wohlordnung: Eine vollständige Ordnung auf einer Menge X erlaubt für jedes Paar von verschiedenen Elementen $x \neq y$ von X , eines zu wählen. Man schreibt $x < y$, wenn x das gewählte Element ist. Man fordert $x < z$, wenn $x < y$ und $y < z$ gilt. Eine vollständige Ordnung ist eine Wohlordnung, wenn es in jedem Teil Y von X ein Element y_0 gibt mit $y_0 < y$ für jedes von y_0 verschiedene Element von Y.

Zopf: Ein Zopf mit n Enden ist ein Element der Fundamentalgruppe des topologischen Raumes der n-Tupel von verschiedenen Punkten der euklidischen Ebene.

Zufallsfolge: Folge von 0 und 1, die nicht aus einer kürzeren Folge bestimmt werden kann. Die periodische Folge 010101 ... ist keine Zufallsfolge, wahrscheinlich aber die Folge der Paritäten (gerade oder ungerade) der im Lotto gezogenen Zahlen.

---

[4] Engeler (1983)

Zusammenhang : Ein Abbildung f von einem topologischer Raum X in einen topologischen Raum Y heißt stetig, wenn das Urbild $f^{-1}(V)$ jeder offenen Menge V in Y offen in X ist. Ist X ein Interval $\{x : a \leq x \leq b\}$ auf der Zahlengerade, so nennt man die stetige Abbildung eine „stetige Kurve" in Y. Wenn in einem topologischen Raum je zwei Punkte durch eine stetige Kurve verbunden werden können, dann heißt der Raum zusammenhängend.

Literaturverzeichnis

Alberts B, Bray D, Lewis J, Raff M, Roberts K, Watson JD (1990): Molekularbiologie der Zelle, 2. Aufl. VCH, Weinheim

Aspect A, Grangier P, Roger G (1982): Experimental realization of Einstein-Podolsky-Rosen-Bohm *Gedankenexperiment*: A new violation of Bell's inequalities. Phys Rev Lett 49: 91–93

Barlow H (1972): Simple units and sensation: a neuron doctrine for perceptual physiology? Perception 1: 371–394

Bear DM, Fedio P (1977): Quantitative analysis of interictal behavior in temporal lobe epilepsy. Arch Neurol 34: 454–467

Becher P, Böhm M, Joos H (1981): Eichtheorien der starken und elektroschwachen Wechselwirkung. Teubner, Stuttgart

Belaga E (1981): La théorie des nœuds, in: Les progrès des mathématiques, Pour la science, Paris

Bell JS (1987): Speakable and Unspeakable in Quantum Mechanics, Cambridge University Press, Cambridge

Bethe HA (1947): The electromagnetic shift of energy levels. Phys Rev 72: 339–341

Burnod Y, Korn H (1989): Consequences of stochastic release of neurotransmitters for network computations in the central nervous system. Proc Nat Acad Sci USA 86: 352–356

Calder A (1986): Les mathématiques constructives. In: Les mathématiques aujourd'hui (Herausgeber: Berger M) Pour la science

Caminiti R, Johnson PB, Urbano A (1990): Making arm movements within different parts of space: dynamic aspects in the primate motor cortex. J Neurosci 10: 2039–2058

Chaitin GJ (1987): Information, Randomness, and Incompleteness. World Scientific, Singapore

Changeux J-P (1972): Le cerveau et l'événement. Communications 18: 37–47

Changeux J-P (1984): Der neuronale Mensch. Rowohlt, Hamburg

Changeux J-P (1988): Molécule et mémoire. Bedou, Paris

Changeux J-P (1988): Raison et plaisir. Katalog der Ausstellung „De Nicolo del Abate á Nicolas Poussin: Aux sources du Classicisme. Musée de Meaux

Changeux J-P, Courrèges P, Danchin A (1973): A theory of the epigenesis of neural networks by selective stabilization of synapses. Proc Nat Acad Sci USA 70: 2974–2978

Changeux J-P, Danchin A (1976): Selective stabilization of developing synapses as a mechanism for the specification of neuronal networks. Nature 264: 705–712

Changeux J-P, Heidmann T, Patte P (1984): Learning by selection. In: Marler P, Terrace HS (Herausg.) The Biology of Learning, S. 115–133. Springer, Berlin

Changeux J-P, Heidmann T (1987): Allosteric receptors and molecular models of learning. In: Edelman GM, Gall WE, Cowan WM (Herausgeber) Synaptic Functions, S. 549–601. Wiley, New York
Changeux J-P, Dehaene S (1989): Neural models of cognitive function. Cognition 33: 63–109
Chaitin GJ (1987): Information, Randomness, and Incompleteness. World Scientific, Singapore
Conway JH (1980): Monsters and moonshine. Mathematical Intelligencer 2: 165–172
Creutzfeldt OD (1983): Cortex Cerebri. Springer, Berlin
Darwin C (1859): On the Origin of Species by Means of Natural Selection. Murray, London
Darwin C (1871): The Descent of Man, and Selection in Relation to Sex. Murray, London
Darwin C (1872): The Expression of the Emotions in Man and Animals. Murray, London
Debru C (1983): L'Esprit des protéines. Hermann, Paris
de Felipe J, Jones EG (1988): Cajal on the Cerebral Cortex. Oxford University Press
de Groot A (1963): Thought and Choice in Chess. Basic Books, New York
Dehaene S , Changeux J-P, Nadal J-P (1987): Neural networks that learn temporal sequences by selection. Proc Nat Acad Sci USA 84: 2727–2731
Dehaene S, Changeux J-P (1989): A simple model of prefrontal cortex function in delayed-response tasks. Cognitive Neuroscience 1: 244–261
de Lumley H (1984): Origine et évolution de l'homme. Musée de l'Homme, Paris
Denis M (1989): Image et cognition. PUF, Paris
Dennett DC (1987): The Intentional Stance. MIT Press, Cambridge MA
Desanti JT (1968): La philosophie silencieuse. Seuil, Paris
Descartes R: Méditations métaphysiques. Gallimard, Coll. Pléjade, Paris, 1970
Desimone R, Albright TD, Gross CG, Bruce C (1984): Stimulus-selective properties of inferior temporal neurones in the macaque. J Neuroscience 4: 2051–2062
Diderot D (1775): Entretien d'un philosophe avec la Maréchale de***
Dieudonné J (1987): Pour l'honneur de l'esprit humain. Hachette, Paris
Dubrovin BA, Fomenko AT, Novikov SP (1984): Modern Geometry – Methods and Applications I, II. Springer, Berlin
Edelman B, Hermitte MA (1988): L'homme, la nature et le droit. Bourgois, Paris
Edelman G (1978): Group selection and phasic reentrant signalling: a theory of higher brain function. MIT Press. Cambridge MA
Edelman G (1987): Neural Darwinism. Basic Books, New York
Einstein A: Mein Weltbild. Ullstein, Frankfurt, 1977
Engeler E (1983): Metamathematik der Elementarmathematik. Springer, Berlin
Everett H (1957): „Relative state" formulation of quantum mechanics. Reviews of Modern Physics 29: 454–462
Feynman RP, Leighton RB, Sands M (1974): Feynman Vorlesungen über Physik. Oldenbourg, München
Fodor J (1976): The Language of Thought. The Harvester Press, Cambridge MA
Fuster J (1989): The Prefrontal Cortex (2nd ed.). Raven Press, New York
Garney MR, Johnson DS (1979): Computers and Intractability. Freeman, New York
Gazzaniga M (1985): Le cerveau social, Laffont, Paris

Gehring W (1985): Homeotic genes, the homeobox of the genetic control. Cold Spring Harbor Symp Quant Biol 50: 243–251
Georgopoulos AP (1988): Neural interpretation of movement: role of motor cortex in reaching. FASEB J. 13, 2849–2857
Georgopoulos AP, Schwartz AB, Kettner RE (1986): Neuronal population coding of movement direction. Science 233, 1357–1360
Geschwind N (1977): Behavioral change in temporal epilepsy. Archives of Neurology 34: 453
Glimm J, Jaffe A (1987): Quantum Physics. Springer, Berlin
Goldman-Rakic PS (1987): Development of cortical circuitry and cognitive functions. Child Dev 58: 642–691
Goldman-Rakic PS (1988): Topography of cognition: parallel distributed networks in primate association cortex. Ann Rev Neurosc 11: 137–156
Granger G-G (1985): Les deux niveaux de la rationalité. Dialectica 39: 355–363
Gray CM, König P, Engel AK, Singer W (1989): Oscillatory responses in cat visual cortex exhibit inter-columnar synchronization which reflects global stimulus properties. Nature 338: 334–337
Grice HP (1986): Logical Conversation. William James Lectures. Harvard University Press, Cambridge MA
Grillner S, Wallén P, Brodin L, Lansner A (1991): Neural network generating locomotor behavior in lamprey: circuitry, transmitters, membrane properties, and simulation. Ann Rev Neurosci 14: 160–199
Gromov M (1987): Hyperbolic groups. In: Gerstein SM (Herausgeber) Essays in Group Theory. Mathematical Science Research Institute Publications, Springer, Berlin
Gross CG, Bruce CJ, Desimone R, Fleming J, Gattas R (1981): Cortical visual areas of the temporal lobe. In: Woolsey C (Herausgeber) Cortical Sensory Organization, Vol. 2, S. 187–216, Humana Press, Clifton, N.J.
Habermas J (1985): Der philosophische Diskurs. Suhrkamp, Frankfurt
Hadamard J (1952): Essai sur la psychologie de l'invention dans le domaine mathématique. Gauthier-Villars, Paris
Harbor F, Levinthal C, Macagno E (1976): Anatomy and development of identified cells in isogenic organisms. Cold Spring Harbor Symp Quant Biol 40: 321–333
Hécaen H, Albert M (1978): Human Neuropsychology. Wiley, New York
Heidmann T, Changeux J-P (1982): Un modèle moléculaire de régulation d'efficacité d'une synapse chimique au niveau postsynaptique. C R Acad Sci Paris 295: 665–670
Hepp K, Haslwanter T, Straumann D, Hepp-Reymond MC, Henn V (1992): The control of arm, gaze and head by Listing's law. In: Caminiti R (Herausgeber) Control of Arm Movements in Space: Neurophysiological and Computational Approaches. Exp Brain Res Suppl, Springer, Berlin
Hille B (1984): Ion Channels of Excitable Membranes. Sinauer, Sunderland MA
Hodgkin A, Huxley A (1952a): A quantitative description of membrane current and its applications to conduction and excitation in nerve. J Physiol (London) 117: 500–544
Hodgkin A, Huxley A (1952b): Cold Spring Harbor Quant Biol 17: 43–52
Hofstadter D (1979): Gödel, Escher, Bach: An Eternal Golden Braid. Basic Books, New York
Hubel D, Wiesel T (1977): Functional architecture of macaque monkey visual cortex. Proc Roy Soc London B 198: 1–59
Humphrey NK (1980): Natural Aesthetics.

Huxley TH (1888): Struggle for existence and its bearing upon man. In: Collected Essays. Macmillan, London

Jacob F (1970): La logique du vivant. Gallimard, Paris

Jacob F (1982): Le jeu des possibles. Fayard, Paris

Jacob P (1989): L'age de la science, Band 2. Odile Jacob, Paris

Jerne N (1967): Antibody and learning: selection versus instruction. In: Quarton GC, Melnechuck T, Schmidt FO (Herausgeber) The Neurosciences: a Study Program, S. 200–205. Rockefeller University Press, New York

Johnson-Laird PN (1983): Mental Models. Cambridge University Press, Cambridge

Jones VFR (1985): A polynomial invariant for knots via the von Neumann algebras. Bull Amer Math Soc 12: 103–111

Jones VFR (1991): Knotentheorie und statistische Mechanik. Spektrum der Wissenschaften, Januar 1991: 66–73

Kauffman LH (1987): On Knots. Princeton University Press, Princeton

Kline M (1980): Mathematics, the Loss of Certainty. Oxford University Press, New York

Kropotkine P (1909): L'entraide, un facteur de l'évolution. Hachette, Paris

Lamb Jr WE, Retherford RC (1947): Fine structure of the hydrogene atom by a microwave method. Phys Rev 72: 241–243

Leroi-Gourhan A (1964): Le geste et la parole, Albin Michel, Paris

Lévy-Strauss C (1962): La pensée sauvage, Plon, Paris

Lévi-Strauss C (1952): Race et histoire, UNESCO, Paris

Lhermitte F, Derousné J, Signoret JL (1972): Analyse neuro-psychologique du syndrome frontal. Revue Neurologique 127: 415–440

Luria AR (1978): Les fonctions corticales supérieures de l'homme. PUF, Paris

Mac Lean PD (1973): A Triune Concept of the Brain and Behavior. University of Toronto Press, Toronto

Mac Lean PD (1987): The midline frontolimbic cortex and the evolution of crying and laughter. In: Perecman I (Herausgeber) The Frontal Lobe Revisited, p. 121–141, IRBN Press

Marler P, Peters S (1982): Subsong and plastic song: their role in the vocal learning process. In: Kroodsma DE, Miller EH (Herausgeber) Acoustic Communication in Birds, Vol. 2, S. 22–50. Academic Press, New York

Mayr E (1988): Toward a New Philosophy of Biology, Harvard University Press, Cambridge MA

Mead CA (1989): Analog VLSI and Neural Systems. Addison Wesley, Reading

Mill JS (1851): The System of Logic

Milner P, Petrides M (1984): Behavioural effects of frontal lobe lesions in man. Trends in Neuroscience 7: 408–414

Monod J, Wyman J, Changeux JP (1965): On the nature of allosteric transition: a plausible model. J Mol Biol 12: 88–118

Montagner H (1988): L'attachement: les débuts de la tendresse. Odile Jacob, Paris

Mussa-Ivaldi FA (1988): Do neurons in the motor cortex encode movement direction? An alternative hypothesis. Neuroscience Letters 91: 106–111

Nagel T (1978): Ethics as an autonomous theoretical subject. In: Stent G (Herausgeber) Morality as a Biological Phenomenon, S. 221–232. Abakon, Berlin

Newell A (1982): The knowledge level. Artificial Intelligence 18: 87–127

Noda M, Shimizu S, Tanabe T, Takai T, Kayano T, Ikeda T, Takahashi H, Nakayama H, Kanaoka Y, Minamino M, Kangawa K, Matsuo H, Raferty M, Hirose T, Inayama S, Hayashida H, Miyata T, Numa S (1984): Primary structure of Electrophorus electricus sodium channel deduced from cDNA sequence. Nature 312: 121–127

Nüsslein-Volhard C, Frohnhöffer HG, Lehman R (1987): Determination of anteroposterior polarity in Drosophila. Science 238, 1675–1681

Omnès R (1988): Logical reformulation of quantum mechanics. J Stat Phys 53: 893–975

Pascal B (1663): Traité de l'équilibre des liqueurs, 2. Auflage. Desprez, Paris

Perrett DI, Mistlin AJ, Chitty AJ (1987): Visual neurons responsive to faces. Trends in Neuroscience 10: 358–364

Poincaré H (1908): Science et méthode. Flammarion, Paris

Premack A, Woodruff G (1978): Does the chimpanzee have a theory of mind? Behavioral and Brain Sciences 1: 515–526

Rawls J (1971): A Theory of Justice. Harvard University Press, Cambridge MA

Reichert H (1990): Neurobiologie. Thieme, Stuttgart

Rheingold HL, Hay DF (1978): Prosocial behavior of the very young. In: Stent GS (Herausgeber) Morality as a Biological Phenomenon. Abakon, Berlin

Rudin W (1980): Analysis. Physik Verlag, Weinheim

Shallice T (1982): Specific impairments in planning. Phil Trans R Soc London B 298: 199–209

Shallice T (1988): From neuropsychology to mental structures. Cambridge University Press, Cambridge

Shephard R, Metzler J (1971): Mental rotation of three-dimensional objects. Science 171: 701–703

Simon HA (1984): The Science of the Artificial, MIT Press, Cambridge MA

Sperber D (1984): Anthropology and psychology: toward an epistemonology of representations. Man (N.S.) 20: 73–89

Sperber D, Wilson D (1986): Relevance. Blackwell, Oxford

Sulloway F (1981): Freud, biologiste de l'esprit. Fayard, Paris

Taguieff PA (1987): La force du préjugé. La Découverte, Paris

Thom R (1983): Paraboles et catastrophes. Flammarion, Paris

Tort P (1983): La pensée hiérarchique et l'évolution. Aubier, Paris

Weiskrantz L (1988): Thought without language. Fond Fyssen, Clarendon, Oxford

Wigner E (1960): The unreasonable effectiveness of mathematics in the natural sciences. Comm Pure Appl Math 13: 1–14

Wilson EO (1978): On Human Nature. Harvard University Press, Cambridge MA